• The Different Forms of Flowers on Plants of the Same Species •

　　达尔文对花生物学的研究先后撰写了三本极具影响力的著作，它们分别是1862年出版的《兰科植物的受精》、1876年出版的《植物界异花受精和自花受精》和1877年出版的《同种植物的不同花型》。这三本书分别围绕异花授粉、近交衰退和性系统多态三个关键的繁殖生物学概念，基于二十多年的观察、实验和数据的收集整理，在综合各方面的证据的前提下进行卓越的思索与推演，最终为现代植物繁殖进化生物学的基本演化思想奠定理论基石。

本书列入"十三五"国家重点图书出版规划

科学元典丛书

The Series of the Great Classics in Science

主　　编　　任定成

执行主编　　周雁翎

策　　划　　周雁翎

丛书主持　　陈　静

　　科学元典是科学史和人类文明史上划时代的丰碑，是人类文化的优秀遗产，是历经时间考验的不朽之作。它们不仅是伟大的科学创造的结晶，而且是科学精神、科学思想和科学方法的载体，具有永恒的意义和价值。

科学元典丛书

同种植物的不同花型

The different forms of flowers on plants of the same species

［英］达尔文 著　叶笃庄 译

北京大学出版社

PEKING UNIVERSITY PRESS

图书在版编目(CIP)数据

同种植物的不同花型/（英）查尔斯·达尔文（C.R.Darwin）著；叶笃庄译.
—北京：北京大学出版社，2019.6
（科学元典丛书）
ISBN 978-7-301-30304-7

Ⅰ.①同… Ⅱ.①查… ②叶… Ⅲ.①植物－花部形态 Ⅳ.①Q944.58

中国版本图书馆 CIP 数据核字（2019）第 033406 号

书　　　名	同种植物的不同花型	
	TONGZHONG ZHIWU DE BUTONG HUAXING	
著作责任者	〔英〕达尔文　著　叶笃庄　译	
丛书策划	周雁翎	
丛书主持	陈　静	
责任编辑	陈　静	
标准书号	ISBN 978-7-301-30304-7	
出版发行	北京大学出版社	
地　　　址	北京市海淀区成府路 205 号　　100871	
网　　　址	http://www.pup.cn　新浪微博：@北京大学出版社	
微信公众号	科学与艺术之声（微信号：sartspku）	
电子信箱	zyl@pup.pku.edu.cn	
电　　　话	邮购部 010-62752015　发行部 010-62750672　编辑部 010-62707542	
印　刷　者	北京中科印刷有限公司	
经　销　者	新华书店	
	787 毫米×1092 毫米　16 开本　20 印张　彩插 8　280 千字	
	2019 年 5 月第 1 版　2019 年 5 月第 1 次印刷	
定　　　价	79.00 元	

弁　言

　　这套丛书中收入的著作，是自古希腊以来，主要是自文艺复兴时期现代科学诞生以来，经过足够长的历史检验的科学经典。为了区别于时下被广泛使用的"经典"一词，我们称之为"科学元典"。

　　我们这里所说的"经典"，不同于歌迷们所说的"经典"，也不同于表演艺术家们朗诵的"科学经典名篇"。受歌迷欢迎的流行歌曲属于"当代经典"，实际上是时尚的东西，其含义与我们所说的代表传统的经典恰恰相反。表演艺术家们朗诵的"科学经典名篇"多是表现科学家们的情感和生活态度的散文，甚至反映科学家生活的话剧台词，它们可能脍炙人口，是否属于人文领域里的经典姑且不论，但基本上没有科学内容。并非著名科学大师的一切言论或者是广为流传的作品都是科学经典。

　　这里所谓的科学元典，是指科学经典中最基本、最重要的著作，是在人类智识史和人类文明史上划时代的丰碑，是理性精神的载体，具有永恒的价值。

一

　　科学元典或者是一场深刻的科学革命的丰碑,或者是一个严密的科学体系的构架,或者是一个生机勃勃的科学领域的基石。它们既是昔日科学成就的创造性总结,又是未来科学探索的理性依托。

　　哥白尼的《天体运行论》是人类历史上最具革命性的震撼心灵的著作,它向统治西方思想千余年的地心说发出了挑战,动摇了"正统宗教"学说的天文学基础。伽利略《关于托勒密与哥白尼两大世界体系的对话》以确凿的证据进一步论证了哥白尼学说,更直接地动摇了教会所庇护的托勒密学说。哈维的《心血运动论》以对人类躯体和心灵的双重关怀,满怀真挚的宗教情感,阐述了血液循环理论,推翻了同样统治西方思想千余年、被"正统宗教"所庇护的盖伦学说。笛卡儿的《几何》不仅创立了为后来诞生的微积分提供了工具的解析几何,而且折射出影响万世的思想方法论。牛顿的《自然哲学之数学原理》标志着17世纪科学革命的顶点,为后来的工业革命奠定了科学基础。分别以惠更斯的《光论》与牛顿的《光学》为代表的波动说与微粒说之间展开了长达200余年的论战。拉瓦锡在《化学基础论》中详尽论述了氧化理论,推翻了统治化学百余年之久的燃素理论,这一智识壮举被公认为历史上最自觉的科学革命。道尔顿的《化学哲学新体系》奠定了物质结构理论的基础,开创了科学中的新时代,使19世纪的化学家们有计划地向未知领域前进。傅立叶的《热的解析理论》以其对热传导问题的精湛处理,突破了牛顿的《自然哲学之数学原理》所规定的理论力学范围,开创了数学物理学的崭新领域。达尔文《物种起源》中的进化论思想不仅在生物学发展到分子水平的今天仍然是科学家们阐释的对象,而且100多年来几乎在科学、社会和人文的所有领域都在施展它有形和无形的影响。《基因论》揭示了孟德尔式遗传性状传递机理的物质基础,把生命科学推进到基因水平。爱因斯坦的《狭义与广义相对论浅说》和薛定谔的《关于波动力学的四次演讲》分别阐述了物质世界在高速和微观领域的运动规律,完全改变了自牛顿以来的世界观。魏格纳的《海陆的起源》提出了大陆漂移的猜想,为当代地球科学提供了新的发展基点。维纳的《控制论》揭示了控制系统的反馈过程,普里戈金的《从存在到演化》发现了系统可能从原来无序向新的有序态转化的机制,二者的思想在今天的影响已经远远超越了自然科学领域,影响到经济学、社会学、政治学等领域。

　　科学元典的永恒魅力令后人特别是后来的思想家为之倾倒。欧几里得的《几何原本》以手抄本形式流传了1800余年,又以印刷本用各种文字出了1000版以上。阿基米德写了大量的科学著作,达·芬奇把他当作偶像崇拜,热切搜求他的手稿。伽利略以他的继承人自居。莱布尼兹则说，了解他的人对后代杰出人物的成就就不会那么赞赏了。为捍卫《天体运行论》中的学说，布鲁诺被教会处以火刑。伽利略因为其《关于托勒密与哥白尼两大世界体系的对话》一书，遭教会的终身监禁，备受折磨。伽利略说吉尔伯特的《论磁》一书伟大得令人嫉妒。拉普拉斯说，牛顿的《自然哲学之数学原理》揭示了宇宙的最伟大定律，它将永远成为深邃智慧的纪念碑。拉瓦锡在他的《化学基础论》出版后 5 年被法国革命法庭处死，传说拉格朗日悲愤地说，砍掉这颗头颅只要一瞬间，再长出这样的头颅 100 年也不够。《化学哲学新体系》的作者道尔顿应邀访法，当他走进法国科学院会议厅时，院长和全体院士起立致敬，得到拿破仑未曾享有的殊荣。傅立叶在《热的解析理论》中阐述的强有力的数学工具深深影响了整个现代物理学，推动数学分析的发展达一个多世纪，麦克斯韦称赞该书是"一首美妙的诗"。当人们咒骂《物种起源》是"魔鬼的经典""禽兽的哲学"的时候，赫胥黎甘做"达尔文的斗犬"，挺身捍卫进化论，撰写了《进化论与伦理学》和《人类在自然界的位置》，阐发达尔文的学说。经过严复的译述，赫胥黎的著作成为维新领袖、辛亥精英、"五四"斗士改造中国的思想武器。爱因斯坦说法拉第在《电学实验研究》中论证的磁场和电场的思想是自牛顿以来物理学基础所经历的最深刻变化。

在科学元典里，有讲述不完的传奇故事，有颠覆思想的心智波涛，有激动人心的理性思考，有万世不竭的精神甘泉。

二

按照科学计量学先驱普赖斯等人的研究，现代科学文献在多数时间里呈指数增长趋势。现代科学界，相当多的科学文献发表之后，并没有任何人引用。就是一时被引用过的科学文献，很多没过多久就被新的文献所淹没了。科学注重的是创造出新的实在知识。从这个意义上说，科学是向前看的。但是，我们也可以看到，这么多文献被淹没，也表明划时代的科学文献数量是很少的。大多数科学元典不被现代科学文献所引用，那是因为其中的知识早已成为科学中无须证明的常识了。即使这样，科学经典也会因为其中思想的恒久意义，而像人文领域里的经典一样，具有永恒的阅读价值。于是，科学经典就被一编再编、一印再印。

早期诺贝尔奖得主奥斯特瓦尔德编的物理学和化学经典丛书"精密自然科学经典"从 1889 年开始出版，后来以"奥斯特瓦尔德经典著作"为名一直在编辑出版，有资料说目前已经出版了 250 余卷。祖德霍夫编辑的"医学经典"丛书从 1910 年就开始陆续出版了。也是这一年，蒸馏器俱乐部编辑出版了 20 卷"蒸馏器俱乐部再版本"丛书，丛书中全是化学经典，这个版本甚至被化学家在 20 世纪的科学刊物上发表的论文所引用。一般把 1789 年拉瓦锡的化学革命当作现代化学诞生的标志,把 1914 年爆发的第一次世界大战称为化学家之战。奈特把反映这个时期化学的重大进展的文章编成一卷,把这个时期的其他 9 部总结性化学著作各编为一卷,辑为 10 卷"1789—1914 年的化学发展"丛书,于 1998 年出版。像这样的某一科学领域的经典丛书还有很多很多。

科学领域里的经典,与人文领域里的经典一样,是经得起反复咀嚼的。两个领域里的经典一起,就可以勾勒出人类智识的发展轨迹。正因为如此,在发达国家出版的很多经典丛书中,就包含了这两个领域的重要著作。1924 年起,沃尔科特开始主编一套包括人文与科学两个领域的原始文献丛书。这个计划先后得到了美国哲学协会、美国科学促进会、科学史学会、美国人类学协会、美国数学协会、美国数学学会以及美国天文学学会的支持。1925 年,这套丛书中的《天文学原始文献》和《数学原始文献》出版,这两本书出版后的 25 年内市场情况一直很好。1950 年,沃尔科特把这套丛书中的科学经典部分发展成为"科学史原始文献"丛书出版。其中有《希腊科学原始文献》《中世纪科学原始文献》和《20 世纪(1900—1950 年)科学原始文献》,文艺复兴至 19 世纪则按科学学科(天文学、数学、物理学、地质学、动物生物学以及化学诸卷)编辑出版。约翰逊、米利肯和威瑟斯庞三人主编的"大师杰作丛书"中,包括了小尼德勒编的 3 卷"科学大师杰作",后者于 1947 年初版,后来多次重印。

在综合性的经典丛书中,影响最为广泛的当推哈钦斯和艾德勒 1943 年开始主持编译的"西方世界伟大著作丛书"。这套书耗资 200 万美元,于 1952 年完成。丛书根据独创性、文献价值、历史地位和现存意义等标准,选择出 74 位西方历史文化巨人的 443 部作品,加上丛书导言和综合索引,辑为 54 卷,篇幅 2 500 万单词,共 32 000 页。丛书中收入不少科学著作。购买丛书的不仅有"大款"和学者,而且还有屠夫、面包师和烛台匠。迄 1965 年,丛书已重印 30 次左右,此后还多次重印,任何国家稍微像样的大学图书馆都将其列入必藏图书之列。这套丛书是 20 世纪上半叶在美国大学兴起而后扩展到全社会的经典著作研读运动的产物。这个时期,美国一些大学的寓所、校园和酒吧里都能听到学生讨论古典佳作的声音。有的大学要求学生必须深研 100 多部名著,甚至在教学中不得使用最新的实验设备,而是借助历史上的科学大师所使用的方法和仪器复制品去再现划时代的著名实验。至 20 世纪 40 年代末,美国举办古典名著学习班的城市达 300 个,学员 50 000 余众。

相比之下,国人眼中的经典,往往多指人文而少有科学。一部公元前 300 年左右古希腊人写就的《几何原本》,从 1592 年到 1605 年的 13 年间先后 3 次汉译而未果,经 17 世纪初和 19 世纪 50 年代的两次努力才分别译刊出全书来。近几百年来移译的西学典籍中,成系统者甚多,但皆系人文领域。汉译科学著作,多为应景之需,所见典籍寥若晨星。借 20 世纪 70 年代末举国欢庆"科学春天"到来之良机,有好尚者发出组译出版"自然科学世界名著丛书"的呼声,但最终结果却是好尚者抱憾而终。20 世纪 90 年代初出版的"科学名著文库",虽使科学元典的汉译初见系统,但以 10 卷之小的容量投放于偌大的中国读书界,与具有悠久文化传统的泱泱大国实不相称。

我们不得不问:一个民族只重视人文经典而忽视科学经典,何以自立于当代世界民族之林呢?

三

科学元典是科学进一步发展的灯塔和坐标。它们标识的重大突破,往往导致的是常规科学的快速发展。在常规科学时期,人们发现的多数现象和提出的多数理论,都要用科学元典中的思想来解释。而在常规科学中发现的旧范型中看似不能得到解释的现象,其重要性往往也要通过与科学元典中的思想的比较显示出来。

在常规科学时期,不仅有专注于狭窄领域常规研究的科学家,也有一些从事着常规研究但又关注着科学基础、科学思想以及科学划时代变化的科学家。随着科学发展中发现的新现象,这些科学家的头脑里自然而然地就会浮现历史上相应的划时代成就。他们会对科学元典中的相应思想,重新加以诠释,以期从中得出对新现象的说明,并有可能产生新的理念。百余年来,达尔文在《物种起源》中提出的思想,被不同的人解读出不同的信息。古脊椎动物学、古人类学、进化生物学、遗传学、动物行为学、社会生物学等领域的几乎所有重大发现,都要拿出来与《物种起源》中的思想进行比较和说明。玻尔在揭示氢光谱的结构时,提出的原子结构就类似于哥白尼等人的太阳系模型。现代量子力学揭示的微观物质的波粒二象性,就是对光的波粒二象性的拓展,而爱因斯坦揭示的光的波粒二象性就是在光的波动说和粒子说的基础上,针对光电效应,提出的全新理论。而正是与光的波动说和粒子说二者的困难的比较,我们才可以看出光的波粒二象性说的意义。可以说,科学元典是时读时新的。

除了具体的科学思想之外,科学元典还以其方法学上的创造性而彪炳史册。这些方法学思想,永远值得后人学习和研究。当代诸多研究人的创造性的前沿领域,如认知心理学、科学哲学、人工智能、认知科学等,都涉及对科学大师的研究方法的研究。一些科学史学家以科学元典为基点,把触角延伸到科学家的信件、实验室记录、所属机构的档案等原始材料中去,揭示出许多新的历史现象。近二十多年兴起的机器发现,首先就是对科学史学家提供的材料,编制程序,在机器中重新做出历史上的伟大发现。借助于人工智能手段,人们已经在机器上重新发现了波义耳定律、开普勒行星运动第三定律,提出了燃素理论。萨伽德甚至用机器研究科学理论的竞争与接受,系统研究了拉瓦锡氧化理论、达尔文进化学说、魏格纳大陆漂移说、哥白尼日心说、牛顿力学、爱因斯坦相对论、量子论以及心理学中的行为主义和认知主义形成的革命过程和接受过程。

除了这些对于科学元典标识的重大科学成就中的创造力的研究之外,人们还曾经大规模地把这些成就的创造过程运用于基础教育之中。美国几十年前兴起的发现法教学,就是在这方面的尝试。近二十多年来,兴起了基础教育改革的全球浪潮,其目标就是提高学生的科学素养,改变片面灌输科学知识的状况。其中的一个重要举措,就是在教学中加强科学探究过程的理解和训练。因为,单就科学本身而言,它不仅外化为工艺、流程、技术及其产物等器物形态,直接表现为概念、定律和理论等知识形态,更深蕴于其特有的思想、观念和方法等精神形态之中。没有人怀疑,我们通过阅读今天的教科书就可以方便地学到科学元典著作中的科学知识,而且由于科学的进步,我们从现代教科书上所学的知识甚至比经典著作中的更完善。但是,教科书所提供的只是结晶状态的凝固知识,而科学本是历史的、创造的、流动的,在这历史、创造和流动过程之中,一些东西蒸发了,另一些东西积淀了,只有科学思想、科学观念和科学方法保持着永恒的活力。

然而,遗憾的是,我们的基础教育课本和不少科普读物中讲的许多科学史故事都是误讹相传的东西。比如,把血液循环的发现归于哈维,指责道尔顿提出二元化合物的元素原子数最简比是当时的错误,讲伽利略在比萨斜塔上做过落体实验,宣称牛顿提出了牛顿定律的诸数学表达式,等等。好像科学史就像网络上传播的八卦那样简单和耸人听闻。为避免这样的误讹,我们不妨读一读科学元典,看看历史上的伟人当时到底是如何思考的。

现在,我们的大学正处在席卷全球的通识教育浪潮之中。就我的理解,通识教育固然要对理工农医专业的学生开设一些人文社会科学的导论性课程,要对人文社会科学专业的学生开设一些理工农医的导论性课程,但是,我们也可以考虑适当跳出专与博、文与理的关系的思考路数,对所有专业的学生开设一些真正通而识之的综合性课程,或者倡导这样的阅读活动、讨论活动、交流活动甚至跨学科的研究活动,发掘文化遗产、分享古典智慧、继承高雅传统,把经典与前沿、传统与现代、创造与继承、现实与永恒等事关全民素质、民族命运和世界使命的问题联合起来进行思索。

我们面对不朽的理性群碑,也就是面对永恒的科学灵魂。在这些灵魂面前,我们不是要顶礼膜拜,而是要认真研习解读,读出历史的价值,读出时代的精神,把握科学的灵魂。我们要不断吸取深蕴其中的科学精神、科学思想和科学方法,并使之成为推动我们前进的伟大精神力量。

任定成
2005 年 8 月 6 日
北京大学承泽园迪吉轩

达尔文（C.R.Darwin, 1809.2.12—1882.4.19）

⬆ 林奈（Carl von Linné，1707—1778）把植物的花型分为雌雄同体的、雌雄同株的、雌雄异株的和杂性的四种基本类型。

⬆ 卡罗勒斯·克鲁斯（Carolus Clusius，1526—1609），植物学家，因把郁金香引进荷兰而闻名于世。他在 1583 年出版的著作里提到，报春花（*Primula*）有两种模式的花，一种是"长花柱型"的，一种是"短花柱型"的。

⬅ 1605 年和 1614 年，由小克里斯平（Crispin van de Passe the Younger）制作的铜版图，逼真地绘制了许多植物，这其中就有报春花。图中显示了报春花的长柱型花朵和短柱型花朵。

← 1791 年 3 月 1 日，威廉·柯蒂斯（William Curtis）在《伦敦植物志》（*Flora Londinensis*）中首次正式使用了术语"长柱的"（pin-eyed）和"短柱的"（thrum-eyed），比达尔文使用同样的定义要早。

→ 1794 年，植物学家克里斯蒂安·泊松（Christiaan Hendrik Persoon）在《报春花》（*Primula*）一书中描述了花柱的长短不同这种现象。达尔文读到了这一文献，就认为，克里斯蒂安是最早发现"花柱异长"的人。

← 如今，已经可以通过人工繁育得到花色丰富的报春花。

CLOSE
BUT NO CIGAR

HOW 16TH CENTURY OBSERVATIONS PAVED THE WAY FOR DARWIN'S LANDMARK STUDY

UEA
University of East Anglia

DARWIN PRESENTED THE CASE THAT SOME PLANT SPECIES HAVE TWO FLORAL FORMS THAT DIFFER IN HEIGHT AND ARRANGEMENT OF THE MALE AND FEMALE SEXUAL STRUCTURES – AND ADOPTED THE TERM 'HETEROSTYLY'.

BUT HE WAS NOT THE FIRST TO OBSERVE HETEROSTYLY. IT HAD IN FACT BEEN DOCUMENTED IN A NUMBER OF 17TH AND 18TH CENTURY BOTANICAL RECORDS.

THE PHENOMENON HAD EVEN BEEN NOTICED AS FAR BACK AS THE 16TH CENTURY – A TIME WHEN PLANTS WERE STUDIED AND CATALOGUED FOR THEIR MEDICINAL BENEFITS AS WELL AS FOR MAGIC AND SPELLS.

THE TRUE SIGNIFICANCE HOWEVER OF THE TWO FLORAL FORMS WAS NOT REALISED AT THE TIME.

1860
CHARLES DARWIN DESCRIBES THE TWO FORMS OF FLOWER IN LETTERS TO COLLEAGUES, AND PUBLISHES A COMPLETE DESCRIPTION IN 1862.

1848
KIRCHNER ILLUSTRATES TWO FORMS OF *PRIMULA VERIS* FLOWER. THE TEXT REFERS TO HIGH AND LOW ANTHERS IN THE DIFFERENT FORMS BUT DOES NOT DISTINGUISH STYLE LENGTH.

1826
JOHN STEVENS HENSLOW DRAWS PIN AND THRUM *PRIMULA VERIS* FLOWERS BUT DOES NOT PUBLISH THE IMAGES.

1818
JEAN FRANCOISE TURPIN PUBLISHES IMAGES OF PIN AND THRUM *PRIMULA VERIS* FLOWERS BUT ONLY DESCRIBES THE PIN FLOWER, STATING THAT THE THRUM IS FROM ANOTHER INDIVIDUAL.

1794
CHRISTIAN HENDRIK PERSOON, A POVERTY-STRICKEN RECLUSE, DESCRIBES THE TWO FORMS OF FLOWER AND CITES CURTIS AS HAVING OBSERVED THESE.

1793
SPRENGEL PUBLISHES A DESCRIPTION OF THE TWO FORMS OF FLOWER IN *HOTTONIA PALUSTRIS*.

1791
WILLIAM CURTIS PUBLISHES AN IMAGE OF *PRIMULA VULGARIS* IN FLORA LONDINENSIS WITH A DESCRIPTION OF THE TWO FORMS OF FLOWER WHICH HE CALLS PIN AND THRUM.

1611
PAULI DE RENAULME DESCRIBES TWO FORMS OF *PRIMULA* FLOWER WITH LONG STYLE AND SHORT STAMENS, AND SHORT STYLE AND LONG STAMENS.

1583
CAROLUS CLUSIUS DESCRIBES TWO FORMS OF *PRIMULA* FLOWER WITH LONG STYLE AND SHORT STYLE IN DIFFERENT SPECIES - OR PERHAPS VARIETIES OF *PRIMULA*. BUT HE DID NOT RECOGNISE THE TWO FORMS AS OCCURRING WITHIN THE SAME SPECIES.

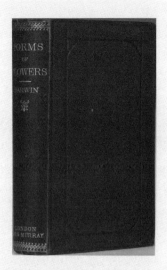

⤴ 1877 年达尔文出版了《同种植物的不同花型》（*The Different Forms of Flowers on Plants of the Same Species*）。这本书使达尔文成为举世公认的首位深入研究报春花的长柱型和短柱型的人，更重要的是，他是第一个解释了这两种类型柱型的功能意义的人。

⤶ 这幅图表现了"花柱异长"的发现过程，从图中可见，达尔文并不是首位发现"花柱异长"的人。早在 17、18 世纪的植物文献里，已经有多位科学家注意到了这一现象，并已记录在案。如果 1583 年的卡罗勒斯能注意到这两种花的结构其实都来源于同一物种，那他就可以早于达尔文两百多年为我们提供最早的关于花柱异长的描述了。

林奈曾于 1792 年写道："植物学家并不关心细微的差别。"

林奈还用报春花的花冠作为例子说明"花朵爱好者专注于细小的植物细节，任何有理智的植物学家都不会认为这是关键的"。但是现在，东英吉利大学（UEA）生物科学首席研究员吉尔·马丁教授认为："正是这种对于细节态度的不同，以及 18、19 世纪林奈思想的主导地位，导致忽视了如此重要的花朵形态的重大意义。"

当所有人都只观察到了现象的时候，只有达尔文发现了原因。

◀ 1794 年，人们最早发现黄花九轮草（*Primula veris* L.）具有两种不同的花型，两者之间的区别在于雌蕊和雄蕊的高度。但该现象一直被当作一种普通的花形态变异而没有引起足够的重视。

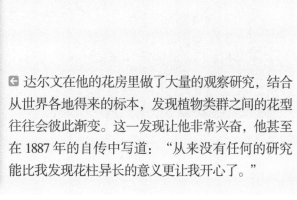

⬆ 达尔文绘制的"花柱异长"示意图。两种花的雄蕊和雌蕊长度并不一样，而且它们的长短是互补的。达尔文认为，植物这一现象是为了减少近亲繁殖。

◀ 达尔文在他的花房里做了大量的观察研究，结合从世界各地得来的标本，发现植物类群之间的花型往往会彼此渐变。这一发现让他非常兴奋，他甚至在 1887 年的自传中写道："从来没有任何的研究能比我发现花柱异长的意义更让我开心了。"

花柱异长的植物中既有二型的也有三型的，达尔文在本书第四章中专门讨论了三型植物。与二型植物相比，三型植物除了长花柱和短花柱之外，还多了一个中花柱。达尔文研究了千屈菜属、酢浆草属和海寿花属等三型植物的授粉方式。

⬆千屈菜（*Lythrum salicaria*）

⬆ 酢浆草

⬆ 海寿花（*Pontederia cordata*），现一般译为梭鱼草。

在本书第七章中，达尔文讨论了雌雄异株状态的起源问题。他认为自然选择压力会使得花柱异长的植物性别专化。后来的研究发现，植物花柱异长独立演化超过了 20 次。这个复杂的多态现象已经成为趋同进化的经典案例。

⬆ 银杏的大孢子叶球，也即银杏的"雌花"。

⬆ 银杏刚长出来的小孢子叶球，人们常将之称为银杏的"雄花"。

苏铁也是典型的雌雄异株植物。

达尔文发现，闭花受精的植物受到环境的影响较大，植物以少量的花粉消耗提供了大量的种子，这对其繁殖是非常有利的。达尔文在本书第八章详细讨论了植物的闭花受精现象。有趣的是，谦虚的达尔文在书中写道："我以前对闭花受精做过许多观察，但自从冯·莫勒的令人钦佩的论文发表之后，我的观察就不值一提了，因为他的观察要比我的全面得多。"

↑ 冯·莫勒（Hugo von Mohl，1805－1872），德国植物学家。

↑ 黄褐凤仙（*Impatiens fulva*）

↑ 犬堇菜（*Viola canina*）

↑《兰科植物的受精》中译本

闭花受精的植物在花苞尚未张开时，就已经完成受精作用。这在自然界是一种合理的适应现象，当外界条件不适于开花传粉时，闭花受精就弥补了这一不足，帮助植物完成生殖过程。二型性闭花受精最为普遍，在一个植株上，两种花可同时出现但位置不同，或者依次在不同的季节出现。典型的例子见于许多凤仙花属（*Impatiens*）和堇菜属（*Viola*）的植物。而完全闭花受精仅在若干种类中观察到，特别是兰花，为此达尔文还专门撰写了《兰科植物的受精》一书。

目　录

导　读

· Introduction to Chinese Version ·

王　红①　周　伟②
（①中国科学院昆明植物研究所　研究员）
（②中国科学院昆明植物研究所　副研究员）

　　达尔文发现，在报春花中不同高度的花药生产的花粉直径不同，然而他并没有利用这个有利的特征去检测不同高度的柱头上着落的两种花粉的数量，以检验他的"异型花柱促进异交花粉传递的假说"。可见，他对自己的假说有多么自信！如今，我们通过现代分子遗传标记的方法，精确跟踪不同柱头上的花粉来源，发现达尔文在140年前关于异型花柱促进型间花粉传递的推断完全正确。

任何植物的花仅有一个共同的作用,即交配繁殖以延续后代。然而,不同植物的花在形态、结构和色彩等方面所呈现的多样性程度之高却令人叹为观止。植物花形式的多样性与其功能的专一性之间鲜明的对比激发了人们对其奥秘的无限遐想。早在 18 世纪,以科尔鲁特(J. G. Kölreuter,1733—1806)、施普伦格(C. K. Sprengel,1750—1816)以及奈特(T. A. Knight,1759—1838)等为代表的自然学者通过细微的观察和辩思奠定了"花生物学"的雏形。直到 1842 年,达尔文搬进"党豪思"(Down House)并全心专注于植物学的观察和研究之后,各种零散分布的花生物学现象才被统一到自然选择的理论框架之内。

达尔文基于花生物学的研究先后撰写了三本极具影响力的著作,它们分别是 1862 年出版的《兰科植物的受精》、1876 年出版的《植物界异花受精和自花受精》和 1877 年出版的《同种植物的不同花型》。这三本书分别围绕异花授粉、近交衰退和性系统多态三个关键的繁殖生物学概念,基于二十多年的观察、实验和数据的收集整理,在综合各方面的证据的前提下进行卓越的思索与推演,最终为现代植物繁殖进化生物学的基本演化思想奠定理论基石。

在《同种植物的不同花型》这本书中,达尔文综合运用了比较形态学、生理亲和性、传粉学、生态和遗传学的证据深入剖析三种性系统多态性现象:异型花柱(heterostyly)、雌雄异株(dioecy)和闭花受精(cleistogamy),其中后两者各占一章的篇幅,构成全书的末尾两章;而异型花柱植物则为全书的重点内容,它占据了全书前六章的篇幅。

在达尔文的自传中,他坦言"在我的整个科学生涯中,没有任何其他的发现能够比对异型花柱结构的认识更让我感到满足"。在本书

◀ 纪念达尔文诞辰 200 周年发行的邮票。

中，达尔文基于他本人以及同事格雷（A. Gray,1810—1888）、穆勒（F. Müller,1821—1897）和希德布兰德（F. Hidebrand,1835—1915）的数据，对异型花柱植物的表型特征进行了详细描述，并且对异型花柱植物特殊的花部构造形式所蕴含的进化适应意义做出了功能性解释，最后提出异型花柱演化起源途径的猜想。尽管在达尔文之后，科学家又发现了4种自然界中存在的柱头多态现象，也即柱高二态（stigma-height dimorphism）、镜像花柱（enantiostyly）、运动花柱（flexistyly）和倒置花柱（inversostyly）等，这些形式迥然不同的花部构造均没能逃脱达尔文普适性的功能解释：无论多么精巧的设计都是为了达成动物介导下的高效异花授粉！

事实上，异型花柱这种独特的花部构造在植物界中并非随处可见。恰巧的是，本书导读作者所在的中国科学院昆明植物研究所有几种植物正好具有异型花柱的特征，比如中国传统观赏花卉中的水仙花（*Narcissus tazetta*）、庭院植物中的千屈菜（*Lythrum salicaria*）和经济作物中的荞麦（*Fagopyrum esculentum*）等。除此之外，作为重要的高山观赏花卉报春花属（*Primula*）的绝大部分物种也是异型花柱植物，这个类群也是达尔文在本书中最重要的研究对象。

达尔文在本书中对章节的安排主要以植物类群为纲要（从报春花科到其他科），先介绍二型花柱（第一至第三章）而后介绍三型花柱（第四章）；先重点介绍形态（第一至第四章），而后介绍交配生理亲和性（第五章），最后重点讨论异型花柱的演化问题（第六章）。

除了研究对象之外，本书章节之间在研究形式和内容上有很大程度重复。为了引导读者更加清晰地理解本书对异型花柱不同层面的研究，我们把本书针对异型花柱部分的内容进行归纳总结，将之分为"基本结构和功能""等长花柱变异体""交配模式和亲和性"以及"分布与演化"等四部分进行概述，并辅以必要的评述；同时将书中最后两章内容归纳为"雌雄异株和闭花受精"进行评价。

（一）异型花柱的基本结构和功能

　　早在 16 世纪，植物学家就发现有些植物存在两种不同类型的雌雄两性花，然而直到达尔文出版《同种植物的不同花型》时方才将它正式定义为异型花柱植物。根据花型的数量，达尔文将异型花柱分为二型花柱（distyly）和三型花柱（tristyly）两种类型。在异型花柱植物中，不同的花型之间其花药的高度与柱头的高度正好相反，达尔文称之为互逆的雌雄异位（reciprocal herkogamy）。以二型花柱为例，其中的一种花型其柱头位于花药的上方，达尔文称之为针型花（pin-eyed）；与之相反，花药位于柱头上方的花型被称为梭型花（thrum-eyed）。而三型花柱植物则存在三种不同的花型，这种植物的每一种花型内有两轮不同高度的花药以及一轮（或者一个）不同高度的柱头。其中，柱头位于最高位置而下方有两轮不同高度的花药的花型称为长柱型花（long-style morph）；相反，柱头位于最低位置而其上方有两轮不同高度的花药的花型称为短柱型花（short-style morph）；最后，当柱头高度位于两轮不同高度的花药之间时称为中柱型花（mid-style morph）。可见，无论是二型花柱还是三型花柱，每一种花型内的柱头都有与之对应高度的花药存在于另外的花型之内。

　　达尔文认为异型花柱这种特殊的花部设计可能是植物为了实现异花授粉而采取的一种高级策略。他通过大量的观察发现，当传粉动物访问长柱型花的时候，花粉通常会黏附在身体最前端的喙部，因为该花型的花药位于较矮的位置；而当这只动物访问下一朵短柱型花的时候，它的喙部的花粉正好接触到位于相同高度的短柱花的柱头上，从而实现异花授粉。反之，高位的花药将花粉黏附在传粉动物的头部（或者喙的基部）并最终被输送到高位的柱头。同样的道理，三型花柱植物的花粉能够在黏附到传粉动物身体的三个不同部位，并最终传递给三个对应高度的柱头。根据以上观察，达尔文提出假设，认为异型花柱内部的这种雌雄繁殖器官空间布置方式将能够有效提高花型之间的花粉传递,实现花型之间的异交(disassortative mating)。达尔文发现,在报春花中不同高度的花药生产的花粉直径不同,然而他并没有利用这个有利的特征去检测不同高度的柱头上着落的两种花粉的数量,以检验他的"异型花柱促进异交花粉传递的假说"。可见,他对自己的假说有多么自信!如今,我们通过现代分子遗传标记的方法,精确跟踪不同柱头上的花粉来源,发现达尔文在 140 年前关于异型花柱促进型间花粉传递的推断完全正确。

值得一提的是,除了雌雄繁殖器官高度位置的互逆特征之外,达尔文还注意到了异型花柱植物不同花型之间存在的一些微形态差异。例如,短柱型花的花药在外观上比长柱型花药更长,同时短柱型花生产的花粉在形态上要比低位的花药花粉更大,而在数量上则相对较少;类似的差异还存在于花粉外壁纹饰、柱头裂片长度以及花冠大小等方面。达尔文最初将这些微形态特征作为异型花柱植物定义的必要组分;然而,在达尔文之后随着观察样本的不断增加,人们发现这些微形态特征与宏观的雌雄互逆异位并非始终连锁,因此摒弃了这些微形态的差异在定义异型花柱时的必要地位,简称之为附属多态特征。

(二) 异型花柱的等长花柱变异体

在异型花柱植物种群内有时会出现频率极低的一种变异体,达尔文称之为等长花柱(homostyly)。他起初认为这种变异体只可能出现在人工栽培的群体及其后代中,而当被告知野生状态下同样发现有这种变异体的时候,他感到分外的诧异,由此他对等长花柱的观察和思考也变得格外热心。实际上,等长花柱也有两种类型,一种称为高位等长花柱(long-homostyle):它相当于长柱型花的柱头与短柱型花的花药组合在一起形成的一种表型;另外一种称为低位等长花柱(short-homostyle):它由短柱型花的柱头与长柱型花的花药组合而成。达尔文至少发现有六个报春物种存在等长花柱：黄花九轮草、欧报春、藏报春、耳报春、粉报春和较高报春，但是他非常清楚地意识到，等长花柱不应该是一种稳定的花型，通过对等长花柱花粉大小和形态的观察，他认为这种花型属于一种突变体，它由长花柱型和短花柱型个体的雌雄繁殖器官分别组合构造而成。这种起源方式的等长花柱个体通常都是自交亲和的。与此同时，达尔文在粉报春中发现可能还有另外一种由于雄蕊的异常伸长所产生的等长花柱，这种类型的等长花柱表现出自交不亲和性。当然，达尔文认为这些异型花柱的报春花物种出现等长花柱属于返祖现象。而事实上，我们现在的研究证据表明整个报春花属的祖先特征为异型花柱，而其中的等长花柱属于衍征，等长花柱的发生是由于异型花柱决定位点（S-locus）发生重组或者突变。

（三）异型花柱的交配模式与亲和性

达尔文在本书的第二章中专门讨论了报春花的种间杂交问题，而后又在第五章中介绍了异型花植物的型内交配问题。由于种间杂交和型内交配都存在不同程度的亲和性排斥现象，所以他认为异型花柱植物的型内交配不亲和性类似于物种间的杂交不亲和性。达尔文通过人工授粉的方式发现，型间交配（inter-morph mating）通常都是完全亲和并且形成的种子具有很好的活力；相反，型内交配（intra-morph mating）则在不同程度上出现不亲和的现象，甚至有时完全不能产生任何有活力的种子。异型花柱植物的这个生理特征被称为异型不亲和系统（heteromorphic incombatibility），在异型不亲和系统的作用下二型花柱植物亲和的合法授粉（legitimate pollination）模式有 2 种，即两种花型之间相同高度的花药和柱头之间相互授粉，而另外 4 种授粉模式（2 种自花授粉和 2 种花型内异花授粉）都属于不亲和的非法授粉（illegitimate pollination）。三型花柱的授粉亲和性相对复杂，其亲和的合法授粉模式有 6 种，而不亲和的非法授粉模式有 18 种（6 种自花授粉,6 种同型异花授粉和 6 种异型异花授粉)。值得注意的是,达尔文的授粉试验表明异型不亲和系统在不同异型花柱物种上呈现广谱的变异,甚至在有些物种中存在不亲和性丢失现象。

达尔文非常清楚自交的负面影响以及植物形成避免自交机制的必要性,比如自交不亲和性与雌雄异熟等。但是,在异型花柱植物的异型不亲和系统中,该系统不仅限制自交,同时也限制了同型异交。达尔文对此也是相当困惑,他在书中叹言:"异型花柱植物的任何一个个体居然与它一半的同类(注:相同花型的所有个体)都不能交配生育,这样的不亲和机制到底有何益处?"。我们现在发现异型不亲和系统与被子植物中常见的同型不亲和系统完全不同,它的遗传作用机制至今仍然是一个未解之谜!

(四)异型花柱的分布与演化

达尔文在本书中报道了 14 个科 38 个属包含有异型花柱植物。现在,研究发现具有异型花柱植物的科的数量已经增长到 28 个。由于绝大多数的类群都已经有非常详细的形态检查,因此在科水平上这个数量继续增加的可能性不大,但是分布的属的数量也许会继续增加,尤其是在茜草科这类较大的类群中。达尔文对异型花柱的研究主要集中于二型花柱的报春花中,最初他认为异型花柱结构很可能是两性花向雌雄异株演化的一个过渡状态;长柱型花的柱头发达,而其雄蕊能获取的资源有限并表现为相对退化,也即长柱型花可能演化为雌性个体;相反,短柱型花将演化为雄性个体。然而,随着在千屈菜属中针对三型花柱开展了一系列观察和研究之后,他改变了最初的想法,认为异型花柱如此精巧复杂的结构不可能是一个性系统演化过程的中间过渡阶段;相反,异型花柱应该是一个进化稳定的状态。

那么,异型花柱作为一种稳定的性系统是如何演化形成的呢?达尔文在书中坦言"这是一个非常晦涩的话题,尽管我对此有一些自己的看法,但是显然还缺乏足够的证据获得可靠的结论"。达尔文推测异型花柱起源的早期阶段应该是先有花柱异长的分化,而后才出现花药高度的分化。目前,系统发育重建的一些证据支持达尔文的观点,比如在水仙属中存在的一种性系统式样称作"柱高二态",它很可能就代表达尔文所指的"二型花柱起源的早期阶段"。当然,异型花柱演化起源的途径至今仍然是个谜。一方面,我们仍然不清楚柱头和花药的高度二态性演化形成是否存在特定的先后顺序;另一方面,我们依然不清楚生理的不亲和系统形成与形态上互逆的雌雄异位建成的先后顺序。

(五) 雌雄异株和闭花受精

达尔文在本书前六章中介绍的异型花柱属于雌雄同花的性系统,而在第七章中介绍的雌雄异株则是两性功能在个体水平上发生分离的一种性系统,雌雄异株种群内的部分个体仅产生雌花,而另外一些个体则仅产生雄花。本书中对于雌雄异株的讨论主要源于异型花柱作为雌雄同体植物与雌雄异株这两种性系统之间演化关系的推测。达尔文发现在茜草科中一些非常近缘的属内既有二型花柱植物也有雌雄异株植物,通过比较退化的雄蕊和雌蕊的特征,他认为那些具有长雄蕊、大花药和大花粉粒的古老短花柱类型可能转变为雄性个体,而那些短雄蕊、小花药和小花粉粒的古老长花柱类型则转变为雌性个体。另外,根据茜草科(以及马鞭草科)内异型花柱植物数量远大于雌雄异株的数量这一事实,达尔文推测异型花柱很可能是该类群的祖先特征,而现存的少量雌雄异株植物是近期由异型花柱衍生而来。与此同时,他通过介绍杂性和单全异株的观察实例来解释雌雄同体逐步向雌雄异株转变的过程。目前现有的证据表明雌雄异株可能通过 5 种不同的进化途径形成,而他当时提到的异型花柱和雌全异株途径可能最为频繁,另外 3 种可能的途径分别为:雌雄异型异熟、类雌雄异株和雄全异株。达尔文在本书中首次讨论了雌雄异株植物的进化问题,在随后的一百多年时间里关于雌雄异株的进化动力问题涌现出多种不同的模型假说，至今依然是进化生物学关心的中心议题之一。

达尔文在本书的最后一章对闭花受精这种性系统进行了系统的总结和讨论。这部分内容与异型花柱之间没有直接的联系，而它与本书主题相扣的原因是这种性系统的植物通常除了闭花受精的花之外还有正常开花受精的花（chasmogamy），也即"同种植物的不同花型"。达尔文对闭花受精现象的讨论主要集中在凤仙花属（*Impatiens*）、酢浆草属（*Oxalis*）和堇菜属（*Viola*）。同时，他在库恩（Kuhn）总结的基础上整理出了包含 55 个属的闭花受精名单。当然，这个名单现在已经增加到 50 多个科内的 200 多个属和 700 多个种。最后，达尔文对闭花受精策略的解释为：以最少的资源投入获得最多的种子产出。

在本书中，达尔文对多种性系统式样进行深入探讨，为繁殖进化生物学奠定坚实的理论基础，为我们认识花多样性的起源指明了方向！在随后的一百多年时间里，以异型花柱为代表的植物性系统多态式样吸引了众多理论与实验生物学家的关注，其中包括费舍尔（R. A. Fisher，1890—1962）、霍尔丹（J. B. S. Haldane，1892—1964）、劳埃德（D. G. Lloyd，1937—2006）、查尔斯沃斯（B. Charlesworth，1945— ）和巴雷特（S. C. H. Barrett，1948— ）等一批杰出的科学家，他们分别从遗传、生态和进化等不同视角对异型花柱多态现象进行深入的研究。如今，我们对植物性系统演化规律有了更新的认识，达尔文部分局限性的观点也得以修正，例如达尔文在本书中讨论植物性系统演化选择时仅考虑了以结籽率为代表的雌性适合度，而忽略了以花粉的生产和散布为代表的雄性适合度对花性状塑造的深刻影响。

1884 年重印前言

· *Foreword to the Reprint in 1884* ·

弗朗西斯·达尔文

本书 1884 年重印时,查尔斯·达尔文的次子弗朗西斯·达尔文增加了本前言,对 1880 年第二版以来相关问题的进展做了说明。

花柱异长植物(Heterostyled Plants)

贝西(C. E. Bessey)对长花紫草(*Lithospermum longiflorum*)许多花的花冠、雄蕊和花柱进行了仔细的测量。他指出,花冠的长度、特别是花柱的长度变异很大。这样就产生了一种二型性现象;但是,对花粉的测量却表明这并不是真正的花柱异长。[《美国博物学家》(*American Naturalist*),1880 年 6 月,417 页)]

克拉克(C. B. Clarke)对长叶腺萼木(*Adenosacme longifolia*)所做的奇妙观察表明,这种植物的长花柱类型和短花柱类型的特征通常被认为在分类上具有头等重要性。在短花柱的花中,雄蕊位于花冠之上;在长花柱的花中,雄蕊位于花冠的最基部,几乎同它不相连。在这一类型中,花冠是分开的,雄蕊位于子房之上。[《林奈学会会报》(*Journ. Linn. Soc.*),第 17 卷,159 页)]

他还描述过湿地鸡爪簕(*Randia uliginosa*)的两个类型;① 开大型的无柄花,其柱头是分离的,并且结大型果实;② 开小型的具总花梗的花,其柱头是棍棒状的,并且结较小的果实。

克拉克指出软紫草属(*Macrotomia*)像假紫草属(*Arnebia*)那样,也是二型的。克拉克谈到菲希尔(Fischer)和迈耶(Meyer)时曾说过软紫草属有长花柱和短花柱两个类型,克拉克的提示是有关花柱异长的最早的明显介绍之一。(《林奈学会会报》,第 18 卷,524 页)

W. 布赖腾巴哈(Breitenbach)相信花柱异长的报春花属(*Primula*)的祖先是花柱同长(homostyled)的。[《植物学报》(*Botanische Zeitun*),1880 年,577 页)]他的信念系根据对较高报春(*Primula elatior*

◀弗朗西斯·达尔文(Francis Darwin,1848—1925)

Jacq.)大量植株的检查,并且根据和花的个体发育相关联的一些事实。这种意见受到了贝伦斯(W. Behrens)[《植物学中央导报》(*Bota-nisches Centralblatt*),1880 年,1082 页]和赫尔曼·米勒(Hermann Müller,《植物学报》,1880 年,733 页)的反驳。

厄恩斯特(A. Ernst)根据测量和试验 2 指出,小花马松子(*Melo-chia parviflora*)是花柱异长的(二型)。[《自然》(*Nature*),第 21 卷,1880 年,217 页]

托德(J. Todd)指出:黑芥(*B. nigra*)的花有两个类型,其雌蕊长度各异;雄蕊长度则差不多一致。(《美国博物学家》,第 15 卷,1881 年,997 页)

特里利斯(Trelease)描述过堇花酢浆草(*Oxalis violacea*)的两个类型,看来它像是一个三形物种的长花柱和短花柱类型。没有发现中间型花柱的花,特里利斯倾向于相信这个物种是二型的。(《美国博物学家》,第 16 卷,1882 年,13 页)

乌尔班(Ig. Urban)述说,团纳那科(Turneraceae)包含的二型植物占很大比例。[《勃兰登堡植物学协会会报》(*Sitz. Bot. Verein, Prov. Brandenburg*)第 24 卷,1882 年]我只在《植物学中央导报》(*Botan. Centrallatt*,207 页)看过他写的有关这一科的论文提要。他做过如下的有趣观察:"在团纳那科中,二型物种倾向于多年生,开的花五颜六色,而单形物种开的花较小,主要为一年生。"他说,在单形物种中只由花柱的增长来表现其二型倾向。

同第七章所讨论的问题有密切关系的,还有更多著作。

路德维希(F. Ludwig)叙述过长叶车前(*Plantago lanceolata*)的三个植株类型。[《自然科学总文献》(*Zeitschrift f. d. gesam. Natur-wiss.*),1879 年,44 页]

1. 两性植株,花药白色。

2. 半雌性植株,花药黄色、枯萎而小,含有少量花粉,许多花粉粒是坏的。

3. 纯粹雌性类型。

关于雌花全异株的植物（*gynodioecious plant*），路德维希做出了一些有趣的一般结论。

1. 它们或多或少都是雌雄蕊异熟的。

2. 在雄蕊先熟的类型中，雌花在季节之始占多数。在雌蕊先熟的类型中，情况正相反。

3. 败育的花药常常退化为花被的裂片。

4. 他证实如下的公认看法：雌性花小于两性花。

他讨论了雌雄异株，认为雌雄蕊异熟是其一系列原因中的最主要的原因。本书中提出了相似的观点，这一观点同希尔德布兰德（Friedrich Hildebrand）所做的观察有关系。

他在此后的一篇论文（《植物学中央导报》，1880 年，第 4 卷，829页）中对一些繁缕属（*Stellaria*）和卷耳属（*Cerastium*）的相似的雌全异株状态进行了描述。这里有纯粹雌性植株、半雌性植株和两性植株，雌性类型的花小于其他类型的花。他把这种性的类别称为"雌全二型性"（gynodimorphism），他对纤毛蚤缀（*Arenaria ciliata*）和春米努草（*Alsine verna*）的这种状态进行了描述。

路德维希对毒芹状牻牛儿苗（*Erodium cicutarium*）的两个类型进行了描述。（《宇宙》（*Kosmos*）①，1880—1881 年，第 8 卷，357 页）第一个类型以其花蜜诱导装置而著称，它是雄蕊先熟的，适于昆虫授粉。第二个类型是微弱的雌蕊先熟的，系自花授粉。这个类型缺少花蜜诱导装置，花瓣通常在开花当日即脱落。它同麝香牻牛儿苗（*E. moschatum*）相类似，后者是雌雄蕊同熟的（或是微弱地雌蕊先熟的）。第一个同大腺体牻牛儿苗（*E. macrodenum*）更相类似，后者显然是雄蕊先熟的，而且不可能进行自花授粉。

赫尔曼·米勒曾指出，花叶丁香（*Syringa persica*）是雌全同株的

---

① 再参阅 *Irmischia*，1881 年，第 1 期；和《植物学中央导报》，第 12 卷，83 页，第 8 卷，87页。

(gynomonoecious)，在同一花上开的大形两性花占多数、小形雌性花占少数。(《自然》，第 23 卷，337 页，1881 年)

粉绿繁缕(*Stellaria glauca*)和野希拉迪亚(*Sherardia arvensis*)都是雌全异株的。

H. 米勒还写过一篇关于棕鳞矢车菊(*Centaurea jacea*)的重要论文(《宇宙》，第 10 卷；《自然》，第 25 卷)，在这篇论文中他对雌全异株的看法改变了。有三种类型出现，但在任何植株上都只开一种花。一种是正常的两性类型，另外两个类型实际上是雄性的和雌性的，它们同两性类型的区别在于具有中性的边小花(rayflorets)。这两个类型的雄性花更为显眼。雌性小花的花药皱缩，无花粉；雄性小花的雌蕊不开放，因而是不起作用的。有大量的特殊类型存在，这使整个事例特别富有启发性，正是对这些特殊类型的研究导致米勒放弃了他的雌全异株的理论。米勒以前是以下述设想来解释雌全异株的，他以为雌性花比普通花较小而且较不显眼，因而昆虫光顾它们将在最后，所以它们的花粉是无效的。在矢车菊属中，花粉的减少是从顶花开始的，顶花并不见得没有普通花显眼。因此，米勒放弃了他以前的理论，并赞同我父亲提出的观点[①]。

波托内(Potonié)相信，在雌全异株的草原鼠尾草(*Salvia pratensis*)中雌性类型的存在是为了保证由不同的植株来授粉。[《柏林自然研究协会会报》(*Sitzb. d. Ges. Naturforsch. Freunde zu Berlin*，1880 年，85 页)，《植物学报》予以引用(1880 年，749 页)]

但 H. 米勒指出，在两性花中，蜜蜂通过植株上部的雄性花之前，通常先光顾下部暂时的雌性花，这就可以保证不同植株的异花授粉。(《植物学报》，1880 年，749 页)

佐尔姆斯-劳巴哈(Solms-Laubach)[《格丁根科学协会会报》(*Abhand，K. Gesell. Wiss. Göttingen*)第 28 卷；《宇宙》，1881 年]在一篇关

---

① 关于石竹属(*Dianthus*)的雌全异株，H. 米勒在《自然》(1881 年，第 24 卷)发表过一篇短文。

于对栽培的无花果进行人工授粉方法的重要著作中,论述了栽培无花果和野生无花果之间的性关系。

雄蕊异长

花柱同长的花有不同种类的花药,这同花柱异长有关系,所以具有重要性。

路德维希曾对大车前(*Plantago major*)的雄蕊异常做过说明:它有两个类型,一个类型的花药是褐色的,另一个类型的花药是黄色的,后者比褐色花药类型罕见得多。(《植物学中央导报》,1880 年,246,1210 页)他给同一刊物的另一通信中(1880 年,861 页),描述过地榆(*Poterium sanguisorba*)以及许多草类,如指状黑麦草(*Lolium dactylis*)、羊茅属(*Festuca*)、丝草属(*Aira*)是雄蕊异长的。

F. 米勒做了一项奇妙观察,发现野牡丹科(Melastomacae)的一种裂心草(*Heeria sp.*)有两套花粉:① 黄色的,是蜜蜂的掠夺物;② 红色的,其位置有益于异花授粉。(《自然》,第 24 卷,1881 年,307 页)

H. 米勒阐明,一种鸭跖草科植物的波状蒂南特草(*Tinantia undat*)和裂心草一样,也有两套花药:一套花药吸引采集花粉的昆虫,另一套花药把花粉覆盖在昆虫的体表。它的上部雄蕊具有黄色毛簇,就像紫露草属(*Tradescantia*)那样,用来支撑光顾的昆虫。上部雄蕊的花粉粒较小。墨西哥鸭跖草(*Commelyna coelestis*)和鸭跖草(*C. communis*)也有多少类似的装置。(《自然》,1882 年,30 页)

野牡丹属(*Melastoma*)的一个物种也有两套雄蕊。福布斯(H. O. Forbes)看见蜜蜂直奔黄色雄蕊,即那些具有吸引力的雄蕊。黄色花药具有较小的花粉粒,只有另一套花药的花粉粒才在柱头上伸出花粉管。(《自然》,1882 年,386 页)

托德(《美国博物学家》,第 16 卷,1882 年,281 页)对喙状茄

（*Solanum rostratum*）做过奇妙的记载，这种茄用以授粉的花粉是来自唯独一个长而弯曲的花药；而另外四个花药则是小型的，只向光顾的蜜蜂供给花粉。柱头的位置适于接受蜜蜂身体上的花粉，这些花粉正是蜜蜂从长花药那里粘黏的那一部分。

闭花受精的花

按照阿谢森（P. Ascherson）的材料，林奈阐明了柳叶半日花（*Helianthemum salicifolium*）由闭合的花产生成熟的种子。阿谢森描述过开罗半日花（*H. kahiricum*）和包氏小型半日花（*H. lippii* r. *micranthum* Boiss）的闭花受精的花。绵毛鼠尾草（*Salvia lanigera*）产生闭花受精的花，施魏因富特（Schweinfurth）被认为是这方面的权威，据说下列物种"常常是闭花受精的"：宝盖草（*Lamium amplexicaule*），小灯芯草（*Juncus bufonius*），筋骨草（*Ajuga iva*），二型花风铃草（*Campanula dimorphantha*）。（《巴黎林奈学会会报》，1880 年，250 页）[1]

阿谢森在第二篇论文里，对开罗半日花的闭花受精做了进一步记载。它们的花在早晨开放，所以异花受精是可能的；花瓣于日间脱落，萼片紧紧包住雄蕊和雌蕊，这样便使它们的花成为闭花受精的了。[《柏林自然研究协会会报》（*Sitz. d. Gesch. Naturf. Freunde zu Berlin*）1880 年，97 页；在《植物学中央导报》引用]

埃格斯（E. Eggers）男爵述说，野欧白芥（*Sinapis arvensis*）当生长在西印度群岛时就产生闭花受精的花。

下列爵床科（Acanthaceae）植物具有闭花受精的花：岩瘦花（*Stenandrium rupestre*），上举狗肝菜（*Diclipetra assurgens*），绯红芦莉草（*Stemonacanthus coccineus*），无柄爵床（*Dianthera sessilis*），赛山蓝（*Blechum brownei*）。

---

① 摘要见《植物学中央导报》。

　　在其他科中,灌木状梯木(*Erithalis fruticosa*,茜草科)、淡黄多穗兰(*Polystachya luteola*)也是闭花受精的。

　　海克尔(E. Heckel)描述过戟形波万草(*Pavonaid hastata*)的奇妙的花。这个物种具有闭花受精的花,它和具备花在外表上的区别在于缺少花蜜的引导装置,通常没有蜜腺。它的花粉是以虫媒为特点的,据说它的花粉在花药上时即伸出花粉管。[《学会纪录》(*Comptes rendus*)第 89 卷,609 页]

　　路德维希提到弗吉尼亚车前(*Plantago virginica*)在栽培状况下只产生闭花授粉的花。(《生物学中央导报》,1880 年,861 页)

　　F. 米勒阐明巴西产的奇妙的没入水中的河苔草科(Podostemaceae)所产生的花大概是闭花受精的。(《自然》,第 19 卷,1879 年,463 页)

　　佐尔姆斯-劳巴哈写过一篇关于异蕊花属(*Heteranthera*)的有趣论文,异蕊花属是属于雨久花科(Pontederiaceae)的。他描述了这个属的一些物种的闭花授粉情况,并且指出,闭花授粉的花的形态和分布可以作为一个物种的性状,如果没有这性状,鸡冠叶异蕊花(*Heteranthera callaefolia*)就无法同科氏异蕊花(*H. kotschyana*)加以区别。(《格丁根科学协会会报》,1882 年 6 月)

1884 年 1 月

达尔文在花房（木刻画）

1880 年第二版序言[①]

· Preface to the Second Edition in 1880 ·

> 本书于 1877 年出版，1880 年第二版。在第二版中，达尔文增写了本序言，评述 1866—1880 年间的相关论著。

① 本中译本根据 1880 年第二版译出。——编辑注

自从本书第一版于 1877 年问世以来,关于那时所讨论的问题已发表若干篇论文,而且我收到了许多来信。我在这里概括地把它们的性质叙述一下,以便对今后继续讨论这个问题的任何人士有所帮助。本书全文保持原貌未动,只是对少数错误之处做了修改。

A. 厄恩斯特博士以非常明显的方式证明了小叶马松子(*Melochia parvifolia*)[①]是花柱异长的,它是加拉加斯附近的一种普通植物。这两个类型的花粉粒在大小上按照通常方式有所差异,它们柱头上的乳头状突起也是如此。异型花配合(illegitimate union)特别是当自花授粉时,远比同型花配合不稔[②]的多。一个新科,刺果藤科(Byttneriaceae)就这样加入了花柱异长植物的行列。

埃瑞拉(Errara)和格威尔特(Gevaert)在《比利时皇家植物学会会报》(*Bull. Soc. R. Bot. Belg.*)(第 17 卷,1879 年)上发表过一篇关于较高报春(*Primula elatior*)花柱异长性的论文。

我引用过阿尔弗雷德(Alefeld)博士的论述,他说没有一个美国的亚麻种是花柱异长的。库恩(Kuhn)对这一论述有所争执,[见《当代植物学》(*Bot. Zeit*),1866 年,201 页];但此后由 Ig. 乌尔班证实了(见《林奈》,第 7 卷,621 页)。米汉(Meehan)先生极其怀疑我对宿根亚麻(*Linum perenne*)诸类型不稔性的观察材料[《托里植物学社会报》(*Bull. Torrey Bot. Club*),第 6 卷,189 页],它们当用自己类型的花粉进行授粉时是这样的,这是因为有一株来自科罗拉多的植株当独立生长时还结籽;但是,像可以预料到的那样,并且像一位著名的评论家在

◀ 查尔斯·达尔文(Charles Robert Darwin,1809—1882)

---

① 在弗朗西斯·达尔文的《1884 年重印前言》中为 *Melochia parvifolia*(小花马松子)。——译者

② 指植株虽然生长旺盛,但不能形成正常的生殖器官,或虽然能开花却不结籽的现象。——编辑注

《美国科学杂志》上发表的意见所充分明显指出的那样,米汉先生误把刘易斯亚麻(*L. lewissi*)当作宿根亚麻了,而前者正好不是花柱异长的。

按照 E. F. 史密斯先生的意见(《植物学通报》,美国,第 4 卷,1879年,168 页),在紫草科中灰毛紫草(*Lithospermum canescens*)和同属的花柱异长物种有所不同,它们偶尔呈现中等长花柱类型,这一类型具有短雌蕊,就像短花柱类型的雌蕊那样,并且具有短雄蕊,就像长花柱类型的雄蕊那样。所有类型似乎都是容易变异的,对整个情况还需要进一步研究。

A. S. 威尔逊先生告诉我:把百金花(*Erythraea centaurium*)长花柱植株的花粉同阿伦(Arran)岛上的短花柱植株的花粉比较一下,可以看出它们在大小和形状上的差异同确定的花柱异长植物睡菜(*Menyanthes trifoliata*)的情况是一样的,这种植物是龙胆科(Gentianeae)的成员之一。以前我自己观察到,不同植株上的花在结构上差异很大,但我没有弄清楚它们是否代表两种不同类型。

茜草科(Rubiaceae)所包含的花柱异长植物比任何其他科都多,现在可以补充几个事例。C. B. 克拉克先生非常慷慨地送给我一些他在印度画的关于长叶腺萼木两个极不相同的类型的写生图。他说:"这一事例的特点并不在于两个类型的花柱和雄蕊在长度上的差异,而在于雄蕊着生点的极端差异。"它有一个中等长花柱类型,具有位于同一水平的短雌蕊和短雄蕊,只高出花冠管稍许。希尔恩(Hiern)先生在对热带非洲茜草科的观察材料中说道:二型性是经常发生的,至少在耳草科(Hedyotideae)的一些物种和四五个属中是如此(《林奈植物学会学报》,第 16 卷,1877 年,252 页)。埃文斯(M. S. Evans)说,在纳塔尔(Natal)有一种花柱异长的茜草科植物,它偶尔呈现第三种类型,但属罕见,在这种类型中雌蕊和雄蕊的长度是相等的,而且二者都伸出花冠口之外。他还说,他发现了另外四种花柱异长的二型植物,其中一种是单子叶的。(《自然》,1878 年 9 月 19 日)

　　最后,我曾指出(99 页)平滑寒丁子花(*Bouvardia leiantha*)的花柱异长性是可疑的。贝利先生(Mr. Bailey)现在送给我一些干标本,就雌蕊和雄蕊的长度而言,这个物种明显是花柱异长的,但从花粉粒大小来看,却找不出任何差异,所以这一事例一定是可疑的。

　　由克恩(Koehne)博士描述过巴西的三型花柱异长植物千屈菜科(Lythraceae),他非常慷慨地送给我一篇有关这种植物的长篇记载。他知道有 21 个物种是花柱异长的,340 个物种是花柱同长的。他告诉我说,百里香叶千屈菜(*Lythrum thymifolia*)不是花柱异长的,并且说,我收到的是在这个名称下的其他物种。在美国有许多二型物种。水芫花(*Pemphis acidula*)明显是二型性的,水松叶属(*Rotala*)和尼赛千屈菜属(*Nesaea*)的一些物种也是如此,这样,就有两个花柱异长的新属加入到这一科。克恩博士不相信紫薇属(*Lagerstroemia*)的任何物种是或者曾经是花柱异长的和三型性的。他还把一个重要观点的纲要送给我,这是值得详加查明的一个问题,即:花柱异长性是通过趋于变为杂性的或雌雄异株的植物的变异而发生的。

　　莱格特(Leggett)先生有点怀疑海寿花(*Pontederia cordata*)是不是三型的和花柱异长的。但此后他给我写过一封信说,他的这种怀疑已经打消了:"再看一看这种效果,见《托里植物学社汇报》,第 6 卷,1877 年,170 页。这个海寿花属的所有 3 种类型似乎都是高度变异的"。他还告诉我,授粉者就是土蜂。

　　关于雌雄异株状态的起源,在第七章的开始部分有所讨论,H. 米勒对此发表过一些有趣的意见(见《宇宙》,1877 年,290 页)。他指出,沼泽缬草(*Valeriana dioica*)以 4 种类型存在,同鼠李属(*Rhamnus*)所表现的 4 种类型密切近似,对此在第七章里也有叙述。我们非常希望有人对这等类型进行试验,以弄清楚它们的意义。伯内特(Bernet)发表过一篇以"欧卫矛(*Euonymus europaeus*)性别分离"为题的论文[《法国植物学会会报》(*Bull. Soc. Bot. France*),第 25 卷,1878 年],这篇论文可以和我对这种植物的观察材料相比拟。我从来没有找到过普通冬青的雌雄同体株，但是，按照希伯德（Hibberd）先生的材料，许多栽培品种发生过这种情形［见《园艺者纪事》（*Gard. Chron.*），1877年，39，776 页］。然而，这个证据远远不是确实的，因为希伯德先生似乎从来没有在显微镜下观察过从一棵产生浆果的植株采集来的花粉。美国的灰核桃（*Juglans cinerea*）树是雌雄同株的，并且像核桃（*J. regia*）那样包含两组雌蕊和雄蕊，一组是雄蕊先熟的，一组是雌蕊先熟的［普林格尔（C. G. Pringle），《植物学通报》，第 4 卷，1879 年，237 页］；这样就保证了不同树的异花授粉。A. S. 威尔逊先生告诉我说，膨大雪轮（*Silene inflata*）在劳尔斯峰（Ben Lawers）上是杂性的，因为他发现过雌雄同体株、雌株和雄株。这里提到了这个事例，因为雌株的花是小型的，它们就像雌全异株这一亚纲的雌株上的小型花一样。《托里植物学社会报》（1871 年 7 月）刊载的一篇文章表明雪轮无论如何也是雌全异株的。石刁柏（*Asparagus officinalis*）也是杂性的，雌花只有雄花的一半大［参阅《园艺者纪事》，1878 年 5 月 25 日；还有 W. 布赖腾巴哈（Breitenbach）的文章，见《植物学报》，1878 年，163 页］。

在我的雌全异株名单上现在可以增添几个事例，或者说，作为雌雄同体和雌性个体而存在的那些事例，按照怀特利格（Whitelegge）先生的说法，它们是德国水苏（*Stachys germanica*）辛辣毛茛（*Ranunculus acris*）、匍枝毛茛（*R. repens*）、鳞茎毛茛（*R. bulbosus*）（《自然》，1878 年 10 月 3 日，588 页）。H. 米勒发现林生老鹳草（*Geranium sylvaticum*）和瞿麦（*Dianthus superbus*）在阿尔卑斯山上的状态就是如此，而且林生老鹳草的雌花是小型的。他在一封信中告诉我，草原鼠尾草也是这样，关于长叶车前在英国是雌全异株的。我还收到过一些补充材料。格雷茨（Greiz）地方的 F. 路德维希博士给过我一篇描述文章，其中载有这种植物的不下 5 个类型，它们彼此渐变；中间类型较少，而雌雄同体类型最普通。关于雌全异株状态所赖以达到的步骤，H. 米勒以许多显示出才智的论证坚持他提出的观点（见《宇宙》，1877 年，23，128，290 页）。几位植物学家认为他的观点比我提出的观点更加可能(例如,参阅《植物学杂志》,1877 年 12 月,376 页)。

在询问了几位植物学家之后,我没有听说一个事例表明植物是处于雄全异株的,即以雌雄同体和雄性个体而存在的,对此只有一个可疑的例外。但是,H. 米勒发现蒜藜芦(*Veratrum album*)、仙女木(*Dryas octopetala*)和匍根水杨梅(*Geum reptans*)在阿尔卑斯山上的状态就是如此。有趣的是,雄花花冠并不像雌全异株的雌花花冠那样地缩小。阿萨·格雷(Asa Gray)也有理由去猜测美洲柿(*Diospyros virginiana*)可能是雄全异株的。

第八章用来讨论闭花受精的花,我在那里刊出一张表,其中载有 4 个属,这是根据本瑟姆(Bentham)先生和阿萨·格雷的材料做成的。另一方面,还补充了 15 个属。本瑟姆先生告诉我说,多型车轴草(*Trifolium polymorphum*)产生真正的闭花受精的花。根据阿萨·格雷评论此书的权威材料(《美国科学杂志》),在该表中还补充了悬钩子属(*Dalibarda*)、粟草属(*Milium*)和鼠尾粟属(*Vilfa*)。普林格尔描述过扁芒草属(*Danthonia*)的闭花受精的花(《美国博物学家》,1878 年,248 页)。阿谢森描述过另一个禾本科的双稃草属(*Diplachne*)的闭花受精的花(《柏林自然研究协会会报》,1869 年 12 月 21 日)。根据在《植物学杂志》(1877 年,377 页)上提出的一些意见,还补充了假繁缕属(*Krascheninikovia*)。巴塔林(Batalin)发表过一篇文章描述"石竹科闭花受精的花",即卷耳属和多荚草属(*Polycarpon*)的闭花受精的花。F. 路德维希在《勃兰登堡植物学协会会报》(1876 年 8 月 25 日)上描述过大粘胶花(*Collomia grandiflora*)的闭花受精花。沙洛克(Scharlok)在《植物学报》(1878 年,641 页)上讨论过同一问题。格里泽巴哈(Grisebach)对藜叶碎米荠(*Cardamine chenopodifolia*)的闭花受精花进行了充分讨论(《格丁根科学协会通讯》(*Nachrichten k. Gesell. der Wissen. Zu Götingen*),1878 年,6 月 1 日),这种植物把自己埋入土中。关于同一问题,参阅楚得(Drude)的文章(见《卡塞尔自然研究会文献》,1878 年)。我收到了克恩博士寄来的一封短信,信中表明阔叶水苋（*Ammannia latifolia*）开闭花受精的花。按照贝西先生的说法，长花紫草（*Lithospermum longiflorum*）同样也是这种情形。这个表还增添了兰科的 3 个属，这是根据斯潘塞·穆尔（Moore）先生给我的材料，并且根据《植物学杂志》（1877 年，377 页）上发表的一些意见。最后，贝内特（Bennett）先生发表了一些补充的"关于闭花受精花的纪录"，这主要是关于堇菜属（*Viola*）和凤仙花属（*Impatiens*）的。

根据沃利斯（Wallis）先生的权威材料，毛毡苔（*Drosera rotundifolia*）只在早晨开花。关于这一点，科尼比尔（Conybeare）先生告诉我说，他有一次在康沃尔（Cornwall）看到午后两点"这种植物充分张开的花星星点点地开满了一地"。长期以来他曾力图寻找一棵开花的植株。

开闭花受精花的一些物种所结的荚自行埋入地下，这是引起人们注意的事。我曾把这种作用归因于保护它们免遭各种敌害而得到了利益，还可以说出许多理由来支持这一观点。W. 西塞尔顿-戴尔（Thiselton Dyer）先生在一篇有趣的文章里（《比利牛斯山土著植物名录》，*Catalogues des Plants indig. des Pyréneés*，1826 年，85 页）引起了人们注意本瑟姆先生很久以前所做的一些有关平卧半日花结果的观察。正如戴尔所相信的那样，他也相信这种半日花的蒴果以及一些其他植物（例如仙客来属）平卧在地面上以保持凉爽和湿度，这样，它们成熟得迟缓，并且能够生长得较大。在这种简单的作用中，我们大概可以看出通向这一过程的进一步发育的第一步，一直到蒴果自行埋入地下。在一些场合中，同一棵植株上的地上荚和地下荚的差异是非常大的，这等荚都是由闭花受精花产生的：米汉先生送给我三个同株异型豆（*Amphicarpaea monoica*）的地下荚，每一个荚只包含一粒大型种子；我自己的植株产生了几个地上荚，每个荚都包含 1～3 粒小型种子。地上荚的种子重量只有地下荚的 $\frac{1}{70}$！然而，这种差别不是十分准确的，因为地下荚的外皮附着的非常牢固，以致无法剥掉，只好连皮称重，不过外皮很薄而且很轻，所以对结果影响不会很大。

绪　论

· *Exordium* ·

　　本书所讨论的是某些种类的植物正常产生不同类型的花，有的是同株产生的，有的是异株产生的。这一问题本应由专业的植物学家去讨论，但我并不主张设立这种界限。关于花的性关系，林奈很久以前就把它们分为雌雄同花的、雌雄异花同株的、雌雄异株的和杂性的物种。这一基本的区分，在这四类的若干再区分的帮助下，就是我要讨论的；但这样分类是人为的，而且类群之间往往会彼此渐变。

雌雄同花类包含两个有趣的亚群,即花柱异长植物和闭花受精植物。但这里有若干其他次要的再区分,以后即将谈到,在再区分中同一物种所产生的花以各种不同的方式彼此有所差异。

几年以前我在林奈学会上宣读了一系列的论文①,在这些论文里我描述了一些植物的个体是以两种或三种类型存在的,它们在雌蕊和雄蕊在长度上以及其他各点上有所不同。我把它们叫作二型的和三型的,但此后希尔德布兰德给它们订立了一个更好的名称,叫作花柱异长的②。由于我有许多关于这种植物的尚未发表观察材料,在我看来,把我以前的论文按照一种连贯的和恰当的方式重新发表,并加入新的材料,是可取的。可以阐明,这些花柱异长植物是适于相互授粉的;所以两种或三种类型虽然都是雌雄同花,却彼此有关系,差不多就像正常单性动物的雄者和雌者那样。我还要列举在我的论文发表后的那些观察材料的充分摘要,但所提到的只是那些具有令人满意的证据的材料。有些植物仅仅根据雌蕊和雄蕊在长度上的巨大变异就被假定为花柱异长的,我不止一次地因此受到了欺蒙。有些物种的雌蕊在很长的时间内都在继续增长着,因此,如果用老龄花和幼龄花来比

◀57 岁时的达尔文。

---

① 《关于报春花属的物种的两种类型或二型状态,以及它们的显著的性关系》,《林奈学会会报》,第 6 卷,1862 年,77 页。

《关于亚麻属的几个物种的两种类型以及它们相互的性关系》,同前,第 7 卷,69 页。

《关于千屈菜三种类型的性关系》,同前,第 3 卷,1864 年,169 页。

《关于三型植物和三型植物异形花配合的后代的性状及其和杂种相似的性质》,同前,第 10 卷,1868 年,393 页。

《关于黄花九轮草,英国植物志(药用变种,林奈),欧报春,英国植物志(无茎变种,林奈),以及高报春的物种差异,兼论普通酢浆草的杂种性质。关于毛蕊花属的自然产生杂种的补充意见》,同前,第 10 卷,1868 年,437 页。

② "花柱异长"并不能说明类型之间的所有差异;对许多事例来说,这是一个失误。由于各国学者都采用这一名词,所以我不愿把它换为"花蕊异长",虽然这个名词是大权威阿萨·格雷教授提出的,参阅《美国博物学家》,1877 年 1 月,42 页。

较,它们可能被误认为是花柱异长的。再者,一个物种如果有变成雌雄异株的倾向,它的某些个体的雄蕊就要缩小,另外一些个体的雌蕊也要缩小,那么它就会常常表现出一种骗人的外观。除非证明了一个类型只有用另一个类型的花粉来授粉才能充分受精,否则我们就没有完全的证据来证明这个物种是花柱异长的。但是,在两组或三组的个体中,如果雌蕊和雄蕊在长度上有所差异,并且伴随着花粉粒大小或柱头状态的差异,那么我们就可以相当稳妥地推论这个物种是花柱异长的。然而,我也偶尔信赖两个类型只在雌蕊长度方面的差异,或者是柱头长度的差异以及或多或少的乳头状突起的状态。不过在一个事例中,根据两个类型的能稔性对这种差异进行了测定,结果证明它完全可以作为证据。

上述第二个亚群是两性花的植物,它们开两种花,一种是充分开放的完全花,另一种是小型的、完全闭合的花,它们的花瓣是残迹状态的,有些花药是败育的,还有的花连柱头也大大缩小了,然而这等花是充分可稔的。库恩[①]博士把这种花叫作闭花受精花,对此将在本书最后一章加以讨论。它们显著地适应自花授粉,完成这种作用只需耗费非常少量的花粉;而同一植株所产生的完全花则能够进行异花授粉。某些水生物种当在水下开花时,它们的花冠保持闭合状态,这显然是为了保护它们的花粉,所以它们或可称为闭花受精的。但由于上面所提出的理由,它们并不包括在本亚群内。我们以后将会看到,几个闭花受精的物种把它们的子房或幼小蒴果埋入土中。有少数植物产生地下花,就和正常的花一样好,这等植物大概可以形成一个独立的亚群。

另一个有趣的亚群是由 H. 米勒发现的,它包含某些植物的一些

---

① 《植物学报》,1867 年,65 页。据知,有几种植物产生的花缺少花冠;但和闭花受精花不同,它们属于另一类,这种缺少花冠的情形似乎是由于它们所隶属的外界条件所致,还有畸形的性质也在起作用。同一植株上的所有花一般都是按照同一方式受到影响。这等事例有时虽然也被列为闭花受精的,但不在我们现在讨论的范畴内:参阅 M. 玛斯特博士的《畸形学》,1869 年,403 页。

个体开显眼的花,借昆虫之助适于异花授粉,另外开的一些花则小得多,而且较不显眼,这些花往往有轻微的变异以保证自花授粉。黄莲花(*Lysimachia vulgaris*)、药用小米草(*Euphrasia officinalis*)、鸡冠鼻花(*Rhinanthus crista-galli*)和三色堇(*Viola tricolor*)都属于这一类。较小的和较不显眼的花是不闭合的,但从它们的目的——保证物种的繁殖——来看,它们在性质上是接近闭花受精花的;但它们和闭花受精花有所不同,在于它们的两种花是在不同植株上产生的。

就许多植物而言,花序的外侧远比中心部分大得多,而且显眼得多。由于在以后几章里我没有机会讨论这种植物,所以我在这里稍微详细地谈谈它们。众所周知,菊科的边花往往和其他花显著不同;许多伞形科植物的外花,一些十字花科植物以及少数其他科的植物也是如此。绣球花属(*Hydrangea*)和荚蒾属(*Viburnum*)的几个物种在这方面提供了显著事例。茜草科的玉叶金花属(*Mussaenda*)表现了一种很奇特外形,因为它的某些萼片顶端已经发展成大型的、花瓣状的膨胀物,呈白色或紫色。爵床科的几个属的外花是大型而显眼的,但是不稔;外花以内的花较小,开放,中等能稔,而且能够异花授粉;而中央部分的花则是闭花受精的,比前者还小,闭合,而且高度能稔。因此,它的花序包含有三种花[①]。根据我们在其他事例中所知道的花冠用途、带色的苞片等等,根据 H. 米勒所观察的材料[②]——昆虫光顾伞形科和菊科头状花序的频率大部分取决于它们是否显眼,毫无疑问,外花花冠的增大以及在上述所有事例中内花的小形,都是为了吸引昆虫,其结果乃有利于异花授粉。大多数花在受精之后即行凋萎,不过希尔德布兰德说[③],菊科的边小花可以延续很长时间,直到花盘上的花全部受精为止;这就明显地阐明了前者的用途。然而边花还有另一种

---

① J. 斯科持,《植物学杂志》,伦敦,新辑,第 1 卷,1872 年,161—164 页。

② 《花的受精》(*Die Befruchtung der Blumen*),108,412 页。

③ 参阅他的有趣的报告《菊科的性别比例》,1869 年,92 页。

很不相同的用途,即在夜间和寒冷的雨天向内翻卷,以保护盘花①。此外,它们常常包含对昆虫极度有毒物质,其用途就像杀蚤粉那样。在匹菊属(*Pyrethrum*)的场合中,M. 贝洛姆(Belomme)指出,边小花比盘花更为有毒,其毒性比例为 3∶2。因此,我们相信边花对防止昆虫来咬花是有作用的②。

众所周知,有一个值得注意的事实:上述许多植物的周围花的雄性生殖器官和雌性生殖器官都是退化的,如绣球花属、荚蒾属以及某些菊科植物就是如此;或者只有雄性器官是退化的,许多菊科植物就是如此。在后面这些花的无性的、雌性的和雌雄同体的状态之间,正如希尔德布兰德所指出的③,可以追踪出最细微的级进。他还指出,在边小花花冠的大小和它们生殖器官的退化程度之间存在着密切的关系。由于我们有良好的理由相信这种小花对于拥有它们的植物是高度有用的,特别是由于使头状花序变得惹起昆虫的注意,所以自然的推论便是,它们的花冠是为了这一特殊目的而增大了;并且通过补偿和平衡的原理,花冠的发育此后就会导致生殖器官或多或少地完全缩小。但是,还有一种反对的观点,即认为生殖器官最先退化,正如在栽培条件下常常发生的那样,结果,花冠通过补偿作用高度地发育了。然而这一观点并不见得正确,因为,如果雌雄同体植物变为雌雄异株或雌全异株——这就是说,变为雌性同体株和雌株——那么,由于雄性器官的退化,雌花的花冠几乎不可避免地要缩小。在这两种场合中结果是不同的,这或者可以由下述得到说明,即:由于雌全异株植物和雌雄异株植物的雄性器官的退化,节省下来的物质增加了对种子的供应(我们在第一章中即将看到),而关于目前所讨论的外部小花和

----

① 柯纳明确指出,情况就是这样。见《花粉的保护》(*Die Schutzmittel des Pollens*),1873年,28 页。

② 《园艺者纪事》,1861 年,1067 页。林德利,《植物界》,菊属部分,1853 年,706 页。柯纳在其有趣的论文中坚决主张大多数植物的花瓣都含有可以抵御昆虫的物质,所以它们很少被咬掉,这样,结实器官就受到了保护。我的祖父在 1790 年说道(《植物之爱》,第三篇,184,188 行):"植物的花或花瓣也许一般比它们的叶子更为毒辣;因此它们很少被昆虫吃掉。"

③ 《菊科的性别比例》,1869 年,78—91 页。

花,这种物质则用于显眼的花冠的发育。在现在这类事例中,不论是花冠最先受到影响——我以为这是一个似乎正确的观点,还是生殖器官最先发生退化,它们的发育状态是牢固地相关在一起的。绣球花属和荚蒾属清楚地阐明了这一点;因为当这等植物受到栽培时,外花和内花的花冠都完全发育了,它们的生殖器官退化了。

有一密切相似的植物亚群,其中包含麝香兰属(*Muscari*)和亲缘关系接近的羽毛风信子属(*Bellevalia*),它们既开完全花,也结从不开放的闭合芽状小体。芽状小体在这方面同闭花受精花是相似的,但在不稔性和显眼性方面则同闭花受精花大不相同。不仅退化的花芽和它们的花序梗(显然通过补偿原理而变长了)的颜色是鲜明的,而且穗状花序的上部也是如此——所有这些无疑都是为了把昆虫吸引到不显眼的完全花上去——从这等事例我们便可过渡到某些唇形科植物,如蝶花鼠尾草(*Salvia horminum*),这种植物的中上部苞片变大了,并且具有鲜明的颜色,毫无疑问,为了和上述同样的目的,花的发育就停止了(这是西塞尔顿·戴尔告诉我的)。

胡萝卜和某些亲缘关系接近的伞形科植物的中央花的花瓣多少增大了,它们的颜色是深紫红的,但这不能假设为这朵小花可以使大型的白色伞形花对昆虫更加显眼。中央花据说是中性的或不稔的[①],但我用人工授粉的方法从这种花得到了一粒显然完好的种子(果实)。靠近中央花的两三朵花偶尔也具有同样的特性。按照沃歇(Vaucher)[②]的说法,"全部伞形科植物都会偶尔发生奇特的退化"。变异了的中央花对植物没有任何功能上的重要性,几乎是肯定无疑的了。当仅仅是一朵花、即中央花是雌性而产生种子时,如伞形科的刺柄花属(*Echinophora*)那样,它也许是物种残留下来的以往古时的状态。一点也用不着惊奇的是,中央花有保留以往状态的倾向,保留的时间要比其他

---

① 《英国植物志》(*The English Flora*),J.E.史密斯爵士编,第2卷,1824年,39页。

② 《欧洲植物自然科学史》,第2卷,1841年,614页。关于刺柄花属(*Echinophora*),627页。

花长；因为，当不整齐花变为整齐花或反常整齐花时，它们就容易是中央花；这种不整齐花的起源显然是由于发育受到抑制——这就是说，早期发育阶段的保存——或者是由于返祖。不少植株的处于正常状态的、发育完善的中央花［如普通芸香和五福花属（Adoxa）］在结构上、如在各部分的数量上都和同株的其他花稍微不同。所有这等事例都和下述事实有关系：位于枝条末端的芽比其他芽可以得到更多的养分，因为它接受了更多的树液[①]。

迄今所提出的事例都和产生不同结构的花的雌雄同体物种有关系；但有些植物却产生不同结构的种子，库恩博士对此列了一张表[②]。关于伞形科和菊科，产生这样种子的花也同样有所不同，种子在结构上的差异具有很重要的性质。导致同株的种子差异的原因还不清楚；它们是否对任何特殊目的有帮助，还是一个非常疑难的问题。

现在我们来谈一谈第二类：雌雄异花同株物种，即在同株上它们的性别分离的那些物种。花一定是有差异的，但是，如果某一性别的花包含另一性别的残迹，那么这两类花之间通常没有大的差异。如果差异是大的，如我们在菜葵花序植物中所看到的那样，那么这就决定于这类的以及雌雄异株的许多物种是由风媒来授粉的[③]；因为在这样场合中雄花所产生的不黏着花粉的数量之大是惊人的。少数雌雄同株植物包含两群个体，它们的花在功能上、而不是在结构上有所差异，因为在同株上某些个体的花粉先于雌花成熟，准备进行授粉，这称为雄蕊先熟；相反地，其他个体叫作雌蕊先熟的，它们的柱头先于花粉成熟。这种奇特的功能差异的目的显然在于促进不同植株的异花授粉。德尔皮诺（Delpino）最初在核桃（Juglans regia）上，后又在欧洲榛（Corylus avellana）上，观察了这种情形。根据 H. 米勒的材料，少数雌雄同体物种的个体植株也有同样的差异，有些是雄蕊先熟的，有些

[①] 这整个问题，包括反常整齐花在内，在我的《动物和植物在家养下的变异》（第 26 章，第 2 版，第 2 卷，338 页）中都得到了讨论，举出参考文献。

[②] 《植物学报》，1867 年，67 页。

[③] 德尔皮诺，"Studi sopra uno Lignaggio Anemobilo," *Firenzo*, 1871。

是雌蕊先熟的①。栽培的核桃树和桑树的雄花在某些个体中是退化的②，这样，它们就变成了雌株；但在自然状况下，是否有任何物种其雌雄同株和雌株同存在，我还不知道。

第三类包含雌雄异株物种，对第二类所提的意见——关于雌花和雄花之间的差异量，在这里也是适用的。关于雌雄异株植物，其中澳大利亚和好望角的帚灯草科（Restiaceae）所提供的最显著事例表明，性的分化对整个植物已影响到这样的程度（我听西塞尔顿·戴尔告诉我的），以致本瑟姆先生和奥利弗（Oliver）教授发现同一物种的雌株与雄株的标本完全不同。本书第七章列举了一些观察材料，表明花柱异长的和正常雌雄同体的植物逐渐转变为雌雄异株的或亚雌雄异株的物种。

第四类也是最后一类包含那些被林奈称为杂性的植物。但是，在我看来，把"杂性的植物"解释为包含雌雄同体株、雌株和雄株的物种，大概是方便的，对若干其他性的配合给予新名称大概也是方便的——这就是我要在这里进行的一项计划。杂性植物，按照所解释的意义来说，可以分为两个亚群，一群是在同一个体上有三种性的类型，另一群是在不同个体上有三种性的类型。关于后面这个亚群、即单全异株亚群，欧洲白蜡树（*Fraxinus excelsior*）提供了一个好事例——我在春季和秋季对 15 棵树进行了检查，它们都是生长在同一块地上的。在这15 棵树中，有 8 棵只产生雄花，到了秋季连一粒种子也没有结；有 4 棵树专开雌花，它们结了大量的种子；有 3 棵是雌雄同株的，当开花时它们的外观和其他树有所不同，其中两棵所产生的种子和雌株差不多，另一棵则不结种子，所以它在功能上是雄性的。然而性的分离在梣属（*Fraxinus*）中并不完全，因为雌花包含有雄蕊，这等雄蕊在早期即行脱落，它们的花药从不开裂，一般包含的是柔软物质，而不是花药。然

---

① 德尔皮诺，"Ult. Osservazioni aulla Dicogamia,"part. ii. fasc. ii. p. 337, Mrg. Wetterhan and H. Müller on *Corylus*, *Nature*, vol. xi. p. 507, and 1875, p. 26。

② 《艺园者纪事》，1847 年，541，558 页。

而，在雌树上我发现了少数花药含有花粉粒，它们显然是健全的。在雄树上大多数花包含雌蕊，但它们同样在早期脱落；不过胚珠极端退化了，和同龄的雌花胚珠相比，它们是很小的。

关于杂性的雌雄同株亚群，即在同一个体上开雌雄同体花、雄花和雌花的那些植物，栓皮槭（*Acer campestre*）提供了一个好例子。但是列科克说[①]，有些树是真正雌雄异株的，这表明了从一种状态变为另一种状态是多么容易。

被列为杂性的有相当数量的植物是以两种类型存在的，即雌雄同体类型和雌性类型，这可以叫作雌全异株，在这方面普通百里香提供了一个好例子。在本书第七章我将举出一些关于这种植物的观察材料。还有一些物种，为滨藜属（*Atriplex*）的几个种类，在同株上开雌雄同体花和雌花，这可以叫作雌全同株，如果这个名词合用的话。

还有些植物在同一个体上产生两性花和雄花，例如猪殃殃属（*Galium*）和藜芦属（*Veratrum*）等的一些物种，它们可以叫作雄全同株。如果不同植株分别包含两性花和雄花，它们就可以叫作雄全异株。不过，在我向几位植物学家查询之后，还没有听说过有这种事例。然而列科克说[②]，但他没有举出充分的细节：驴蹄草（*Caltha palustris*）的一些植株只产生雄花，这些雄株和两性株混在一起生长。上述这种事例的罕见是明显的，由于同株上既有雌雄同体花又有雄花，并不是不寻常的事；看来大自然认为不值得专门创造一个不同的植株来生产花粉，除非这是必不可少的，就像在雌雄异株的情况下那样。

现在，在我所知道的范围内，我已完成了几个事例的简短描述，它们表明同种植物所产生的花在构造上和机能上是不同的。关于许多这种植物，将在本书以后几章内详加论述。我从花柱异长植物开始，然后顺次谈到雌雄异体的、亚雌雄异体的，以及杂性的物种，最后以闭花受精花结尾。为了方便读者的阅读和节省篇幅，一些次要的事例和

---

① 《植物地理学》，第 5 卷，367 页。
② 《植物地理学》，第 4 卷，488 页。

细节将用小一号字排印。

在结束这篇绪论之前,我必须向以下几位人士表示热烈的谢忱:胡克博士给我提供了标本以及其他帮助;西塞尔顿·戴尔先生和奥利弗教授给了我很多材料以及其他帮助;阿萨·格雷教授也始终如一地从各方面给我帮助;巴西圣·卡萨林纳的弗里茨·米勒向我提供了花柱异长植物的许多干花,并常常附有有价值的记录。

　　1865年11月，胡克接替了父亲的爵士之位，成为邱园的主管。他掌管邱园期间，真正确立了邱园作为世界首要植物学研究中心的地位。胡克和达尔文是好朋友，他为达尔文提供了很多植物标本。

第一章　花柱异长的二型植物：报春花科

· Heterostyled Dimorphic Plants: Primulaceae ·

黄花九轮草——两种类型在结构上的差异——当同型花配合和异型花配合时它们的能稔性程度——较高报春，欧报春，藏报春，耳报春，等等——关于报春花属的花柱异长物种能稔性的提要——报春花属的花柱同长物种——赫顿草——蛋黄色点地梅

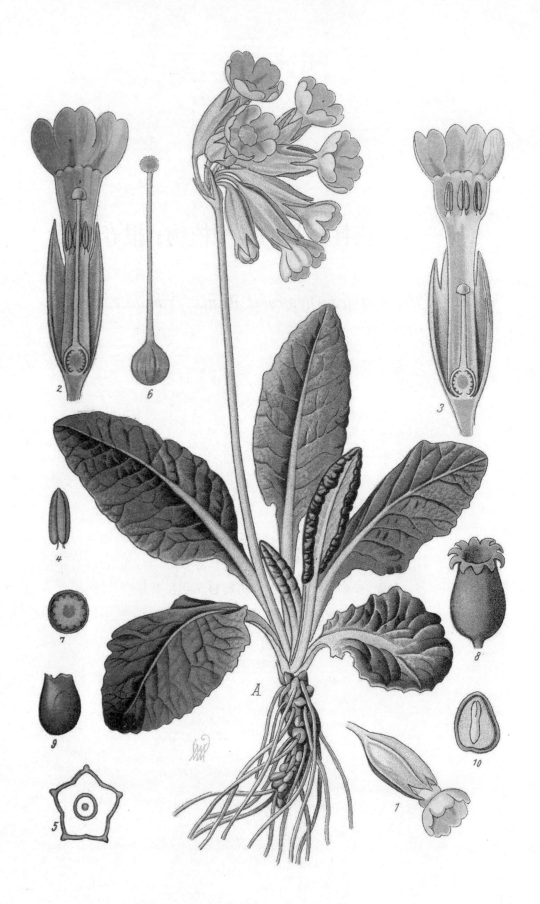

很久以来植物学家们就知道黄花九轮草（*Primula veris*，英国植物志，Var. *officinalis*，Lin.），是以两种类型存在的，二者数量相等，但它们的雌蕊和雄蕊在长度上显然彼此有些不同①。迄今为止，这种差异被视为仅仅是一种变异性，但是我们即将看到，这种观点远远不是正确的。栽培西洋樱草（*P. polyanthus*）和耳报春（*P. auricula*）的花卉家们很久以来就知道它们开两种花，他们把那些在花冠口呈现球状柱头的植株叫作"针状头"（pin-headed）或"针状眼"（pin-eyed），把那些呈现花药的植株叫作缨子眼（thrum-eyed）②。我把这两种类型叫作长花柱的和短花柱的。

长花柱类型的雌蕊长度差不多整整是短花柱类型的两倍。柱头位于花冠口处，或者刚刚超出花冠口之上，这样就能在外部看到它们。柱头位于花药之上，花药在花管向下的一半地方，是不容易看到的。在短花柱类型中，花药位于花管口的附近，所以高出柱头之上，柱头约位于管状花冠的中部。两种类型的花冠本身具有不同的形状；花药以上的喉部，即扩大的部分，长花柱的远比短花柱的长得多。乡村的孩子们注意到了这种差异，他们把长花柱花的花冠掰开并串在一起，就可以很好地做成一条项链。不过还有一些重要得多的差异。长花柱类型的柱头是球状的，短花柱类型的柱头顶端是扁的，所以前者的纵轴差不多是后者的两倍。虽然它的形状有点变异，但有一种差异是固定的，这就是它们的粗糙度：如果把一些标本加以仔细的比较，即可

◀黄花九轮草（*Primula veris*）是报春花属多年生草本植物。其拉丁名 *Primula* 意为早春开花之意。

---

① 按照冯·莫勒（von Mohl）的材料（《植物学报》，1863 年，326 页），佩尔松（Persoon）在1794 年最先观察到这个事实。

② 在《约翰逊辞典》中，"缨子"被说成是织工的线头；我猜想是一位栽培西洋樱草的织工发明的这个名称的，花冠口的花药簇同织工的线头在某种程度上是相似的。

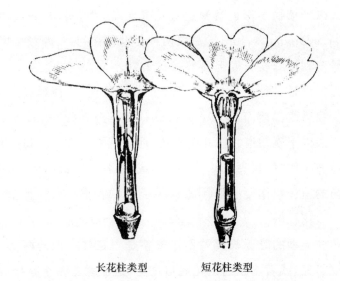

长花柱类型　　　　短花柱类型

图 1　黄花九轮草

看出长花柱的乳头状突起为短花柱的 2～3 倍长，而乳头状突起是使柱头粗糙的因素。两种类型的花药在大小上没有差异，我之所以提出这一点，是因为有些花柱异长植物的柱头在大小上是有差异的。最值得注意的差异是在花粉粒方面。我用测微计测量了许多标本，干的和湿的，这些标本系取自不同地点的植物，它们之间的差异永远是明显的。短花柱类型的花粉粒纳入水中膨胀后，其直径约为 0.038 毫米，长花柱的约为 0.0254 毫米，二者的比例为 100∶67。因此，短花柱类型的长雄蕊的花粉粒大于长花柱类型的短雄蕊的花粉粒。当花粉粒在干燥状态下对其进行检查时，小花粉粒比大花粒更为透明，因而它的受精能力是低的。还有一种形状上的差异，短花柱植株的花粉粒是接近球形的，长花柱植株的花粉粒是椭圆形的，并且有圆的角；当花粉粒在水中膨胀后，这种差异就消失了。长花柱植株开花倾向于稍在短花柱植株之前。例如，我有每一个类型的 12 棵植株，它们在不同的花盆里生长，并且对它们的处理完全一样；当只有一棵短花柱植株开花时，就有 7 棵长花柱植株开花了。

　　不久我们还会看到，短花柱植株所产生的种子比长花柱植株为多。按照奥利弗的意见①，值得注意的是，长花柱植株的未开放、未受精的花的胚珠远远大于短花柱花的胚珠；我设想这同长花柱花产生较少的种子有关系，因此，胚珠就会有较大的空间和较多的营养，以供迅速发育之用。

把差异总结一下：长花柱植株具有长得多的雌蕊，也具有球形的和粗糙得多的柱头，远远高出花药之上。雄蕊是短的，花粉粒较小并且呈椭圆形状。花冠管的上半部是比较扩张的，所产生的种子数量较少，而且胚珠较大，植株倾向于先开花。

短花柱植株具有短的雌蕊，只有花冠管的一半长，柱头扁平，位于花药之下。雄蕊是长的，花粉粒呈球形，而且较大。花冠管的直径除了接近顶端那一段外，是上下一致的，所产生的种子数量较大。

我曾检查过大量的花，虽然柱头的形状和雌蕊的长度都有变异，特别短花柱类型是如此，但是在自然状况下生长的植株中我从来没有遇到过两种类型之间的任何过渡状态。一棵植株应被分类在哪一类型，不会有一点疑问。在同一个体植株上从来没有发现过这两种花。我对许多黄花九轮草和报春花做了标记，翌年它们都保持了同样的性状，就像我的花园内的一些植株那样，不在正当的季节开花而在秋季开花。然而达林顿的 W. 伍勒（Wooler）先生告诉我们说，他看到过西洋樱草（*Polyanthus*）在早期开花②，它们不是长花柱的，但在季节的晚期变成了长花柱的。在这一场合中雌蕊于早春可能还没有充分发育。关于两种类型稳定性的最好证据可在苗圃中看到，在那里西洋樱草的选择变种是用分株来繁殖的，我发现整个苗床上几个变种的每一类所包含的完全是一种类型或另一种类型。两种类型在野生状态下大约是以同等数量存在的：我从生长在不同地点的植株上采集了 522 朵伞形花序，从每一植株上只采一朵伞形花序，其中 241 朵是长花柱的、281 朵是短花柱的。在这两大类的花中看不出色泽和大小有什么差异。

---

① 《博物学评论》（*Nat. Hist. Review*），1862 年 7 月，237 页。
② 后来我用很多实验证明了西洋樱草就是黄花九轮草的一个变种。

我们即将看到,报春花属的大多数物种是以两种近似类型存在的;可以这样发问:上述结构的重要差异的意义是什么呢?这个问题似乎很值得仔细研究,我将详细地列举我对黄花九轮草的观察材料。我自然提出的第一个概念是,这个物种有变为雌雄异株状态的倾向;长花柱植株具有较长的雌蕊,较粗糙的柱头,较小的花粉粒,它们在性质上是雌性的,会产生更多种子;短花柱植株具有较短的雌蕊,较长的雄蕊,较大的花粉粒,它们在性质上是雄性的。于是,1860年我对我的花园中的少数黄花九轮草的两种类型做了标记,还对在开阔地带和林荫地带生长的黄花九轮草的两种类型也做了标记,然后采集它们的种子并且称量。和我所期望的正相反,无论哪一处,都是短花柱植株产生的种子最多。把这三处的情形加在一起,结果如表1所示。

表 1

—	植株数	伞形花序数	蒴果数	种子重(格令)*
长花柱黄花九轮草	13	51	261	91
短花柱黄花九轮草	9	33	199	83

*1格令(grain)=64.8毫克。——译者注

如果我们以两种类型的同等数量的植株、同等数量的伞形花序以及同等数量的蒴果进行种子称重并加以比较,所得结果如表2所示。

表 2

—	植株数	种子重(格令)	伞形花序数	种子重(格令)	蒴果数	种子重(格令)
长花柱黄花九轮草	10	70	100	178	100	34
短花柱黄花九轮草	10	92	100	251	100	41

因此,从所有这些比较标准来看,短花柱类型是更为能稔的。如果我们以伞形花序数来比较(这是最合宜的标准,因为大、小植株这样可以得到平均数),则短花柱植株比长花柱植株结出更多的种子,其比例接近4:3。

1861年进行的试验更为充分、更为合宜。许多野生植株在前一

个秋季被移植到我的花园内的大苗床上，对它们的处理完全一样，结果见表 3。

表 3

一	植株数	伞形花序数	种子重（格令）
长花柱黄花九轮草	58	208	692
短花柱黄花九轮草	47	173	745

这些数字向我们提供了下述比例：

表 4

一	植株数	种子重（格令）	伞形花序数	种子重（格令）
长花柱黄花九轮草	100	1093	100	332
短花柱黄花九轮草	100	1585	100	430

这一年的季节远比上一年有利得多，那些植株现在也是在肥沃土壤里，而不是在林荫地带里生长的，或者不需要像在开阔地那样同其他植物进行斗争，因此，实际的种子产量是相当大的。尽管如此，我们得到的相对结果还是一样的。因为短花柱植株所产生的种子多于长花柱植株，其比例为 3：2；但是，我们如果用最合宜的比较标准，即用同等数量的伞形花序所产生的种子数来作比较，则接近 4：3。

看到在连续两年内对大量植物所进行这等试验，我们可以稳妥地得出结论：短花柱类型的生产力比长花柱类型强。这一结论对报春花属的一些其他物种也是适用的。我曾预料具有较长雌蕊、较粗糙柱头、较短雄蕊以及较小花粉粒的植株大概可被证明在性质上是更为雌性的，但这一预料恰好和真实情况相反。

1860 年长花柱类型和短花柱类型的一些植株的少数伞形花序被遮盖在一个网下，没有结任何种子；但是，同一植株上其他伞形花序在人工授粉下却产生了大量种子。这一事实说明仅仅是遮盖本身并不会造成损害。于是，1861 年几棵植株在开花前也同样地被遮盖起来，其结果列于表 5。

表 5

一	植株数	伞形花序数	种子产量
长花柱……	18	74	未结种子
短花柱……	6	24	种子重1.3格令,约50粒

周围生长的同一苗床上的未遮盖植株,除了昆虫光顾这一点之外,所得到的其他处理都是一样的。以此判断,上述6棵短花柱植株应该产生92格令重的种子,而不是1.3格令;至于没有产生一粒种子的那18棵长花柱植株却应产生200格令重的种子。短花柱植株结的种子之所以少,大概是由于蓟马属(*Thrips*)昆虫或一些其他小型昆虫的作用所致。几乎不需要再提出任何补充的证据,就可以说明问题了,但是我还愿补充一点:有10盆两个类型的西洋樱草和黄花九轮草在我的温室内防止昆虫接近,它们没有结出一个蒴果,但其他花盆中的人工授粉的花却结了大量种子。由此我们可以知道,昆虫的光顾对黄花九轮草的受精是绝对必要的。如果长花柱类型的花冠脱落,而不是以凋萎的状态附着在子房上,那么附着在花管下部的,依然带有一些花粉的花药就会被置于柱头之上,于是这等花便可以部分地受精,藏报春(*Primula sinensis*)就是通过这种方法来受精的。这是一个颇为奇特的事实:像凋萎花冠脱落这样一种微小的差异,如果没有昆虫光顾过它的花的话,就会造成一种植物的种子产量的很大差异。

黄花九轮草以及这个属的其他物种的花都分泌大量的花蜜。我常常看到熊蜂,特别是长颊熊蜂(*Bombus hortorum*)和藓状熊蜂(*B. muscorum*)以恰当的方法吸取黄花九轮草的花蜜[1],但它们有时把花冠咬一个洞。毫无疑问,蛾类也光顾花,我的一个儿子捉到过正在吸取花蜜的具条冬夜蛾(*Cucullia verbasci*)。任何一种薄的东西插入花中都会容易粘上花粉。某一个类型的花药和另一个类型的柱头差不多位于同一个水平,但并非完全一致的水平。因为短花柱类型的花药

---

[1] H. 米勒还看到霹雳条蜂(*Anthophora pilipes*)和蜂虻(*Bombylius*)吸取花蜜。《自然》,1874年11月10日,111页。

和柱头的距离大于长花柱的，其比例为 100∶90。长花柱类型的花药在花管中的位置稍微高于短花柱类型的柱头位置，这就造成了上述差异，并且这有利于把花粉置于柱头上。由于器官的位置，便会发生下述情况：如果一只死熊蜂的喙或者一根粗鬃毛或者一根粗针向下插入花粉管，先是一个类型，然后是另一个类型。一只昆虫当光顾混合生长在一起的两种类型时大概就是这样，那么，长雄蕊类型的花粉便粘满了物体的底部，而且准确地置于长花柱类型的柱头之上；同时，长花柱类型短雄蕊的花粉则粘在了物体末端的上部附近，并且一般有些花粉被置于另一类型的柱头之上。这两种花粉在显微镜下很容易被辨别出来。根据上述观察，我发现这两种花粉以这样方式粘在两个熊蜂种和两个蛾种的喙上，它们是在光顾那些花时被捉到的；不过在喙的基部周围大花粉粒混杂着一些小花粉粒，相反地，在喙的末端小花粉粒混杂着一些大花粉粒。这样，花粉就会有规律地由一个类型带到另一个类型。尽管如此，当一只昆虫从长花柱类型的花冠拉出它的喙时，偶尔会把同一花朵的花粉落在柱头上。在这种场合中，大概就会有自花授粉发生。但是，最容易发生这种情形的还是短花柱类型，因为当我把一根鬃毛或其他这种物体插入这种类型的花冠时，它势必经过位于花冠口周围的花药，一些花粉几乎必然地会带到下方并置于柱头之上。像蓟马类那样的小型昆虫时常在花中来去，它们大概会容易使两种类型进行自花授粉。

上述这几项事实引导我去测验两种花粉在两种类型柱头上的作用。有 4 种基本不同的配合是可能的，即：用自己类型的花粉和短花柱类型的花粉使长花柱类型的柱头受精；用自己类型的花粉和长花柱类型的花粉使短花柱类型的柱头受精。用一种类型的花粉使另外一种类型受精，可以方便地称为合法配合（legitimate union）。以后还要举出理由加以说明，用自己类型的花粉使同种类型受精可以称为非法配合（illegitimate union）。我以前把"异型的"（heteromorphic）这个名词用于异型花的配合，把"同型的"（homomorphic）这个名词用于同型花的配合，但是，当发现有三型植物存在后——其中有更多的配合是可能的，我就停止使用这两个名词了。测定两种类型的非法配合有三个途径：任何类型的花可以由同一朵花的花粉来受精，或者可以由同株另一朵花的花粉来受精，或者可以由同一类型的不同植株的花粉来受精。但是，为了使我的试验完全可靠，并且为了避免自花授粉或近亲交配的不良后果，我一向采用同一类型不同植株的花粉来进行所有物种的非法配合。因此可以看到，当谈到这等配合时我就用"自己类型的花粉"这一说法。我的所有试验中的几种植物都按照同样的方式受到了处理，并且用细网遮盖来防止昆虫，但蓟马类昆虫除外，对它们是不可能防止的。所有操作都由我亲自进行，种子是在一架化学天平上称量的，不过在后来许多测试中我采用了更为准确的计算种子的方法。有些蒴果不含种子，或者只含两三粒种子，在表 6 和表 7 内，"好蒴果数"的项目下没有计算这类蒴果。

表 6　黄花九轮草

配合的性质	授粉的花数	蒴果总数	好蒴果数	种子重（格令）	100 个好蒴果的计算种子重（格令）
长花柱授以短花柱的花粉。异型花配合……	22	15	14	8.8	62
长花柱授以自己类型的花粉。同型花配合……	20	8	5	2.1	42
短花柱授以长花柱的花粉。异型花配合……	13	12	11	4.9	44
短花柱授以自己类型的花粉。同型花配合……	15	8	6	1.8	30
概括 两个异型花的配合……	35	27	25	13.7	54
两个同型花配合……	35	16	11	3.9	35

上述结果可用另一种方式列出（表 7）。第一，比较好蒴果和坏蒴果数，或者只列好蒴果数，这些蒴果系由两种类型当进行同型花配合和异型花配合时所产生的；第二，比较 100 个蒴果——不论好的或坏的——的种子重；第三，100 个好蒴果的种子重。

表 7

配合的性质	授粉花粉	蒴果数	好蒴果数	种子重（格令）	蒴果数	种子重（格令）	好蒴果数	种子重（格令）
两个异型花配合	100	77	71	39	100	50	100	54
两个同型花配合	100	45	31	11	100	24	100	35

在这里我们看到长花柱的花用短花柱的花粉来授粉所结的蒴果较多，特别是好蒴果（包含一粒或两粒以上的种子）较多；而长花柱的花用同类型不同植株的花粉来授粉，其种子重量不及这种蒴果。短花柱的花如果以相似的方式进行处理，所得的结果是一样的。因此，我把前一种授粉方法叫作异型花配合，把后一种授粉方法叫作同型花配合，因为它不能产生充分数量的蒴果和种子。这两种配合如图 2 所示。

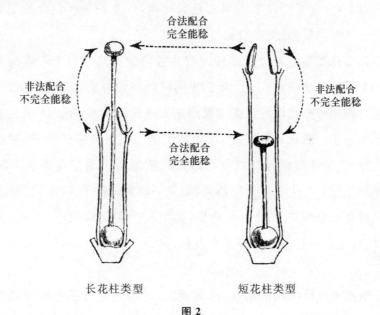

合法配合
完全能稔

非法配合
不完全能稔

非法配合
不完全能稔

合法配合
完全能稔

长花柱类型　　　　　　短花柱类型

图 2

如果我们考察一下表 7 中所示明的两个异型花配合和两个同型花配合的结果，我们看到前者和后者在产生蒴果方面的比例，无论它们所包含的种子是多还是少，都是 77：45，或者 100：58。但是，表中同型花配合的蒴果数可能过低，因为以后有一次 100 朵长花柱的和短花柱的花进行异型花授粉，它们一共产生了 53 个蒴果，所以二者的比例为 77：53，或 100：69，这比 100：58 是一个较适当的数字。再回到表 7，如果我们只考察好蒴果，那么两个异型花配合的好蒴果和两个同型花配合的好蒴果之比为 71：31，或 100：44。再者，我们用异型花授粉的花和同型花授粉的花所产生的蒴果，不论好的或坏的一律使用，我们就会看到，前者和后者的种子重之比为 50：24，或 100：48；如果把坏蒴果排除在外，则异型花配合和同型花配合的种子重之比为 54：35，或 100：65。在这一事例以及所有其他事例中，我以为两种配合的相对能稔性可以更准确地用每一蒴果的平均种子数来断定，这比用产生蒴果的花的比例来判断更好。使用所有授粉花所产生的种子的平均数，不论它们结出蒴果与否，就可以把这两种方法结合起来。但我以为，分别表明产生蒴果的花的比例，以及蒴果所包含的明显良好种子的平均数，是更富有启发性的。

异型花授粉的花会在致使同型花授粉的花几乎完全失败的条件下产生种子。这样，在 1862 年春季同时以两种方法对 40 朵花进行了授粉。那些植株在温室内偶尔暴露在太热的阳光下，于是大量的伞形花序死去了。然而，还有一些花保持了中等良好健康的状态，对这些花中的 12 朵进行了异型花授粉，对 11 朵进行了同型花授粉。那 12 个异型花配合产生了 7 个好蒴果，每果平均含好种子 57.3 粒；而那 11 个同型花配合只产生了两个蒴果，其中一个蒴果含种子 39 粒，但极坏，以致我以为没有一粒种子会发芽，另一个蒴果含有 17 粒相当好的种子。

根据现在所举出的事实，毫无疑问，异型花配合是比同型花配合优越的。这里我们有一个事例，在植物界，诚然也在动物界没有同这个事例相似的。目前这个物种的一些个体植株可以分为两组，但不能称为不同的性别，因为它们都是雌雄同体的；然而在某种程度上它们是不同性别的，因为它们需要相互配合才完全能稔，我们将看到报春花属的其他几个物种就是如此。就像四足兽类的不同性别分为数量差不多相同的两部分那样，我们在这里也看到有数量差不多相同的两部分,它们在性的能力上是不同的,并且彼此就像雄者和雌者那样互相关联。有许多雌雄同体的动物,它们不能自行受精,而必需同其他雌雄同体动物相配合。大量的植物也是如此,因为在花自己的柱头成熟之前,花粉就常常成熟而脱落了,或者机械地伸出芽了,这类花绝对需要另一个雌雄同体植株来进行性的结合。但是,对黄花九轮草以及报春花属的各样其他物种来说,就有广泛的差别,即:一个个体虽然能够不完全地自行受精,但为了充分能稔,还必须同另一个个体相配合。然而它不像一棵雌雄同体植株能够和同一物种的任何其他植株相配合的那样方式,就是说不像蛇和蚯蚓能够同任何其他雌雄同体个体相配合那样同任何其他个体相配合。相反地,属于黄花九轮草某一个类型的一个个体为了充分能稔则必须同其他类型的个体相配合,这正像雄性四足兽必须而且只能同雌兽相配合是一样的。

我曾谈到异型花配合是充分能稔的。我这样说是完全有道理的,因为花在异型花配合的方式下进行人工授粉,所产生的种子稍微多于植物在自然状况下进行自然授粉时所产生的种子。这种情况可以归因于植物分散地生长在肥沃土壤上。关于同型花配合,我们将根据下述事实对其能稔性的降低给予最好的评价。格特纳(Gärtner)以严格比较报春花属的异型花配合和同型花配合的结果,对不同物种之间的配合的不稔性做了估计①。关于黄花九轮草,当异型花配合产生 100 粒种子时,两个同型花配合的同等数量的好蒴果只产生 64 粒种子。关于藏报春,我们即将看到,其比例差不多是一样的——即为 100∶62。格特纳指出,明亮毛蕊花(*Verbascum lychnitis*)用自己的花粉如以产生 100 粒种子计算,则用紫毛蕊花(*V. phoeniceum*)的花粉产生 90 粒种子;用黑毛蕊花(*V. nigrum*)的花粉产生 63 粒种子;用毛瓣毛蕊花(*V. blattaria*)的花粉产生 62 粒种子。还有,须苞石竹(*Dianthus barbatus*)用自己的花粉如以产生 100 粒种子计算,则用瞿麦(*D. superbus*)的花粉产生 81 粒种子,用日本石竹(*D. Japonicus*)的花粉产生 66

①　《杂种实验》,1849 年,216 页。

粒种子。于是我们看到——这是高度值得注意的事实——关于报春花属,同型花配合和异型花配合相比,前者的不稔性比其他属的不同物种的杂交和它们的纯粹结合相比的不稔性还要大。斯科特先生关于同一事实举出了一个更加显著的例证[①]:他用报春花属的 4 个物种(帕利纳里报春 *P. palinuri*,黏性报春 *P. viscosa*,硬毛报春 *P. hirsuta*,轮生报春 *P. verticillata*)的花粉和耳报春花(*P. auricula*)进行杂交,这些杂种配合比耳报春花用自己的花粉进行同型花授粉时所产生的种子平均数量还要大。

花柱异长的二型植物的利益来自两个类型的存在,是很明显的了,这样就保证了不同植株的杂交[②]。两个类型的花药和柱头的相对位置,如图 2 所示,最适于达到这个目的,但关于整个问题,今后还要进行讨论。毫无疑问,花粉会被昆虫置于或自行落在同一朵花的柱头上;如果异花授粉失败了,这种自花授粉对植物就会有利,因为这样不会发生完全不稔。但是,这种利益不如最初想象得那样大,因为同型花配合所产生的实生苗一般没有两种类型,而是所有实生苗都属于亲本类型;再者,它们的体质在某种程度上是衰弱的,这一点在后一章里将有所阐明。然而,如果一朵花的花粉最先被昆虫置于或自行落在柱头上,这绝不会阻止异花授粉的继续进行。众所熟知,如果不同物种的花粉被置于另一棵植株的柱头上,几小时以后,它自己的花粉又被置于柱头上,后者将占有优势,并会消除外来花粉的任何作用;而且毫无疑问,关于花柱异长的二型植物,另一类型的花粉会担负起同一类型的花粉的作用,甚至当同一类型的花粉在相当长的时间以前被置于柱头上,也是如此。为了确定这一看法,我用长花柱的黄花九轮草同一植株的大量花粉放在它的几个柱头上,24 小时以后,我又加上了短花柱的暗红花西洋樱草的一些花粉,西洋樱草是黄花九轮草的一个变

---

① 《林奈植物学会会报》,第 8 卷,1864 年,93 页。

② 我在《植物的异花受精与自花受精》一书中指出,杂种后代在高度、生活力和能稔性方面所获的利益是非常大的。

种。从这样处理的花育成了 30 棵实生苗，所有这些实生苗毫无例外地都开带红色的花，所以同一类型的花粉虽然是在 24 小时以前置于柱头上的，它的作用却被另一类型的花粉完全破坏了。

最后，我可以指出，在这 4 种配合中，用自己类型的花粉进行同型花授粉的短花柱配合似乎是最不稔的，根据蒴果所包含的平均种子数可以判断出这一点。这等种子比其他种子的萌发率较低，而且发芽较慢。这种配合的不稔性更值得注意，因为已经指出，如果短花柱类型和长花柱类型以异型花的方式无论进行自然授粉还是人工授粉，总是短花柱植株所产生的种子数量较大。

在以后一章里，当我讨论用自己类型的花粉进行同型花授粉的二型植物或三型植物所产生的后代时，我将有机会来阐明在目前这个物种以及其他几个物种中有时会出现同等长花柱的变种。

较高报春（*Primula elatior* Jacq.）

某些植物学家认为这种植物以及上面所说的黄花九轮草（*P. veris*）和欧报春（*P. vulgaris*，无茎变种）是同一物种的一些变种。但是，下一章将阐明，所有这三个无疑是不同的物种。现在这个物种在某种程度上同普通较高报春的一般外貌是相似的，普通较高报春（oxlip）是黄花九轮草和欧报春之间的杂种。只在英国东部的两三处地方发现有较高报春。道布尔戴（H. Doubleday）送给我几棵活的植株，我相信他最先注意到这种植物在英国生长的情形。在欧洲大陆的一些地方它是常见的。H. 米勒①曾看到几种熊蜂和其他的蜂，以及蜂虻（*Bombylius*）在德国北部光顾这种花。

关于两个类型同型花授粉和异型花授粉时的相对能稔性，我的试验结果见表 8。

_____

① 《开花植物的受精》,347 页。

　　某些花在两种方法下进行授粉后产生了蒴果,如果以这些花的比例数来判断,则我们比较两个异型花配合和两个同型花配合的能稔性时,其比例为 100∶27。根据这个标准来看,如果现在这个物种和黄花九轮草都进行同型花授粉,则前者远比后者更为不稔。如果我们用每一蒴果的种子平均数来判断两种配合的相对能稔性,其比例为 100∶75。不过后面这个数字可能过于大了,因为同型花授粉的长花柱花所产生的许多种子如此之小,以致大概不会萌发,因而不应计算在内。对几个长花柱植株和短花柱植株都阻止昆虫接近,它们一定是自发地进行自花授粉的。它们一共只产生了 6 个包含任何种子的蒴果,每一蒴果所含种子的平均数只有 7.8 粒。再者,其中有些种子如此之小,以致几乎不会萌发。

表 8　较高报春

配合的性质	授粉的花数	好蒴果数	任何一个蒴果所产生的最大种子数	任何一个蒴果所产生的最小种子数	每一蒴果的平均种子数
长花柱类型授以短花柱的花粉。异型花配合	10	6	62	34	46.5
长花柱类型授以自己类型的花粉。同型花配合	20	4	49*	2	47.7
短花柱类型授以长花柱的花粉。异型花配合	10	8	61	37	47.7
短花柱类型授以自己类型的花粉。同型花配合	17	3	19	9	12.1
两种异型花配合总计	20	14	62	37	47.1
两种同型花配合总计	37	7	49*	2	35.5

　　＊ 这些种子如此劣而小,以致它们几乎不能萌发。

　　W.布赖腾巴哈先生告诉我说,他在利珀河(Lippe,莱茵河的支流)附近的两个地点检查了 894 朵花,这些花是由这个物种的 198 棵植株产生的；他发现其中有 467 朵花是长花柱的，411 朵花是短花柱的，16 朵花是等长花柱的。关于等长花柱的花柱异长植物在自然状况下出现，我还没有听说过一个事例，虽然在长期栽培状况下这种事例一点也不罕见。更加值得注意的是，在这 18 个事例中，同一棵植株产生了长花柱和短花柱的花，或者长花柱和等长花柱的花；而只有两例产生了长花柱、短花柱和等长花柱的花。在这 18 棵植株上长花柱的花大大占有优势——共有 61 朵，等长花柱的花 15 朵，短花柱的花 9 朵。

欧报春(*Primula vulgaris* var. *acaulis*)

J. 斯科特先生检查了生长在爱丁堡附近的 100 棵植株，发现 44 棵是长花柱的，56 棵是短花柱的；我在肯特随机采集了 79 株，其中 39 棵是长花柱的，40 棵是短花柱的。所以这两组加在一起，便是长花柱的 83 棵，短花柱的 96 棵。长花柱类型的雌蕊在长度上和短花柱类型的雌蕊之比，五次测量的平均数为 100∶51。长花柱的柱头比短花柱的柱头圆得多，而且上面的乳头状突起也多得多，短花柱的柱头顶端是扁平的；两个类型的宽度相等。在两个类型中，柱头和相对类型的花药差不多，但不完全位于同一水平；因为从 15 次测量的平均数得出，短花柱类型的柱头中部和花药中部的距离同长花柱类型的柱头中部和花药中部的距离之比为

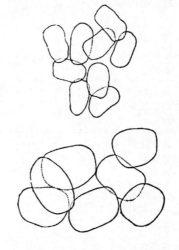

图 3　欧报春花粉粒外形图

在水中膨胀后增大，在放大镜下绘制。上面的花粉粒是长花柱类型的，下面的花粉粒是短花柱类型的

100 : 93。两种类型的花药在大小上没有差异。短花柱类型的花粉粒在浸入水中之前,其宽度在与长度相比的情况下,肯定比长花柱的较宽;在浸入水中之后,其直径同长花柱的相比,为100 : 71,而且更为透明。对两种类型的大量花朵进行了比较,每一组选出最好的12朵花进行比较,但它们在大小上没有任何可以看得到的差异。有9棵长花柱植株和8棵短花柱植株生长在一起,对它们做了标记,当它们自然授粉后,采集种子,短花柱类型的种子恰好是同等数量的长花柱植株的种子的2倍。所以欧报春和黄花九轮草是相似的,在两种类型中短花柱类型的生产力较强。关于两种类型在异型花授粉和同型花授粉时的能稔性,我的试验结果见表9。

表9　欧报春

配合的性质	授粉花数	好蒴果数	任何一个蒴果所产生的最大种子数	任何一个蒴果所产生的最小种子数	每一蒴果的平均种子数
长花柱类型授以短花柱的花粉。异型花配合	12	21	77	47	66.9
长花柱类型授以自己类型的花粉。同型花配合	21	14	66	30	52.2
短花柱类型授以长花柱的花粉。异型花配合	8	7	75	48	65.0
短花柱类型授以自己类型的花粉。同型花配合	18	7	43	5	18.8*
两种异型花配合总计	20	18	77	47	66.0
两种同型花配合总计	39	21	66	5	35.5*

* 这个平均数可能过低。

从表9可以推论出,当用两种方法进行授粉时求出产生蒴果的花的比例数,以这个比例数来判断,则两个异型花配合的能稔性和两个同型花配合的能稔性之比为100 : 60。如果我们用两种配合所产生的每一蒴果的平均种子数来判断,其比例则为 100∶54,不过后面这个数字可能过低。奇怪的是,白昼很少能够看到昆虫光顾花朵,但我偶尔看到小型蜂类前来光顾,所以我猜想它们普遍是由夜出的鳞翅目来授粉的。它的长花柱植株当阻止昆虫来光顾时,还会产生相当数量的蒴果,这样它们同黄花九轮草的长花柱类型显著不同,后者在这样条件下是完全不稔的。这个类型的 23 个自花授粉的蒴果平均包含 19.2 粒种子。短花柱植株所产生的自花授粉的蒴果较少,其中 14 个蒴果平均只包含 6.2 粒种子。两种类型的自花授粉可能是通过蓟马类昆虫进行的,它们在花内非常之多;但是,这种小昆虫不能在柱头上置放差不多足够的花粉,因为同用自己类型的花粉进行人工授粉相比,自花授粉的蒴果平均包含的种子要少得多(见表 9)。但是,这种差异可能部分地归因于表中的花是由同一类型的不同植株的花粉进行授粉;而那些自花授粉的花一般肯定都是接受自己的花粉。在本书的以后一部分将对欧报春的红色变种进行观察。

藏报春(*Primula sinensis*)

长花柱类型的雌蕊在长度上约为短花柱类型的雌蕊的 2 倍,它们的雄蕊也按照相应的、但相反的方式而有所差异。长花柱类型的柱头比短花柱类型的柱头相当地长而且粗糙,后者是平滑的,差不多呈圆形,顶端有点扁平;但是柱头的所有性状变异很大,这可能是栽培的结果。按照希尔德布兰德①的说法,短花柱类型的花粉粒的长度在测微计上是 7 个刻度,宽度是 5 个刻度;而长花柱类型的花粉粒的长度只有 4 个刻度,宽度是 3 个刻度。因此,短花柱的花粉粒在长度上和长

---

① 在我的论文发表之后,希尔德布兰德关于现在这个物种发表了一些卓越的观察材料(《植物学报》,1864 年 1 月 1 日),他指出在两个类型的花粉粒大小方面,我大大错了。我猜想,我的错误是把同一类型的花粉粒多量出 2 倍。

花柱的花粉粒之比为 100：57。正如我在黄花九轮草的事例中所说的那样,希尔德布兰德也指出,长花柱类型的较小花粉粒比短花柱类型的较大花粉粒透明得多。今后我们即将看到,这种栽培植物在二型性方面变异很大,而且它常常是等长花柱的。有些个体可以说是近花柱异长的,这样,两个白花植株的雌蕊都伸出雄蕊之上,但其中一个植株的雌蕊较长,而且它的柱头比另一棵植株的柱头较长、较粗糙;后面这棵植株的花粉粒和较长雌蕊的花粉粒在直径上之比仅为 100：88,而不是 100：57。长花柱类型和短花柱类型的花冠在形状上是有差异的,其方式同黄花九轮草一样。长花柱植株的开花有先于短花柱植株的倾向。当两个类型进行异型花授粉时,短花柱植株的蒴果所包含的平均种子数比长花柱植株的蒴果较多,按重量计,其比例为12.2：9.3,即 100：78。在下表中列举的是不同时期所进行的两组试验结果:

表 10　藏报春

配合的性质	授粉花数	好蒴果数	每一蒴果的平均种子重(格令)	在以后场合中确定的每一蒴果的平均种子数
长花柱类型授以短花柱的花粉。异型花配合	24	16	0.58	50
长花柱类型授以自己类型的花粉。同型花配合	20	13	0.45	35
短花柱类型授以长花柱的花粉。异型花配合	8	8	0.76	64
短花柱类型授以自己类型的花粉。同型花配合	7	4	0.23	25
两种异型花配合总计	32	24	0.64	57
两种同型花配合总计	27	17	0.40	30

因此,根据产生蒴果的花的比例数来判断,两个异型花配合在能稔性上和两个同型花配合之比,为 100：84。根据两种配合所产

生的每一蒴果的平均种子重来判断，其比例为 100∶63。在另一种场合中，两种类型的大量花都是按照同一方式进行授粉的，但没有记录被保存下来。然而对于种子进行了仔细的点数，其平均数如最右一栏所示。两个合理配合所产生的种子数和两个异型花配合所产生的种子数相比，其比例为 100∶53，这比上述 100∶63 可能较为准确。

关于现在这个物种，希尔德布兰德在上面所提到的那篇论文中列举了他的试验结果。现将这些结果以压缩的方式列于表 11。

表 11　藏报春（来自希尔德布兰德）

配合的性质	授粉花数	好蒴果数	每一蒴果的平均种子数
长花柱类型授以短花柱的花粉。异型花配合	14	14	41
长花柱类型授以不同植株的自己类型的花粉。同型花配合	26	26	18
长花柱类型授以自花的花粉。同型花配合	27	21	17
短花柱类型授以长花柱的花粉。异型花配合	14	14	44
短花柱类型授以不同植株的自己类型的花粉。同型花配合	16	16	20
短花柱类型授以自花的花粉。同型花配合	21	11	8
两个异型花的配合总计	28	28	43
两个同型花的配合总计（自己类型的花粉）	42	42	18
两个同型花配合总计（自花的花粉）	48	32	13

除了使用同一类型的不同植株的花粉进行同型花配合外（这是我一向这样做的），他还试验了植株的自己花粉。他对种子进行了点数。

值得注意的是，在这里所有异型花授粉的花以及用同一类型的不同植株的花粉进行同型花授粉的花都产生蒴果；根据这一事实可以推论,两种类型的相互能稔性比在我举出的事例中高得多。但是,他的两种类型的同型花授粉的蒴果所产生的种子少于我的试验中的异型花授粉的蒴果;因为在他的事例中其比例为 42：100,而在我的事例中则为 53：100。大多数植物的能稔性都是一个很容易变异的因子,这决定于它所在的外界条件,关于这一事实,我观察到有关现在这个物种的一些显著事例,这可能说明我的结果和希尔德布兰德的为什么会有不同。他的植株是养在室内的,也许生长在太小的花盆内,或者处在一些其他不适宜的外界条件下,因为他的蒴果几乎在每一个事例中都不如我的蒴果所包含的种子多,把表 10 和表 11 的最右一栏加以比较便知。

希尔德布兰德的试验中最有趣的一点是,用自己的花粉和用同一类型不同植株的花粉进行同型花授粉时,它们在效果上是有差异的。在后一事例中,所有花都产生蒴果,而用自己花粉进行授粉的花,100朵花中只有 67 朵产生蒴果。自花授粉的蒴果也含有种子,和用同一类型的不同植株的花粉进行授粉的花所产生的蒴果相比,其比例为72：100。

为了确定现在这个物种进行自然地自花能稔可以到达什么程度,我把 5 棵长花柱植株保护起来以阻止昆虫的接近;到了既定时期它们开了 147 朵花,结了 62 个蒴果,但是其中许多蒴果很快就脱落了,表明它们没有正当地受精。同时,5 棵短花柱植株得到了同样的处理,它们开了 116 朵花,最终只产生了 7 个蒴果。在另一场合中,13 棵长花柱植株受到了保护,它们产生的自然自花授粉的种子重达 25.9 格令。同时 7 棵受到保护的短花柱植株所产生的种子只有半格令重。因此,长花柱植株所产生的自然自花授粉的种子差不多是短花柱植株所产生的自花授粉的种子的 24 倍。造成这种重大差异的原因似乎是:当长花柱植株的花冠脱落时,花药由于位于花管基部的附近,就必然会被拉到柱头之上,并把花粉放在它的上面,当我加速使接近凋萎的花瓣脱落时,我看到了这种情形;而短花柱植株的雄蕊却位于花冠口,在脱落时不会擦过位于下方的柱头。希尔德布兰德也把一些长花柱植株和短花柱植株保护起来，但它们连一个蒴果也没有产生。他以为我们的结果的不同可以这样得到解释，即他的植株是保养在室内的，而且从来没有摇动过。但是在我看来，他的解释是可疑的：种子数方面的差异表明，他的植株不如我的能稔，而且非常可能的是，它们降低了的能稔性大概同它们产生自花授粉的种子的特殊能力是有抵触的。

耳报春（*Primula auricula*）[①]

和上述几个物种一样，这个物种也是花柱异长的；但是在花卉园艺家分类的那些变种中间长花柱类型是罕见的，因为它没有受到重视。耳报春两种类型的雌、雄蕊在长度上的不相等程度远比黄花九轮草的大得多；长花柱类型的雌蕊长度约为短花柱类型的四倍，后者的雌蕊仅仅比子房长一点。两种类型的柱头形状差不多是一样的，不过长花柱类型的柱头较粗糙些，但这种差异并不像黄花九轮草两种类型之间的那样大。长花柱植株的雄蕊很短，只比子房高一点。长花柱类型的雄蕊的花粉粒入水膨胀后，其直径只为 $\frac{5}{6000}$ 英寸，而短花柱植株的长雄蕊的花粉粒直径则为 $\frac{7}{6000}$ 英寸，其相对的差别为 71：100。长花柱植株的小花粉粒也是更透明的，在未入水膨胀前，其轮廓比另一类型的花粉粒更为呈三角形。斯科特先生[②]把生长在相似条件下的两种类型的 10 棵植株加以比较，他发现，虽然长花柱植株比短花柱植株产生了更多的伞形花序和蒴果，但它们产生的种子较少，其比例为

---

　　① 按照柯纳的说法，英国花园栽培的耳报春是从短柔毛报春（*P. pubescens* Jacq.）传下来的，后者是纯粹耳报春和硬毛报春（*P. hirsnta*）之间的杂种。这个杂种已经繁殖了 300 年左右，当进行异型花授粉时它们产生大量种子；长花柱类型的每一蒴果的平均种子数为 73，短花柱类型的为 98。

　　② 《林奈植物学会会报》，第 8 卷，1864 年，86 页。

66：100。我把 3 棵短花柱植株保护起来,阻止昆虫接近,它们连一粒种子也没有结。斯科特先生把两种类型的 6 棵植株保护起来,发现它们是非常不稔的。长花柱类型的雌蕊如此高过花药,以致没有帮助,花粉就不可能落在柱头上。斯科特先生的一棵长花柱植株产生的种子很少(只有 18 粒),它们受到了蚜虫的侵扰,他不怀疑蚜虫对这些植株进行了不完善的授粉。

我用两种类型的相互授粉方法(按照以前同样的方式)进行了少数试验,但我的植株是不健康的,所以我将以压缩的方式举出斯科特先生的试验结果。关于这个物种以及下述 5 个物种的更为充分的细节,可以参考刚才提到的那篇论文。在每个事例中两个异型花配合加在一起的能稔性,根据上述两项标准,同两个同型花配合加在一起的能稔性进行了比较。这两项标准是,产生好蒴果的花的比例数,以及每一蒴果的平均种子数。异型花配合的能稔性永远作为 100。

根据第一项标准,耳报春两个异型花配合的能稔性和两个同型花配合的能稔性之比为 100：80;根据第二项标准,其比例为 100：15。

锡金报春(*Primula sikkimensis*)

按照斯科特先生的材料,长花柱类型的雌蕊长度整整为短花柱类型的 4 倍,但它们的柱头在形状和粗糙度方面差不多是相似的。雄蕊的相对长度的差异不似雌蕊的那样大。两种类型的花粉粒以显著的方式彼此差异很大:"长花柱植株的花粉粒呈锐三角形,比短花柱植株的花粉粒较小、更为透明,后者呈钝三角形。"按照第一项标准,两个异型花配合的能稔性同两个同型花配合的能稔性之比为100：95,根据第二项标准则为 100：31。

假报春状樱草(*Primula cortusoides*)

长花柱类型的雌蕊长度为短花柱的 3 倍,长花柱类型的柱头长度为短花柱的二倍,而且乳头状突起也长得多。短花柱类型的花粉粒和通常一样,比长花柱的"较大,较不透明,而且三角形较钝。"根据第一项标准,两个异型花配合的能稔性同两个同型花配合的能稔性之比为 100∶74,根据第二项标准为 100∶66。

大总苞报春(*Primula involucrata*)

长花柱类型的雌蕊长度为短花柱类型的 3 倍;前者的花柱呈球形,密布乳头状突起,而后者的花柱则是平滑的,顶端扁平。两种类型的花粉粒在大小和透明度上的差异和上述一样,但形状没有差异。根据第一项标准,两个异型花配合的能稔性同两个同型花配合的能稔性之比为 100∶72,根据第二项标准为 100∶47。

粉报春(*Primula farinosa*)

按照斯科特先生的材料,长花柱类型的雌蕊长度仅为短花柱类型的两倍。两种类型的柱头在形状上差异不大。花粉粒在大小上的差异和通常一样,但在形状上没有差异。根据第一项标准,两个异型花配合和两个同型花配合之比为 100∶71,根据第二项标准为 100∶44。

关于上述报春花属的花柱异长物种的提要——当报春花属的两个类型用同一类型的不同植株的花粉进行同型花授粉和异型花授粉

时,上述物种的长花柱植株和短花柱植株的能稔性已有所叙述。其结果见表12;能稔性是根据两种标准来判断的,即根据产生蒴果的花的比例数以及每一蒴果的平均种子数。但是,为了更充分的准确性,还需要在各种条件下进行观察。

关于所有种类的植物,一般总有些花由于各种偶然原因不产生蒴果;但在所有上述事例中,根据计算的方法,已尽可能地消除了这种错误的根源。例如,如果对 20 朵花进行异型花授粉,产生了 18 个蒴果,对 30 朵花进行同型花授粉,产生了 15 个蒴果,同时我们假定两组平均相等比例数的花由于种种偶然原因不产生蒴果;那么其比例 9：5 或 100：56 就是由于两种授粉方法所产生的蒴果比例数,56 这个数字就会出现在表 12 的左栏内,在我的其他表中也是如此。

表 12　在报春花属中,两个异型花配合的能稔性和两个同型花配合的能稔性之比(前者为 100)

物种名	同型花配合	
	由产生蒴果的花的比例数来判断	由每一蒴果的种子平均数(在一些事例中为重量)来判断
黄花九轮草	69	65
较高报春	27	75(可能太高)
欧报春	60	54(可能太低)
藏报春	84	63
藏报春(第二试验)	?	53
藏报春(根据希尔德布兰德)	10	42
耳报春(斯科特)	80	15
锡金报春(斯科特)	95	31
假报春状樱草(斯科特)	74	66
大总苞报春(斯科特)	72	48
粉报春(斯科特)	71	44
几个物种平均	88.4	61.8

关于每一蒴果的平均种子数几乎不需要再说什么了：假定异型花授粉的蒴果平均含有 50 粒种子,同型花授粉的蒴果平均含有 25 粒种子,那么其比例为 50：25,即 100：50,后面这个数字便出现在右手一栏内。

从表 12 可以看出，报春花属的上述 9 个物种的两种类型的异型花配合要比同型花配合能稔得多；虽然在后一场合中花粉总是来自同一类型的不同植株。然而，在两行数字中并没有严密的一致性，这些数字是按照两项标准来表示异型花配合和同型花配合在能稔性方面的差异。例如，由希尔德布兰德进行同型花授粉的藏报春的所有花都结了蒴果，但这些蒴果所含的种子只为异型花授粉的蒴果所产生的种子的 42％。再者，95％的锡金报春的同型花授粉的花产生了蒴果，但这些蒴果所含有的种子为异型花授粉的蒴果所产生的种子的 31％。另一方面，关于较高报春，只有 27％的同型花授粉的花结了蒴果；但是这些蒴果所含的种子为异型花授粉的蒴果所产生的种子的 75％。看来，花结蒴果不论好与坏，所受到的异型花授粉和同型花授粉的影响都不如蒴果含有种子数所受到的影响那样大。表 12 的最下方表明，88.4％的同型花授粉的花产生了蒴果；但这些蒴果所含的种子只为同一物种的异型花授粉的花和蒴果所含的种子的 61.8％。

值得注意的还有另外一点，即：几个物种的长花柱花和短花柱花当进行同型花授粉时的相对程度的不稔性。这些数据可以从上述几个表中找到，也可以从已经提到的斯科特先生的那篇论文中找到。如果我们把同型花授粉的长花柱花所产生的每一蒴果的种子数作为 100，则同型花授粉的短花柱花所产生的种子数如表 13[①] 所示：

表 13

黄花九轮草……71	耳报春……119
较高报春……44（可能太低）	锡金报春……57
欧报春……36（可能太低）	假报春状樱草……93
藏报春……71	大总苞报春……74
	粉报春……63

这样我们看到，除了耳报春之外，其余 8 个物种的长花柱花和短花柱花当进行同型花授粉时，前者的能稔性都比后者较大。耳报春在这方

[①]　原著中该表并未编号，中译本特将该表按顺序编为 13，此后的表序顺延。——编辑注

面是否确实不同于其他物种，我还没有形成意见，因为这个结果可能是偶然性的。一种植物的自花能稔性的程度取决于两个因素，即柱头接受花粉的程度，以及花粉落在柱头上以后或多或少的有效作用。现在，由于报春花属几个物种的短花柱花的花药直接位于柱头之上，所以同长花柱类型相比，它们的花粉就比较容易地落在柱头上，或比较容易由昆虫向下带给柱头。因此可能的是，最初一看，短花柱花由自己花粉进行授粉的能力的降低，是对抵抗其接受自己花粉的较大倾向性的一种特殊适应，这样就可以抑制自花授粉。但是，根据以后所列举的其他物种的事实，这一观点简直不能予以承认。与上述倾向相一致，如果让报春花属的一些物种在网下进行自花授粉，除了蓟马类那样的小昆虫以外，一切昆虫都被隔绝了，尽管短花柱花具有较大的内在不稔性，它们所结的种子还比长花柱类型所结的种子多。然而，当隔绝昆虫时，没有一个物种接近充分能稔的。但是藏报春的长花柱类型在这等环境条件下还会产生相当数量的种子，因为当花冠脱落时，它会把位于花管下方的花药拉在柱头之上，因此就会在柱头上放置大量花粉。

报春花属的花柱同长物种——业已阐明，这个属的 9 个物种都以两种类型存在，这两种类型不仅在结构上而且在功能上都有所不同。除了这些物种之外，斯科特先生还列举了 27 个其他花柱异长的物种[①]，对于这些物种今后将予以补充。尽管如此，有些物种还是花柱同长的；这就是说，它们只有一个类型，但关于这个问题必须十分小心，因为有几个物种当被栽培时，都容易变成花柱同长的。斯科特先生相信苏格兰报春（*P. scotica*）、轮生报春（*P. verticillata*，西伯利亚的一个变种）、较高报春[①]、灰毛报春（*P. mollis*）和长花报春（*P. longiflora*）都是真正花柱同长的。按照阿克塞尔（Axell）的意见，对这些物种还可补充许多，如劲直报春（*P. stricta*）。斯科特先生对苏格兰报春、灰

---

① H. 米勒在《自然》(1874 年 12 月 10 日，110 页）上指出，这些物种中的一种长柔毛报春由于鳞翅目昆虫的关系得到独有的授粉。

毛报春和轮生报春进行了试验，发现它们的花用自己花粉进行授粉时产生了大量种子。这表明它们在功能上不是花柱异长的。然而，苏格兰报春当隔绝昆虫时，仅仅是中等能稔的，但这仅仅决定于它们的花粉是黏性的，没有昆虫的帮助不容易落在柱头上。斯科特先生还发现，轮生报春用不同植株的花粉进行授粉比用自己的花粉会产生稍微多一点种子。根据这个事实，他推论它们在功能上是亚花柱异长的，虽然在结构上并不如此。但是，没有证据可以证明这两组个体在功能上稍有差异并且适于相互授粉，这正是花柱异长的本质。一种植物用不同个体的花粉比用它自己的花粉更加能稔，是很多物种所共有的特性，在我的著作《植物的异花受精与自花受精》中对此有所阐述。

沼生赫顿草(*Hottonia palustris*)

　　报春花科的这个水生成员显然是花柱异长的，因为长花柱类型的雌蕊远远伸出花朵之外，雄蕊则包在花管之内；而短花柱花的雄蕊却伸出花朵之外，雌蕊则是包在花筒之内的。两种类型之间的差异吸引了各式各样的植物学家们的注意。施普伦格尔(Sprengel)[1]以其惯有的洞察力在 1793 年补充说道，他不相信两种类型的存在是偶然的，但他不能解释它们的目的何在。长花柱类型的雌蕊长度比短花柱的超出两倍以上，虽然前者的柱头稍小，但较粗糙。H. 米勒[2]列举了两个类型柱头的乳头突起的数字，长花柱类型柱头的乳头突起在长度上为短花柱类型的乳头突起的两倍以上，而且前者的分布较密。一个类型的花药和另一个类型的柱头并不完全位于同一个水平，因为花药和柱头之间的距离在短花柱类型中比在长花柱类型中大，其比例为 100：71。干标本浸水后，短花柱的花药大于长花柱的花药，其比例为 100：83。

---

① 《自然界秘密的发现》(*Das entdecke Geheimniss der Nature*)，103 页。
② 《花的受精》，350 页。

短花柱类型的花粉粒也显然大于长花柱类型的花粉粒；湿花粉粒直径的比例，按照我测量的，为 100∶64；按照 H. 米勒测量的，为 100∶61，他的测量大概是比较准确的。大花粉粒比小花粉粒具有较粗糙的颗粒和较深的褐色色调。这样，沼生赫顿草的两个类型在大多数方面同报春花属花柱异长物种的两个类型都是密切一致的。按照 H. 米勒的意见，沼生赫顿草的花主要是由双翅目昆虫进行异花授粉的。

斯科特先生[①]对短花柱植株进行了少数试验，他发现同型花配合在所有方面都比异型花配合能稔。但在他的论文发表之后，H. 米勒做了一些更加充分的试验。我把他的结果列出如表 14，这是按照我的普通计划拟订的。

表 14 中最引人注意的一点是，与异型花授粉的花相比，短花柱类型当同型花授粉时的平均种子数较小，而长花柱类型当同型花授粉时的平均种子数却异常之大[②]，两个异型花配合和同型花配合在种子生产上的比例为 100∶61。

表 14　沼生赫顿草(根据 H. 米勒)

配合的性质	蒴果数	每一蒴果平均种子数
长花柱类型授以短花柱的花粉。 异型花配合	34	91.4
长花柱类型授以自己类型不同植株的花粉。 同型花配合	18	77.5
短花柱类型授以长花柱的花粉。 异型花配合	30	66.2
短花柱类型授以自己类型不同植株的花粉。 同型花配合	19	18.7
两个异型花配合总计	64	78.8
两个同形花配合总计	37	48.1

---

① 《林奈学会会报》，第 8 卷，1864 年，79 页。

② H. 米勒认为(《花的受精》，352 页)，长花柱的花当同型花授粉时所产生的种子和异型花授粉时一样多。但是，把两种授粉方法产生出来的全部蒴果的种子数加在一起，我得出的结果见表 13。长花柱蒴果的平均种子数，当进行异型花授粉时为 91.4，当进行同型花授粉时为 77.5，即 100∶85。H. 米勒同意我的看法，认为这是观察这种情形的正确方法。

H. 米勒还对长花柱花和短花柱花用自己的花粉进行异型花授粉时的作用进行了试验，这不是用同一类型的另一植株的花粉；其结果是引人注目的。长花柱的花受到这样处理后的蒴果平均只含有 15.7 粒种子，而不是 77.5 粒种子；短花柱每一蒴果的种子数为 6.5 粒，而不是 18.7 粒。6.5 这个数字同斯科特先生的同一类型受到同样授粉后的结果是密切一致的。

根据托里（Torrey）博士的观察材料，一种美国的土著植物美洲赫顿草（*Hottonia inflata*）似乎不是花柱异长的。但它由于产生闭花受精的花而驰名于世，在本书的最后一章还要谈到这个问题。

除了一般的报春花属和赫顿草属之外，蛋黄色点地梅（*Androsace vitalliana*）也是花柱异长的。斯科特先生[①]用爱丁堡植物园中 3 棵短花柱植株自己的花粉给它们的 21 朵花授粉，没有产生一粒种子；但有 8 朵花是由同一类型的另一植株进行授粉的，结了 2 个空蒴果。他只能检查长花柱类型的干标本。但有关点地梅属是花柱异长的证据几乎是无可怀疑的。弗里茨·米勒从巴西南部给我送来了一棵补血草属（*Statice*）的干标本，他相信这种植物是花柱异长的。一个类型的雌蕊比另一个类型的雌蕊长得多，但雄蕊稍短。但是，由于短花柱类型的柱头赶上了同一朵花的花药高度，并且由于我无法在两种类型的干标本中检查出柱头上的任何差异，也不能检查出花粉粒在大小方面的差异，所以我不敢把这种植物列为花柱异长的。根据沃歇的论述，我以为高山钟花（*Soldanella alpina*）是花柱异长的，但仔细研究过这种植物的柯纳教授不可能忽略了这个事实。还有，根据其他论述，鹿蹄草属（*Pyrola*）可能是花柱异长的，但 H. 米勒在德国北部为我检查了两个物种，发现情况并非如此。

---

① 也见特里维拉奴斯（Trevirans）（《植物学报》，1863 年，第 1 页），关于植物的二型性。

蛋黄色点地梅及其生长环境

第二章　杂种报春

· Hybrid Primulas ·

黄花九轮草和欧报春之间的一个自然产生的杂种较高报春——亲本物种在结构和功能上的差异——较高报春的长花柱类型和短花柱类型彼此杂交的效果，以及同两个亲本物种的两种类型杂交的效果——人工自花授粉的和在自然状况下异花授粉的较高报春后代的性状——较高报春表明是一个不同的物种——报春花属的其他花柱异长物种之间的杂种——有关毛蕊花属中自然产生的杂种附记

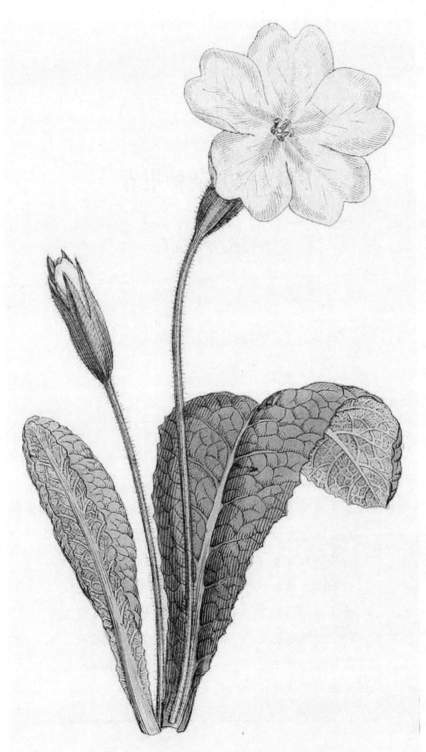

Primula vulgaris. Common Primrose.

　　报春花属的各式各样物种在整个欧洲于自然状况下产生了大量杂种类型。例如，克纳教授在阿尔卑斯山发现的这等杂种类型不下 25 个之多①。在这一属中杂种的常常出现大概是由于大多数物种是花柱异长的，因而需要异花授粉；然而在另外一些属中，不是花柱异长的并且在某些方面不十分适于杂交授粉的物种还是同样地大量杂种化了。在英格兰的某些地区，普通较高报春——黄草九轮草（变种 *officinalis*）和欧报春（变种 *acaulis*）之间的杂种——是常常可以找得到的，而且它偶尔几乎在各处都有发生。由于这个中间杂种的常常出现，并且由于在某种程度上同较高报春相类似的巴德菲尔德较高报春（*P. elatior*，Bardfield oxlip）的存在，对于要求把这 3 种类型列为不同的物种讨论得较多，而且较详细，而对其他植物都没有进行过这样的讨论。林奈认为，黄花九轮草、欧报春和较高报春是同一个物种的一些变种。今天有些著名的植物学家也这样认为，而对这些植物进行过仔细研究的其他植物学家却并不怀疑它们是不同的物种。我以为，下述的观察材料证明了后一观点是正确的，他们还进一步阐明普通较高报春是黄花九轮草和欧报春之间的一个杂种。

　　黄花九轮草在一般外貌上同欧报春显著不同，无须再对它们的外部性状多说什么了②。但是有些比较不明显的差异还是值得注意的。由于这两个物种都是花柱异长的，所以它们的完全能稔性便靠着昆虫。白天经常光顾黄花九轮草的是大型熊蜂（藓状熊蜂和长颊熊蜂）；夜晚光顾它们的则是蛾类，如我看到的冬夜蛾（*Cucullia*）。大型熊蜂

◀ 欧报春（*Primula vulgaris*）

---

　　① "报春花属的杂种"，《植物学现代文献》，1875 年，第 3、4、5 期。再参阅戈德龙（Godron）的"杂种报春"，见《法国植物学会会报》，第 10 卷，1853 年，178 页。再参阅《自然科学评论》（*Revue des Sciences Nat.*），1875 年，331 页。

　　② W. A. 莱顿（Leighton）牧师指出，它们的蒴果和种子的形态存在着某些差异，见《博物学纪事杂志》（*Ann. and Mag. of. Nat. Hist.*），第 2 集，第 2 卷，1848 年，164 页。

从来不光顾欧报春，只有小型熊蜂光顾它们，但这是罕见的，因此，它的受精几乎完全靠着蛾类。能够决定如此大不相同的昆虫前来光顾的这两种植物的花在结构上并没有什么不同。但它们放出不同的气味，并且它们的蜜腺可能有不同的味道。欧报春的长花柱类型和短花柱类型当进行异型花的和自然的授粉时，其每一蒴果的平均种子数都比黄花九轮草的多，这就是说，其比例为 100∶55。当进行同型花授粉时，它们同样地也比黄花九轮草的两种类型更加能稔，产生蒴果的花的较大比例数以及每一蒴果所含种子的较大平均数说明了这点。欧报春的长花柱类型和短花柱类型当进行同型花授粉时所产生的种子数差异也大于黄花九轮草的这两种类型在同样条件下所产生的种子数差异。欧报春的长花柱花当被保护起来以防止所有昆虫接近时（蓟马类那样的小昆虫除外），产生了相当数量的蒴果，每一蒴果的平均种子数为 19.2 粒，而 18 棵长花柱黄花九轮草在同样的处理下却连一粒种子也不结。

众所周知，欧报春在春季开花比黄花九轮草稍微早一点，并且生长在稍微不同的地点和地区。欧报春一般生在堤岸上或森林中，而黄花九轮草则生长在较开阔的地带。这两种类型的地理分布是不同的。布罗姆菲尔德（Bromfield）博士说[1]："在南欧腹地没有欧报春，那里是黄花九轮草土生土长的地方。"然而在挪威这两种植物分布在相同的北纬度数[2]。

黄花九轮草和欧报春当杂交时表现得和不同物种一样，因为它们相互不稔。格特纳[3]用黄花九轮草的花粉给欧报春的 27 朵花授粉，得到了 19 个蒴果，但这些蒴果没有一粒好种子。他还用欧报春的花粉

---

[1] 《植物学家》，第 3 卷，694 页。

[2] H. 列科克，《欧洲植物地理学》，第 8 卷，1858 年，141，144 页。再参阅《博物学纪事杂志》，第 9 卷，1842 年，156，515 页。再参阅包儒（Boreau），《法国中部地方植物志》（*Flore du centre de la France*），1840 年，第 2 卷，376 页。苏格兰西部很少见黄花九轮草，关于这一点，参阅 H. C. 沃森（Watson）的《不列颠的自然女神》（*Cybele Britannica*），第 2 卷，293 页。

[3] 《杂种繁殖》（*Bastarderzeugung*），1849 年，721 页。

给黄花九轮草的 21 朵花授粉,这次他只得了 5 个蒴果。所含的种子处于更不完善的状态。格特纳一点也不了解花柱异长现象,他的失败大概是由于他杂交的是黄花九轮草和欧报春的同一类型,因为这样的杂交具有异型花的和杂种的性质,这就会增大它们的不稔性。我的试验是比较幸运的。黄花九轮草和欧报春的两种类型的 21 朵花进行异型花的杂交,产生了 7 个蒴果(即 33%),平均含有 42 粒种子,其中有些种子是如此之劣,以致它们大概不会萌发。黄花九轮草和欧报春的同一植株上的 21 朵花还进行了同型花的杂交,它们同样也产生 7 个蒴果(即 33%),但它们平均只含有 13 粒好的和坏的种子。然而我应该说,上述欧报春的一些花由西洋樱草的花粉进行授粉,西洋樱草肯定是黄花九轮草的一个变种,因为从这两种植物杂交后代的相互完善的能稔性可以推论出这一点[①]。为了阐明这等杂交配合是何等不稔,我提醒读者想一想下述情况:用较高报春的花粉给欧报春的花授粉,90%的花结了蒴果,每一蒴果平均含有 66 粒种子;当进行同型花授粉时,54%的花结了蒴果,每一蒴果平均含有 3.55 粒种子。欧报春,特别是短花柱类型,当由黄花九轮草授粉时比黄花九轮草由欧报春授粉时的不稔性更低,格特纳也观察到这一点。上述试验还表明欧报春和黄花九轮草的同一类型之间的杂交远比这两个物种的不同类型之间的杂交更为不稔。

把上述若干杂交的种子播下去,除了用西洋樱草的花粉给欧报春的短花柱授粉后所得到的那些种子外,全不萌发,那些萌发的种子是全组中最好的。这样我育成了 6 个植株,并且使它们和一组野生较高报春相比较,这些野生较高报春是由我移植到我的花园中来的。野生

---

① 斯科特先生讨论过西洋樱草的性质(《林奈植物学会会报》,第 8 卷,1864 年,103 页),并且得出不同的结论,我认为他做的试验不够多,杂交不稔的程度是很不定的。黄花九轮草的花粉施在欧报春上,最初看来似乎比西洋樱草更为有效:因为用黄花九轮草的花粉给欧报春两种类型的 12 朵花进行了异型花和同型花授粉,得到了 5 个蒴果,平均含有 32.4 粒种子;而用西洋樱草的花粉给 18 朵花进行了同样授粉只产生 5 个蒴果,仅含有 22.6 粒种子。另一方面,用西洋樱草的花粉产生的种子质量最好,是唯一能发芽的种子。

较高报春里的一株比其他植株开的花稍微大些,这一株在各种性状上都同我育成的那 6 棵植株相等,不过后者的花是红黑色的,这是从西洋樱草传下来的一种性状。

于是我们看到,黄花九轮草和欧报春在正常情况下是不能杂交的,它们在各种生理学性状上都是不同的,而且它们生长的地点稍有不同,分布范围也是不同的。因此,把这等植物列为变种的植物学家们应该能够证明它们的性状不像大多数物种那样地十分稳定。支持这种性状不稳的证据最初一看似乎是强有力的。他们的根据是:第一,几位有才华的观察家都说,他们从同一种植物的种子育成了黄花九轮草、报春和较高报春;第二,在自然状况下屡屡出现代表黄花九轮草和报春的中间程度变异的植株。

然而第一个论述没有多少价值,因为以前对花柱异长没有了解,在任何事例中都没有隔离昆虫去光顾种子植物[①];一棵孤立的黄花九轮草,或者同一类型的几株黄花九轮草,有和邻近欧报春相杂交并产生较高报春的危险,正如一棵雌雄同株植物的某一性在相似的环境条件下同亲缘密切的邻近物种的相反一性进行杂交一样。H.C.沃森先生是一位有批判眼光的和极谨慎的观察家,他播下了黄花九轮草和较高报春的种子,进行了许多试验,他得出如下结论[②]:"黄花九轮草的种子可以产生黄花九轮草、较高报春和欧报春。"这一结论同下述观点是完全一致的:在所有场合中,当得到了这样结果的时候,没有保护的黄花九轮草是同欧报春杂交了,并且没有保护的较高报春是同黄花九轮草或西洋樱草杂交了。因为在后一事例中,由于返祖的帮助——这种现象在杂种中显然要发生强有力的作用,我们大概可以预料到两个亲本类型在外观上是纯的,并且偶尔会产生许多中间的程度变异。

---

① 一位作者在《植物学家》(第 3 卷,703 页)说道,他用玻璃钟罩罩住了他所试验的黄花九轮草、欧报春等。他举出了所有细节,但没有说他是用人工授粉方法处理他的植株的,然而他获得了大量种子,这完全是不可能的。因此,这些试验一定有某些奇怪的错误,而它们可能被认为没有价值给忽略掉了。

② 《植物学家》,第 2 卷,217,852 页;第 3 卷,43 页。

尽管如此,下面两种论述还提供了相当大的难点。亨斯洛教授[①]用他花园中的黄花九轮草的种子育成了各种较高报春和一株完全的欧报春。不过同一篇论文中的一段论述对这一异常结果可能提出了说明。亨斯洛教授以前曾把一株黄花九轮草移植到他的花园中,翌年它便完全改变了外貌,现在同较高报春相似。又经过一年,它的性状又改变了,除了正常的伞形花序外,还产生了少数开单花的花葶,它们开的花比普通西洋樱草的花稍微小一些,而且颜色较深。根据我自己对那些较高报春的观察,我无法怀疑这种植物就是处于高度变异状态下的一种较高报春,同著名的亚当金雀花(*Cytisua adami*)差不多是一样的。这种假定的较高报春是由短匍茎来繁殖的,它们被栽植在花园的不同部分。如果亨斯洛教授从其中一株采错了种子,特别是如果它和欧报春杂交过,这一结果大概就是完全可以理解的了。另一个事例更加难于理解:赫伯特博士[②]用高度栽培的红花九轮草的种子育成了黄花九轮草、各种较高报春和欧报春。我认为这个事例的记录是准确的。如果真是准确的话,它只能靠下述不适当的假设得到解释,即红花九轮草的来源不是纯粹的。关于许多物种和变种,当杂交时,一个有时比另一个占有强烈的优势;据知有一个变种的例子[③],它和另一个变种杂交,所产生的后代在某些性状上,如颜色、多毛性等方面都同父本完全相似,而同母本十分不相似,但是,我不知道有任何事例可以表明,一个杂种后代在相当多的重要性状上完全同父本相似。因此,一棵纯的黄花九轮草和一棵欧报春杂交而产生外观上纯的西洋樱草是很不可能的。虽然赫伯特博士和亨斯洛教授所举的事实是难于理解的,但是如果可以阐明对黄花九轮草仔细地隔绝昆虫后,至少还会产生较高报春。那么上述事例总有一点分量来引导我们去承认,黄花九轮草和西洋樱草是同一物种的变种。

---

① 伦敦出版的《博物学杂志》,第 3 卷,1830 年,409 页。

② 《园艺学会会报》,第 4 卷,19 页。

③ 我在《动物和植物在家养下的变异》一书中举出了一些事例,第 15 章,69 页。

相反的证据没有多少价值,不过下述事实还值得一提:有些黄花九轮草由旷野被移植到灌木丛中,又由那里被移植到高度肥沃的土地上。翌年隔绝昆虫,进行人工授粉,所得的种子播在温床上。以后有些幼小的植株被移植到肥沃的土壤中,有些被移植到僵硬的贫瘠黏土中,有些被移植到古老的泥炭土中,有些被移植到温室的花盆中;可见这 765 棵植株以及它们的亲本都受到了各式各样的不自然处理;但是,除了大小以外,没有一棵表现有一点变异——那些生长在泥炭土中的植株在大小上几乎达到了巨大的程度,而那些生长在黏土中的植株则大大矮化了。

当然,我并不怀疑黄花九轮草在几个连续世代中处于变化的条件下是会变异的,而且这种情形偶尔会在自然状况下发生。再者,根据相似变异的法则,报春花属的任何一个物种的变种在某些场合中会同该属的其他物种相似。例如,我从一棵隔离植株的种子育成了红色欧报春,虽然它们还同欧报春的花相似,但在某一个季节里开放的伞形花序却位于一支长花梗上,和黄花九轮草的花一样。

关于支持黄花九轮草和欧报春仅仅是变种的第二类事实是,在自然状况下十分肯定存在着无数的中间环节类型[①]:如果能够阐明具有黄花九轮草和欧报春的中间性状的普通野生较高报春在不稳性和其他性质方面类似一棵杂种植株的话,而且如果能够进一步阐明较高报春,虽然是高度不稳的,却可以由任何一个亲本物种来受精的话,这样就会产生更细微的级进的中间连接,那么,在自然状况下这等中间连接类型的存在对于支持黄花九轮草和欧报春是变种这一点就不会形成有力的论点,而事实上却变为支持另一方面的论点了。关于一棵植株在自然状况下的杂种来源可以由以下四方面来认识:第一,在它发生的地方有假定的亲本物种存在,或最近存在过。就我所能看到的来说,这一点对较高报春是适用的,但是,巴德菲尔德较高报春(*P. elatior*)却是一个不同的物种,不应同普通较高报春混淆在一起,我们即将看

---

① 参阅 H.C.沃森的一篇优秀论文,见《植物学家》,第 3 卷,43 页。

到这一点。第二,假定的杂种植株差不多具有两个亲本物种的中间性状,特别是和同样两个物种之间人工造成的杂种相似。那么,较高报春在性状上是中间的,除了花冠的颜色之外,它在每一方面都和欧报春和西洋樱草之间人工产生的杂种相似;西洋樱草乃是黄花九轮草的一个变种。第三,假定的杂种当相互杂交时或多或少是不稔的。但是,恰当地进行这项试验,就必须用同一血统的两种不同植物来杂交,而不是用同一植株上的两朵花来杂交。因为许多纯种用同一个体植株的花粉来杂交时,都是或多或少不稔的;在来自花柱异长物种的变种场合中,应该用相反的类型进行杂交。第四,假定的杂种当同任何一个纯粹亲本物种杂交时,远比相互杂交能稔得多,但还不像亲本物种那样充分地能稔。

为了确定后面这两点,我把一组野生的较高报春移植到我的花园中。它们有一棵长花柱植株和 3 棵短花柱植株,除了一株的花冠颜色稍淡外,余皆彼此密切相似。需要做的不同杂交不下 20 个,以便确定杂种花柱异长植株的充分能稔性——相互杂交和两个亲本物种杂交。在这个事例中,我在 4 个季节里对 256 朵花进行了杂交。有一件稀奇的事,我愿意提一下,如果任何人要是从两个三型花柱异长物种育成杂种,他就必须做 90 个不同的配合以决定它们的完全能稔性;在每个场合中他必须试验 10 朵花,这样他就会被迫对 900 朵花进行授粉,并计数它们的种子。这大概要使最能忍耐的人失去他们的忍耐性。

表 15　普通较高报春两个类型之间的相互杂交

同型花配合	异型花配合	同型花配合	异型花配合
短花柱较高报春授以短花柱较高报春的花粉,授粉的花数为 20,没有产生蒴果。	短花柱较高报春授以长花柱较高报春的花粉,授粉花数为 10,没有产生蒴果。	长花柱较高报春授以自己的花粉,授粉花数为 24,产生了 5 个蒴果,如果所含种子数分别为 6,10,20,8,14 粒,平均 11.6 粒。	长花柱较高报春授以短花柱较高报春的花粉,授粉花数为 10,没有产生蒴果。

表 16　较高报春的两个类型和黄花九轮草

两个类型的花粉进行杂交

同型花配合	异型花配合	同型花配合	异型花配合
短花柱较高报春授以短花柱黄花九轮草的花粉：授粉花数为18，没有产生蒴果。	短花杜较高报春授以长花柱黄花九轮草的花粉：授粉花数为18，产生了3个蒴果，分别含不能萌发的劣种子7，3，7粒。	长花柱较高报春授以长花柱黄花九轮草的花粉；授粉花数为11，产生了1个蒴果，含劣种子13粒。	长花柱较高报春授以短花柱黄花九轮草的花粉：授粉花数为5，产生了2个蒴果，分别含好种子21和28粒。

表 17　较高报春两种类型和欧报春

两种类型的花粉进行授粉

同型花配合	异型花配合	同型花配合	异型花配合
短花柱较高报春授以短花柱欧报春的花粉：授粉花数为34，产生了2个蒴果，分别含种子5，12粒。	短花柱较高报春授以长花柱欧报春的花粉：授粉花数为26，产生了6个蒴果，分别含种子16，20，5，10，19，24粒，平均15.7粒。许多种子是坏的，有些是好的。	长花柱较高报春授以短花柱欧报春的花粉，授粉花数为11，产生了4个蒴果，含劣种子10，7，5，6粒，平均7.0粒。	长花柱较高报春授以短花柱欧报春的花粉，授粉花数为5，产生了5个蒴果，含种子26，32，23，28，34粒，平均28.6粒。

表 18　黄花九轮草两种类型和较高报春

两种类型的花粉进行杂交

同型花配合	异型花配合	同型花配合	异型花配合
短花柱黄花九轮草授以短花柱较高报春的花粉：授粉花数为8，没有产生蒴果。	长花柱黄花九轮草授以短花柱较高报春的花粉：授粉花数为8，产生了1个蒴果，含种子26粒。	长花柱黄花九轮草授以长花柱较高报春的花粉，授粉花数为8，产生了3个蒴果，含种子5，6，14粒，平均8.3粒。	短花柱黄花九轮草授以长花柱较高报春的花粉，授粉花数为8，产生了8个蒴果，含种子58，38，31，44，23，26，37，66粒，平均40.4粒。

表 19　欧报春两种类型由较高报春
两种类型的花粉进行授粉

异型花配合	同型花配合	异型花配合	同型花配合
短花柱欧报春授以短花柱较高报春的花粉：授粉花数为 8，没有产生蒴果。	长花柱欧报春授以短花柱较高报春的花粉：授粉花数为 8，产生了 2 个蒴果，含种子 5 和 2 粒。	长花柱欧报春授以长花柱较高报春的花粉：授粉花数为 8，产生了 8 个蒴果，含种子 15,7,12,20,22,7,16,13 粒。平均 14.0 粒。	短花柱欧报春授以长花柱较高报春的花粉，授粉花数为 8，产生了 4 个蒴果，含种子 52,52,42,49 粒，有些是好的，有些是坏的。平均 48.7 粒。

在表 15～19 这 5 个表里我们看到了较高报春两个类型同型花和异型花方式相互杂交并和欧报春同黄花九轮草的两个类型杂交所产生的蒴果数和种子数。我可以先提一下，有两棵短花柱较高报春的花粉仅仅是一些败育的、带白色的小细胞。但是，第三棵短花柱植株的花粉粒有 20% 似乎是健全的。因此，不论短花柱的还是长花柱的较高报春当用这种花粉授粉时，连一粒种子也不结，就不值得大惊小怪了。纯粹的黄花九轮草或欧报春用这种花粉进行同型花授粉时也不结种子，但用这种花粉进行异型花授粉时却会产生少数好种子。短花柱较高报春雌性器官虽然在能力上大大退化了，但比雄性器官还要稍微好一点，因为，短花柱较高报春当由长花柱较高报春授粉时虽然不产生种子，而且由纯粹的黄花九轮草和欧报春进行不合法授粉时也几乎不产生种子。然而由后面这两个物种进行异型花授粉时，特别是由长花柱欧报春进行异型花授粉时，它们却产生了中等数量的好种子。

长花柱较高报春比短花柱较高报春更能稔，前者的花粉粒有一半是健全的。由短花柱较高报春来进行同型花授粉，不结种子。这无疑是由于短花柱较高报春花粉的不健全，因为当用自己的花粉进行同型花授粉时（表 15）会产生一些好种子，但远比自花授粉的黄花九轮草或欧报春所产生的种子少得多。长花柱较高报春所产生的平均种子数也很低，从后面那 4 张表的第三栏内可以看到当纯粹的黄花九轮草和欧报春进行同型花授粉和被它们进行同型花授粉时就是如此。然而4个相应的异型花配合则是中等能稔的,其中一个配合(即短花柱黄花九轮草和长花柱较高报春之间的配合)的充分能稔就好像它们的双亲是纯粹的一样。一棵短花柱欧报春由长花柱较高报春进行异型花授粉(表19),也产生了中等的种子平均数,即48.7粒;但是,如果这棵短花柱欧报春由长花柱欧报春来授粉,它产生的平均种子数即为65粒。如果我们把10个异型花配合加在一起,并把10个同型花配合加在一起,我们就会发现:异型花授粉花的29%产生了蒴果,这些蒴果平均含27.4粒好的和坏的种子;而同型花授粉只有15%产生了蒴果,这些蒴果平均含种子11.0粒好的和坏的种子。

本章的前一部分阐明了欧报春的长花柱类型和长花柱黄花九轮草之间的同型花杂交,以及短花柱西洋樱草和短花柱黄花九轮草之间的同型花杂交,其不稔性都比这两个物种之间的异型花杂交较大;并且我们看到,同样的规律差不多一定也适用于它们的杂种后代,无论它们是相互杂交的,还是同任何一个亲本物种杂交的,都是如此。所以在这一特殊事例中,而不是在我们即将谈到的其他事例中,同样的规律对同一花柱异长物种的两个类型之间纯粹配合,对不同的花柱异长物种之间的杂交,以及对它们的杂种后代,都是有效的。

用自己花粉进行授粉的长花柱较高报春的种子被播下,育成了3个长花柱植株。第一棵植株在各种性状上都和它的亲本相似。第二棵植株开的花稍小,颜色较淡,差不多和欧报春的花相似;花葶最初只有一朵花,但在季节的晚期抽出一支高而粗的花葶,上面开许多花,就像亲本较高报春的花那样。第三棵植株也同样产生了一些独花花葶,花稍小,呈较深的黄色,但它很早就死去了。第二棵植株也在9月份死去了。虽然所有这3棵植株都是在适宜的条件下生长的,但第一棵看上去很衰弱。因此我们可以推论,自花授粉的较高报春在自然状况下,几乎是不能存在的。我惊奇地发现,这个第一棵较高报春实生苗的全部花粉粒看来都是健全的;而第二棵的花粉粒只有中等数量是不健全的。然而，这两棵植株并没有产生适当数量的种子的能力，因为，虽然没有用网罩起来并且周围是纯粹的欧报春和黄花九轮草，它们的蒴果平均只含 15～20 粒种子。

由于我手边有许多试验，所以我没有把欧报春和黄花九轮草的两种类型同较高报春的两种类型进行杂交后所得的种子播下去，对此现在我感到遗憾；但我查明了有趣的一点，即在自然状况下生长在欧报春和黄花九轮草附近的较高报春后代的性状。较高报春在采集了种子之后受到移植并对它们进行试验。由这样得到的种子育成了 8 棵植株，当它们开花时会把它们误认为纯粹的欧报春；但当仔细比较之后便可发现，花冠中心的色斑具有较深的黄色，而且花序梗较长。随着季节的推移，其中一棵植株抽出了两支裸花葶，7 英寸高，开有伞形花序，其性状和上述一样。这一事实引导我对其他植株进行试验，即在它们开花后把它们掘起，我发现所有花序梗都是从一支极短的普通花葶抽出来的，而在纯粹的欧报春中却一点也找不到它的痕迹。因此，这等植株绝妙地介于较高报春和欧报春之间，稍微倾向于后者。我可以稳妥地断言，周围的欧报春曾对亲本较高报春进行过授粉。

根据现在所举出的各种事实，毫无疑问，普通较高报春乃是黄花九轮草和欧报春之间的杂种，几位植物学家对此曾有所推测。较高报春可能是从黄花九轮草产生的，也可能是从欧报春产生的，但最常见的是后者产生种子，我这样判断是根据较高报春一般所在的地点的性质[①]，并且根据欧报春由黄花九轮草来授粉比黄花九轮草由欧报春来授粉更加能稔。同欧报春杂交比同黄花九轮草杂交，其杂种也稍微能稔。无论产生种子的植株是哪个，杂交大概是在两个物种的不同类型之间进行的，因为我们已经看到，异型花的杂种配合比同型花的杂种配合更加能稔。再者，萨里的一位朋友发现，在他住宅附近生长的 29 棵较高报春含有 13 棵长花柱植株和 16 棵短花柱植株。现在，如果亲

① 关于这个问题，可再参阅哈德威克(Hardwick)的《科学闲话》(*Science-Gossip*)，1867 年，114，137 页。

本类型是同型花结合在一起的，那么，或者长花柱类型，或者短花柱类型就会占有优势，以后可以看到有充分的理由去相信这一点。较高报春这个事例是有趣的。因为，关于一个杂种如此大量地、如此广范围地自发地发生，几乎还不知道任何其他事例。普通较高报春（不是巴德菲尔德的较高报春）几乎在整个英格兰的各处地方都可以找到，黄花九轮草和欧报春也在那里生长。在某些地区，就像我在苏塞克斯的哈特菲尔德（Hartfield）附近和萨里的一些部分所看到的那样，几乎在每一条地边和小树林中都可以找到较高报春。在其他地方，欧洲较高报春就比较罕见了：在我的住宅附近，过去25年内我找到的这种植株不多于5棵或6棵。关于它们数量上的这种差异的原因是什么，是难于猜测的。但可以肯定的是，属于一个亲本物种的同一类型的一棵植株或几棵植株，应该在另一亲本物种的相反类型的附近生长，同一种类的昆虫无疑是一种蛾类应该经常往来于这两个物种之间。在某些地区较高报春罕见的原因可能是由于某种蛾类的稀少，而在其他地区它们却经常光顾欧报春和黄花九轮草。

最后，由于黄花九轮草和欧报春在上述各种性状上有所差异，它们当相互杂交时是高度不稔的，没有可靠的证据来证明任何一个物种当不杂交时会产生其他物种或任何中间类型，并且在自然状况下常常发现的中间类型或多或少是第一代或第二代的不稔杂种，所以我们必须把黄花九轮草和欧报春看成是真正的纯种。

巴德菲尔德的较高报春只在英格兰东部的两三处地方可以找到。在欧洲大陆它同黄花九轮草和欧报春的分布范围稍微不同；在它生长的地区没有这等物种生存[1]。在一般外貌上它同普通欧洲较高报春的差异如此之大，以致凡是熟悉这两个类型的活状态的人此后就不会把它混淆在一起；但是，明确给它们下定义所根据的性状差不多只有一

---

① 关于英格兰，参阅 H. C. 沃森（Hewett C. Watson）的《不列颠的自然女神》，第 2 卷，1849 年，292 页。关于欧洲大陆，参阅列科克的《欧洲植物地理学》，第 8 卷，1858 年，142 页。关于阿尔卑斯山，参阅《博物学纪事杂志》，第 9 卷，1842 年，156，515 页。

个，即它们的长椭圆形蒴果在长度上同花萼是相等的[①]。它们的蒴果当成熟时在长度上同黄花九轮草和欧报春显著地不同。关于两个类型当以 4 个方法配合时的能稔性，它们同该属其他花柱异长物种的表现是一样的，但其同型花授粉花所结蒴果的比例数较小，在这方面二者多少有些不同（参阅表 8 和表 12）。巴德菲尔德的较高报春肯定不是一个杂种，因为，当两个类型进行异型花配合时，它们产生的平均种子数很大，即 47.1 粒，当进行同型花配合时，每一蒴果的平均种子数为 35.5 粒；而据知为变种的普通较高报春两种类型之间的 4 种可能配合（表 15）中只有一种配合产生了一点种子；其每一蒴果的平均数仅为 11.6 粒。再者，在短花柱巴德菲尔德的较高报春的花药中，我无法找到一颗坏花粉粒，而普通较高报春短花柱植株的全部花粉粒都是坏的，在第三棵植株上大部分是坏的。由于普通较高报春是欧报春和黄花九轮草之间的杂种，所以不足为奇的是，欧报春的 8 朵长花柱花授以长花柱普通较高报春的花粉，产生了 8 朵花（表 19），然而平均只含有很少种子；而欧报春的同样数量的花授以长花柱巴德菲尔德的较高报春的花粉，只产生了一个蒴果，后面这种植物就欧报春来说，是一个完全不同的物种。较高报春的一些植株在一个花园里由种子繁殖了25 年，在这期间它们保持得十分稳定，只是在某些场合中它们的花在大小和色泽上稍有变异而已[②]。尽管如此，按照 H. C. 沃森先生的以及布罗姆菲尔德博士的材料，在自然状况下偶尔还会找到这样的一些植株，它们的大部分性状——借此区别这个物种和黄花九轮草和欧报春的那些性状不存在了。但这等中间类型的出现大概是由于杂交的缘故，因为柯纳在上面提到的那篇论文中提道，在阿尔卑斯山有时发生过巴德菲尔德较高报春和黄花九轮草之间的杂种，虽然这是罕见的。

---

① 巴宾顿（Babington）的《不列颠植物学手册》，1851 年，258 页。

② 参阅道布尔迪的文章，见《园艺者纪事》，1867 年，435 页；再参阅 W. 马歇尔的文章，同前杂志，462 页。

虽然我们可以随意地承认,黄花九轮草、欧报春和巴德菲尔德较高报春以及该属的其他物种是从共同原始类型传下来的,然而根据所列举的事实我们可以断言,这 3 个类型的性状已经稳定了,其稳定就像许多被列为纯种的其他类型一样。因此它们有权接受一个物种的名称,就像驴、南非斑驴、斑马一样。

斯科特先生对报春花属的其他花柱异长物种进行杂交[①],得到了一些有趣的结果。我已经举出过他的论述,在 4 个事例(不必谈其他)中,当一个物种和另一个不同物种进行杂交时,比同一个物种由不同植株的自己类型的花粉进行同型花授粉所结的种子较多。根据克尔罗伊特尔(Kölreuter)和格特纳的研究,长期以来就知道,两个物种当相互杂交时有时在能稔性上的差异是非常大的。例如,当 A 物种授以 B 物种的花粉时,会产生大量种子,而反过来,B 物种授以 A 物种的花粉时,却从来不结一粒种子。现在,斯科特先生在几个事例中阐明,同样的法则对报春花属的两个花柱异长物种的杂交,或对一个花柱异长物种和花柱同长物种的杂交也是适用的。但其结果要比普通植物的杂交复杂得多,因为两个花柱异长物种的杂交有 8 种不同的方式。我举一个来自斯科特先生的事例。用耳报春(P. auricula)两个类型的花粉给长花柱硬毛报春(P. hirsuta)进行同型花的和异型花的授粉;反过来用硬毛报春两个类型的花粉给长花柱耳状报春花进行同型花的和异型花的授粉,没有产生一粒种子;用耳报春两个类型花粉给硬毛报春进行同型花的和异型花的授粉,也没有产生一粒种子。另一方面,用长花柱硬毛报春的花粉给短花柱耳报春进行授粉,产生的蒴果平均含种子不下 56 粒;用短花柱硬毛报春的花粉给短花柱耳报春进行授粉,产生的蒴果平均含种子 42 粒。因此,在这两个物种的两个类型的 8 种可能配合中,有 6 种配合是极端不稔的,两种配合是相当能稔的。我们还看到,在我的较高报春、欧报春、黄花九轮草两种类型之间的 20 个不同的杂交结果中(表 15 至表 19)也存在着同样的非常不

---

① 《林奈植物学会会报》,第 8 卷,1864 年,93 页至书末。

规律性。关于斯科特的试验结果，他说，它们是令人吃惊的，因为它们向我们阐明了，"一个物种的性类型在其与另一个物种的性类型相结合的各自能力上表现有生理学上的特点，根据能稔性的标准，这种特点大概可以使它十分地称得起是不同的物种。"

最后，虽然黄花九轮草和欧报春进行同型花杂交，特别是它们的杂种后代和两个亲本物种进行异型花杂交，肯定比同型花杂交更能稔，并且，虽然斯科特先生所做的耳报春和硬毛报春之间的异型花杂交比同型花杂交更能稔（其比例为 56∶42），但是，根据斯科特先生所做的各种其他杂交结果的极端不规律性，是否能够预言两个花柱异长物种异型花杂交（即相反类型的结合）一般要比同型花杂交更能稔，还是很可疑的。

关于某些野生杂种毛蕊花的附记

在本章的前一部分我说过，关于如此大量自然发生的、如此分布范围广泛的杂种，就像普通较高报春那样，还可以举出少数其他事例。但是，关于自然产生的杂种柳，其十分确定的事例的数量大概是同等之大的①。M. 坦巴尔-拉格瑞威（Timbal-Lagrave）②曾仔细描述过岩蔷薇属（*Cistus*）几个物种之间的大量自然发生的杂种，韦德尔（Weddell）博士③曾观察过人唇兰（*Aceras*）和红门兰（*Orchis*）之间的许多杂种。在毛蕊花属（*Verbascum*）中，杂种被假定常常是在自然状况下发生的④。它们无疑有些是杂种，而且若干杂种是在花园中发生的，但

---

① 麦克斯·威丘拉（Max Wichura），《杂种受精》，柳，1865 年。

② 《图芦兹科学院院报》（*Mém de l'Acad. des Sciences de Toulouse*），第 5 辑，第 5 卷，28 页。

③ 《博物学纪事》，第 3 辑，植物，第 18 卷，6 页。

④ 参阅《英国植物志》，J. E. 史密斯爵士编，1824 年，第 1 卷，307 页。

是，正如格特纳指出的，大多数这等事例还需要核实①。因此，下述一个事例是值得记载的，特别是因为两个问题中的物种，毛蕊花（*V. thapsus*）和明亮毛蕊花（*V. lychnitis*）当隔绝昆虫之后还是完全能稔的，这就表明了每一朵花的柱头都接受了它自己的花粉。再者，这些花向昆虫提供的只是花粉，并没有分泌花蜜来吸引它们。

为了试验，我把一棵幼龄的野生植株移植到我的花园内；当它开花时，它同刚才提到的那两个物种显然不同，而且同附近生长第三个物种也显然不同。我以为它是毛蕊花的一个奇特变种。它的高度竟达 8 英尺（根据测量）！它被网遮盖起来，用同株的花粉给 10 朵花进行了授粉；在季节的晚期把网揭开，采集花粉的蜜蜂可以任意来光顾它们的花，虽然产生了许多蒴果，但连一粒种子也没有。翌年，没有用网遮盖它，附近生长的是毛蕊花和猩红色毛蕊花；还是连一粒种子也没有结。然而用猩红色毛蕊花的花粉给 4 朵花反复进行了授粉，同时把这个植株暂时置于网下，产生了 4 个蒴果，分别含 5,1,2,2 粒种子；与此同时，用毛蕊花的花给 3 朵花进行授粉，产生了 2,2,3 粒种子。为了表明这 7 个蒴果的生产力多么低，我可以指明，附近生长的一棵毛蕊花的优良蒴果所含种子竟达 700 粒。这些事实引导我去寻找一块中等大小的土地，我移植的植株就来自那里，我发现在这块土地里有毛蕊花和猩红色毛蕊花的许多植株，以及 33 棵在性状上介于这两个物种之间的植株。这 33 棵植株彼此差异很大。在茎部分枝方面，它们更像猩红色毛蕊花；但在高度方面，它们更像毛蕊花。在叶的形状方面，它们往往密切接近猩红色毛蕊花，但是，有些叶子的上部表面非常具有绵状毛，并且叶子向下延伸，这同毛蕊花的叶子是一样的，但是叶子具有绵状毛的程度和向下延伸的程度并非总是一致的。在花瓣的扁平和开放方面，在花丝附着于较长雄蕊的花药的方式方面，这些植株像猩红色毛蕊花比像毛蕊花更甚。在花冠的黄色方面，它们都像毛蕊花。总之，这些植株看来像猩红色毛蕊花比像毛蕊花更甚。假

① 参阅格特纳的《杂种受精》，1849 年，590 页。

定它们是杂种，它们都产生黄色的花，就不是什么异常的情况。因为格特纳曾使毛蕊花属的白花变种和黄花变种进行杂交，这样产生的后代从来不开中间颜色的花，不是纯白花就是纯黄花，一般是后面这种颜色[①]。

我的观察是在秋季进行的，所以，我能够从33棵中间植株里的2棵采集一些半成熟的蒴果，还能采集生长在同一块土地上的纯猩红色毛蕊花和纯毛蕊花的蒴果。所有毛蕊花的蒴果都充满了完善的、但不成熟的种子，而那20棵中间植株却连一粒完善的种子也不含。因此，这些植株是绝对不结种子的。移植到我花园中的那棵植株用猩红色毛蕊花和毛蕊花的花粉进行授粉后产生了一些种子，虽然其数量很小，又根据两个纯种生长在同一块土地上，而且不稔植株具有中间性状，毫无疑问它们是杂种。从主要发现它们的地点来判断，我倾向于相信，它们的母本是毛蕊花，它们的父本是猩红色毛蕊花。

据知，摇动或用木棍击打毛蕊花属许多物种的茎时，它们的花就会脱落[②]。我反复观察到毛蕊花发生这种情形。花冠开始从它的着生点分离，然后萼片自发地向内弯曲，紧紧围绕着子房，在两三分钟内用它们的运动把花冠推开。对幼龄的仅仅开放的花来说，就不会发生这种情形。关于猩红色毛蕊花，我相信还有紫毛蕊花，无论它们的茎时常地和严厉地受到击打，它们的花冠也不脱落。在这种特别性质上，上述杂种很像毛蕊花，因为我惊奇地观察到，当我摘掉花朵周围的花芽时（我要用线对这些花做出记号），轻微的震动就会招致花冠的脱落。

这些杂种从几方面来看都是有趣的。

第一，从同一块中等大小土地的各个部分上的杂种数量来看。毫无疑问，它们的起源应归因于昆虫当采集花粉时在花间飞来飞去。虽

---

① 《杂种受精》，307 页。

② 最先观察到这一点的是考瑞·得塞拉(Correa de Serra)参阅 J. E 史密斯爵士的《英国植物志》，1824 年，第 1 卷，311 页；还有《J. E. 史密斯生平》，第 2 卷，210 页。W. A. 莱顿牧师指导我参考这些文献，他在帚状毛蕊花(V. virgatum)也观察到了这种现象。

然昆虫这样掠取了花的宝贵物质，但它们会带来很大好处：因为我在别处曾阐明[1]，用另一株花粉授粉的花所育成的毛蕊花实生苗比用自花授粉的花所育成的实生苗具有更大的活力。但在这个特殊事例中，昆虫却带来了很大害处，因为它们导致完全不稔植株的产生。

第二，这些杂种由于在许多性状上彼此差异很大而引起人们的注意，因为第一代杂种如果是由野生植株育成的，它们的性状一般是一致的。我们可以稳妥地断言，这些杂种是属于第一代的，这是根据我观察到的在自然状况下的所有那些杂种都是绝对不稔的，而且在我花园中的一棵植株也是绝对不稔的，除非用纯粹的花粉给它们反复授粉，这时产生的种子数量也是极小的。由于这些杂种变异很大，把两个大不相同的亲本物种连接在一起的一系列类型就能够容易地被选择出来。这一事例就像普通较高报春那样地阐明了，植物学家们根据现在的中间级就指出两个类型相等的物种，应该要谨慎；在杂种中等能稔的许多事例中，要探明那些生长在自然状况下的并且容易由任一亲本物种授粉的植株的轻微不稔程度，也是不容易的。

第三，也是最后一点，令人钦佩的观察像格特纳论述过，虽然容易杂交的植物一般会产生相当能稔的后代，但对于这一规律的显著例外还有发生；这些杂种为这一论述提供了最好的例证。在这里我们看到毛蕊花属的两个物种显然能够非常容易地进行杂交，但它们产生的杂种却极其不稔。

---

[1] 《植物的异花受精与自花受精》，1876 年，89 页。

第三章　花柱异长的二型植物(续)

Heterostyled Dimorphic Plants—continued

　　大花亚麻,长花柱类型用本类型花粉来授粉完全不稔——宿根亚麻,只有长花柱类型的雌蕊扭曲——药用肺草,英国和德国的长花柱植株在自花能稔性方面的奇妙差异——窄叶肺草被阐明为一个独特的物种,其长花柱类型完全自花不稔——荞麦——其他各种各样花柱异长的属——茜草科——蔓虎刺,传粉的能稔性——豪斯托尼亚草属——二型花粉法拉米亚属,其两种类型花粉粒的显著差异;只有短花柱类型的雄蕊扭曲;发育尚不完善——茜草科若干属的花柱异长结构不是由于共同血统

早已知道[①],亚麻属的若干个物种呈现两种类型,并于三十多年前已对金黄亚麻(*Linum flavum*)观察到了这个事实,在查明报春花属的花柱异长性质之后,我被引导去检查我所遇到的亚麻属第一个物种,即美丽的大花亚麻(*L. grandiflorum*)。这种植物有两种类型,其数量大致相等,彼此在结构上略有差异,但在功能上大不相同。两种类型的叶子,花冠,雄蕊和花粉粒(在吸水膨胀和干燥两种情况下进行检查)彼此相似(图 4)。二者的差异只限于雌蕊;短花柱类型的花柱和柱头的长度仅为长花柱类型的一半左右。一个更重要的区别是,短花柱类型的 5 个柱头彼此大

长花柱类型　　短花柱类型

ss,表示柱头

图 4　大花亚麻

大岔开,并在雄蕊的花丝之间穿出来,从而位于花冠管之内。长花柱类型的细长柱头几乎笔直竖立,并与花药彼此相间。后一类型的柱头长度变异显著,其顶端甚至稍稍超出花药之上,或大约仅及后者的中部。然而区别这两种类型毫无困难;因为,除柱头岔开有所差异外,短花柱类型的柱头甚至从未达到花药的基部。短花柱类型同长花柱类型相比,前者柱头表面的乳头状突起较短,色较暗,并较密集;但这些差异似乎仅仅是由于柱头变短的缘故,因为具有较短柱头的长花柱类型的变种,其乳头状突起比具有较长柱头的长花柱类型的乳头状突起更密集,色泽更暗。考虑到这种亚麻属的两种类型之间的细微的和可变的差异,那么它们迄今仍被人们所忽视就不足为奇了。

◀大花亚麻(*Linum grandiflorum*)

① 特里维拉奴斯(Treviranus)在评论我的原始论文时指出情况确系如此,《植物学报》,1863 年,189 页。

◈ 同种植物的不同花型 ◈

1861 年我在花园里栽种了 11 株这种亚麻，其中 8 株是长花柱的，3 株是短花柱的。有两棵很优良的长花柱植株生长在一个苗床上，这个苗床距离所有其他植株有 100 码远①，并用冬青屏障把它们隔离开来。我把短花柱植株的少许花粉置于这两株长花柱类型的 12 朵花的柱头上，并作了标记。如前所述，这两种类型的花粉在外观上是一致的；长花柱花朵的柱头上早已被它自己的花粉厚厚地覆盖起来——厚到我无法找出一个裸露的柱头，另外季节也晚了，就是说已经到了 9 月 15 日。总之，要期望得到任何结果看来几乎是儿戏。然而根据我在报春花属方面的经验，我有信心，并毫不犹豫地进行这个实验，但确实没有料到会获得丰富的结果。这 12 朵花的花蕾全部膨胀，最终产生了 6 个好蒴果（其种子于下一年萌发）和两个劣蒴果，只有 4 个蒴果从梗上枯萎脱落。同样是这两棵长花柱植株，在夏季期间开了大量花朵，它们的柱头上满被自己的花粉；但它们全被证明是绝对不稔的，它们的花蕾甚至也不膨胀。

另外那 9 棵植株，包括 6 棵长花柱的和 3 棵短花柱的，在我的花园彼此相距不太远。其中有 4 棵长花柱植株没有结含籽蒴果；第五棵结了两个蒴果；余下的一棵和一棵短花柱植株距离如此之近，以致它们的枝条都互相接触，而这一棵植株产生了 12 个蒴果，但品质低劣。短花柱植株的情况则不同。那棵靠近长花柱植株生长的短花柱植株产生了 94 个未完全受精的蒴果，其中含有大量的坏种子，并杂有适量的好种子。另外两棵长在一起的短花柱植株都矮小，部分地被其他植物所掩盖；它们和任何长花柱植株都离得不很近，可是它们还总共结了 19 个蒴果。这些事实似乎阐明了，短花柱植株用本类型花粉来授粉，其能稔性要比长花柱植株用本类型花粉来授粉者为高。我们马上就会看到情况大概确系如此。但我怀疑这个事例中的两种类型在能稔性方面的差异是部分地由于一个独特的原因。我对这些花朵进行过反复观察，只有一次见过一只野蜂短暂地落到一朵花上，很快就飞

---

① 1 码＝0.9144 米。——编辑注

走了。倘若蜜蜂在若干植株上逗留过,那么毫无问题这 4 棵不结任何一个蒴果的长花柱植株就会结实累累了。可是我几次见过双翅目小昆虫在花朵上吸吮,这些昆虫虽不像蜜蜂那样按时地在花朵上逗留,也会从一种类型携带少许花粉至另一种类型,特别是当它们彼此距离很近的时候尤其如此;而短花柱植株的柱头是在花冠管内岔开的,如果小昆虫带来少量的花粉,它们大概会比长花柱植株的直竖柱头更容易接受。此外,由于花园里的长花柱植株在数量上大于短花柱植株,因而后者从长花柱植株接受花粉可能比长花柱植株从短花柱植株接受花粉更加容易。

1862 年我在一个温床里培育了 34 株这种亚麻,其中 17 株为长花柱类型,另 17 株为短花柱类型。以后在花园里播下的种子长出了 17 株长花柱类型和 12 株短花柱类型。这些事实证明了这两种类型产生的数量大致相等的说法是正确的。第一批 34 棵植株被养在一张网下,以便把所有昆虫排除在外,只有像蓟马科这样的小昆虫是例外。我用短花柱类型的花粉给 14 朵长花柱的花进行同型花的授粉,得到了 11 个良好的含籽蒴果,每一个蒴果平均含 8.6 粒种子,但只有 5.6 粒看来是好的。或可这样说,一个蒴果的最大产量是 10 粒种子,而且我们的气候不太适于这种北非植物。有三次曾用不同植株的本类型花粉对将近一百朵花的柱头进行异型花的授粉,使用不同植株的花粉是为了防止近亲繁育所可能发生的任何不良后果。许多另外的花也产生了,如前所述,这些花必定接受了大量自己的花粉;然而所有这些产自 17 棵长花柱植株的花,还是只结了 3 个蒴果。其中之一不含种子,另外两个总共只结了 5 粒好种子。在这 17 棵植株中,棵棵必定都开过 56 朵花,而这 17 棵结出的两个半能稔的蒴果,其可怜的种子产量大概还是在蓟马科昆虫帮助下由短花柱植株的花粉来受精的结果。这是因为我犯了一个很大的错误,我把这两种类型养在同一张网下,它们的枝条往往连接在一起;而令人惊奇的是,很大数量的花并未因此而意外地受精。

　　在这个事例中,12 朵短花柱的花去了雄,然后用长花柱类型的花粉对它们进行了异型花的授粉,于是结了 7 个良好的蒴果。这些蒴果平均含 7.6 粒种子,但每个蒴果只有 4.3 粒明显的好种子。几乎有 100 朵花在 3 次相隔的时间内用不同植株的本类型花粉进行同型花的授粉;大量另外的花产生了,其中有许多花必定接受了自己的花粉。这 17 棵短花柱植株上的所有这些花只结了 15 个蒴果,其中含有一粒以上良好种子的蒴果只有 11 个,每个蒴果平均含种子 4.2 粒。正如在长花柱植株场合中所说的那样,甚至有些这等蒴果的产生大概就是由于另一类型的毗连花朵的少许花粉意外地落到它们柱头上,或由蓟马科昆虫带到它们柱头上的结果。然而用自己的花粉来受精,短花柱植株似乎比长花柱植株略胜一筹,二者所结蒴果的比例为 15∶3。这个差异不能用短花柱的柱头比长花柱的柱头更易于接受自己花粉来说明,因为情况正好相反。1861 年我的花园里那些植株同样也表现了短花柱花朵较大的自花能稔性,这些植株是任其自由生长的,而且昆虫在上面光顾也只有不多几次。

　　因为覆盖于同一网下的这两种类型的有些花可能意外地进行过异型花的受精,所以对两个合理组合和两个同型花组合的相对能稔性就无法确切地加以比较;但从每个蒴果里的好种子数来判断,这个差别至少为 100∶7,可能还更大。

　　希尔德布兰德检验了我的结果,但只是在一棵单独的短花柱植株上进行的,他用本类型的花粉对许多花进行了授粉,但没有结任何种子。这个情况证实了我的下述疑点,即上述 17 棵短花柱植株所产生的蒴果,其中有些是偶然的异型花受精的产物。希尔德布兰德用长花柱类型的花粉对同一植株上的其他花进行授粉,全部都结实了[①]。

　　用本类型的花粉对长花柱植株进行授粉是绝对不稔的(根据 1861 年的实验作的判断),这引导我去检查其明显的原因何在;所得的结果很奇妙,值得详加介绍。这些实验是在盆栽植株上进行的,随后便把

---

　　① 《植物学报》,1864 年 1 月 1 日,2 页。

它们放入室内。

第一，把一棵短花柱植株的花粉放在一朵长花柱花的 5 个柱头上。30 个小时后，发现大量花粉管已深深穿入了这些柱头，花粉管多得不可胜数；这些柱头褪色了，变成扭曲的了。我在另一朵花上重复了这个实验，18 个小时后，这些柱头也被大量长长的花粉管穿入了。由于这是一个异型花的配合，所应期待的情况正是这样。同样进行了相反的实验，把一朵长花柱花的花粉放在一朵短花柱花的柱头上，24 个小时后，这些柱头也褪色了，扭曲了，并被好多花粉管穿入了；由于这是一个异型花的组合，情况又一次与所应期待的一样。

第二，把一朵长花柱花的花粉放到另一植株上的一朵长花柱花的全部 5 个柱头上。19 个小时后，这些柱头成为多裂的，仅有一个花粉粒萌发了一条花粉管，而且还是一条很短的花粉管。我用下述方法来证实这种花粉是好的，即：我在这个事例以及大多数其他事例中，从同一个花药或从同一朵花中取得花粉，把这些花粉放到一棵短花柱植株的柱头上，并且发现大量花粉管萌发之后，便可证实花粉是好的。

第三，重复进行最后这个实验，把本类型的花粉放到一朵长花柱花的全部 5 个柱头上。19.5 小时后，没有任何一个花粉粒萌发花粉管。

第四，重复进行这个实验。24 个小时后，所得结果相同。

第五，重复进行最后这个实验，把花粉放到柱头上 19 个小时后，另外又把一些本类型的花粉放到全部 5 个柱头上。间隔 3 天后检查这些柱头，它们并不褪色和扭曲，而是挺立和色彩新鲜。仅有一个花粉粒萌发了一条十分短的花粉管，它穿出了柱头组织，并未破裂。

下列实验更引人注目：

第六，我把本类型的花粉放到长花柱花的 3 个柱头上，又把一朵短花柱花的花粉放到另两个柱头上。22 个小时后，这两个柱头褪色了，略为扭曲了，并被大量花粉粒的花粉管穿入了；另外那 3 个被本类型花粉所覆盖的柱头都色彩新鲜，所有花粉粒都蓬松了，但我没有对整个柱头进行解剖。

第七，用同样的方式重复了这个实验，所得结果相同。

第八，重复实验，但只隔 5.5 小时后，就仔细检查柱头。用短花柱花的花粉进行授粉的那两个柱头被无数的花粉管穿入了，这些花粉管仍然是短的，而柱头本身则完全不褪色。由本类型花粉所覆盖的那 3 个柱头则没有被一条花粉管穿入。

第九，把一朵短花柱花的花粉只放到一个长花柱的柱头上，把本类型的花粉放到另外 4 个柱头上；24 个小时后，由短花柱花的花粉授粉的那个柱头有点褪色和扭曲，并被许多长花粉管所穿入；另外 4 个柱头则十分挺立，而且色彩新鲜。可是进行解剖后，我发现 3 个花粉粒已把很短的花粉管伸入该柱头组织内。

第十，重复实验，24 个小时后，所得结果相同，但下述情形除外：只有两个本类型的花粉粒伸出花粉管穿入柱头的组织内，达到的深度很短。那个由短花柱花的花粉授粉的柱头，被短花柱的大量花粉管深深地穿入，严重扭曲，半皱缩，而且褪色了；另外 4 个柱头则挺立，呈鲜桃红色。二者相比，差异显著。

我还能补充其他一些实验情况：但现在所举的那些例子已足阐明，置于长花柱柱头上的短花柱花粉粒在间隔 5～6 个小时后，就会萌发大量花粉管，并且最终深深地穿入柱头组织内；还可阐明，经过 24 个小时后，这样被花粉管穿入的柱头改变了颜色，成为扭曲的，并表现出半凋萎状态。另一方面，把长花柱花的花粉粒放在它自己柱头上，间隔一天，或甚至 3 天之后，这些花粉粒并不萌发花粉管；或者在一大堆花粉粒中最多只有三四粒萌发花粉管，显然它们绝不会深深地穿入柱头组织内，这些柱头本身也不迅速褪色和扭曲。

在我看来这是一个值得注意的生理学的事实。这两种类型的花粉粒在显微镜下无法区别：柱头只在长度、分叉程度、体积上，以及色彩浓淡上有所不同，它们的乳头状突起在近似程度上也有差异，这一差异是易变的，显然仅仅是因柱头伸长的程度所引起的。可是我们清楚地看到，这两类花粉和这两种柱头在它们的相互作用方面大不相同——每一种类型的柱头对本类型的花粉几乎是无授粉能力的，但通过简单的接触，在一些难于理解的因素影响下（因为我无法检测黏分泌物），就会导致对方类型的花粉粒伸出花粉管来。或者可以这样说，通过某些方法这两种花粉和这两种柱头会相互识别。以能稔性作为区别的标准，可以毫不夸大地说，大花亚麻长花柱类型的花粉（短花柱类型的花粉情况正好相反）在其对同类型柱头的作用方面，已被导致发生了某种程度的分化，这种分化与不同属的诸物种的花粉和柱头之间的分化是一致的。

宿根亚麻（*Linum perenne*）　正如若干作者所介绍的那样，这个物种是显著花柱异长的。其长花柱类型雌蕊几乎是短花柱类型雌蕊的两倍长。后者的柱头较小，分叉程度较大，在花丝间穿出，向下低垂。在两种类型柱头的乳头状突起的体积方面我发觉没有差别。只有在长花柱类型中，成熟雌蕊的柱头表面才扭曲过来，以便面向花的周围，关于这一点我一会儿还要谈到。与大花亚麻所发生的情况不同，这种长花柱花的雄蕊长度几乎不到短花柱花的雄蕊长度的一半。其花粉粒的大小是相当易变的，经过一番怀疑之后，我得出如下结论：两种类型花粉粒之间的差异并不一致。其短花柱类型的长雄蕊伸出花冠之上，达到一定高度，它们的花丝呈蓝色，这显然是由于曝露在阳光中的缘故。这种类型的长雄蕊花药在高度上与长花柱类型柱头的低部相一致；长花柱类型的短雄蕊花药在高度上，也以同样方式与短花柱类型的柱头相一致。

我用种子育成了 26 棵植株，其中有 12 棵证明是长花柱的，14 棵是短花柱的。它们的花朵盛开，但植株不大。由于我没有料到它们会如此迅速地开花，以致没有移植它们，不幸的是它们生长得彼此枝条紧紧相连。所有这些植株都覆盖在同一张网下，但每一类型有一棵植株留在网外。对长花柱植株上的 12 朵花用本类型的花粉进行同型花的授粉，各个场合施用的花粉均取自不同的植株，没有一朵花结出一个含籽的蒴果；另 12 朵花是用短花柱类型的花粉进行异型花授粉的，它们结出了 91 个蒴果,每果平均含有 7 粒好种子,以往最高的产量是 10 粒种子。对短花柱植株上的 12 朵花用本类型的花粉进行同型花的授粉,结出一个蒴果,只含有 3 粒好种子;另 12 朵花是用长花柱类型的花粉进行异型花授粉的,结出了 9 个蒴果,但有一个是坏的,其中 8 个好蒴果平均每果含有 8 粒好种子。从每果所含种子数来判断,两个异型花配合在能稔性方面与同型花配合之比为 100∶20。

置于网下的那 11 棵长花柱植株的大量花朵没有进行人工授粉,只结出 3 个蒴果,分别含有 8 粒、4 粒和 1 粒好种子。这 3 个蒴果是否由于这两种类型植株的枝条相连而引起偶然的异型花授粉的产物,我不愿妄加推断。未被覆盖的那棵长花柱植株同那棵未被覆盖的短花柱植株紧密地生长在一起,前者结出 5 个好蒴果,但它是一棵衰弱而矮小的植株。

置于网下的那 13 棵短花柱植株所产生的花朵没有进行人工授粉,结了 12 个蒴果,平均含 5.6 粒种子。由于这些蒴果中有些是很好的,并且由于有 5 个蒴果是生在一个枝条上,因此我怀疑曾有一些小昆虫钻入网中,把另一类型植株上的花粉带到了结出这一小堆蒴果的那些花上。未被覆盖的那棵短花柱植株同那棵未被覆盖的长花柱植株紧密地生长在一起,前者结出了 12 个蒴果。

根据这些事实我们有一定的理由相信,像在大花亚麻的场合中那样,短花柱植株由本类型花粉来授粉的能稔性,其程度要比长花柱植株者略高。不管怎样,我们已经有了最清楚的证据可以证明,每一个类型的柱头需要相反类型的高度一致的雄蕊的花粉来授粉,才能完成其充分的能稔性。

希尔德布兰德在刚才提到的那篇论文中,证实了我的实验结果。他把一棵短花柱植株放在室内,用本类型的花粉对大约 20 朵花进行授粉,又以同类型另一植株的花粉对大约 30 朵花进行授粉,这 50 朵花没有结出一个蒴果。另一方面,他用长花柱类型的花粉对大约 30 朵花进行授粉,除了两朵花外,全都结了果,并且含有良好的种子。

同大花亚麻的情况相比，下述事实是独特的：宿根亚麻两种类型的花粉粒当置于本类型的柱头上时，都萌发了花粉管，尽管这种作用并不导致种子的产生。间隔 18 个小时后，这些花粉管伸入柱头组织，但我不能确定有多深。在这个事例中，花粉粒在本类型柱头上的无效性必定是由于花粉管没有触到胚珠，不然就是触到胚珠后其作用没彻底发挥。

如上所述，宿根亚麻和大花亚麻各个植株的枝条都连接到一起，并且两种类型的花朵紧密相接；覆盖它们的网颇为粗糙，风大时一吹就过；当然像蓟马科这样的小昆虫也无法被挡在网外。然而我们看到了，在 17 棵长花柱植株的那一个例子里以及在 11 棵长花柱植株的另一个例子里最大可能的偶然授粉作用，在每一个例子里都产生了 3 个低劣的蒴果，所以当把适合的昆虫挡在网外时，风力在株间传粉方面几乎是没有任何作用的。我之所以间接提一提这个事实，是因为植物学家在讲到各种花朵的授粉时，往往把作用归诸于风力或昆虫，好像这两种作用的任意倒换并无关紧要似的。根据我的经验，这一观点是完全错误的。当风力在携带花粉方面是发生作用的动因时，不论是从一个性别带到另一个性别，还是从雌雄同体带到雌雄同体，我们都能认出显著适应于风力作用的花的结构，犹如当昆虫是花粉携带者时显著适应于昆虫作用的花的结构那样。我们从花粉的松散、花粉数量的庞大（如松柏纲 Coniferae，菠菜等）、十分适于摇出花粉的悬挂式花药、花被的缺如或体积小、授粉期柱头的隆起、花朵产生在被叶片掩盖起来之前、柱头具短茸毛状或羽毛状（如禾本科，酸模属草类等）以便获得碰巧吹来的花粉粒，可以看出这些情况对风力的适应。靠风力授粉的植物，它们的花不分泌花蜜，花粉非常松散，不易被昆虫采集，它们没有色彩鲜艳的花冠充作向导，就我所见过的来说，昆虫也不光顾这等花。当昆虫是授粉的动因时（雌雄同体植物的情况尤其如此），风力不起作用，但我们看到无穷无尽的适应性来确保生气勃勃的昆虫安全传送花粉。这等适应性在不整齐花中最容易被识别出来，但它们存在于整齐花中,在这方面亚麻属的那些花的适应性提供了一个良好的例子,关于这一点,我将尽力加以说明。

我已提到,宿根亚麻长花柱类型的每个分离柱头是旋转的。我曾看到,在亚麻属其他花柱异长的物种的两种类型和花柱同长的物种中,柱头表面都朝着花的中央,其具沟的柱头背部朝外,花柱即附着在它的上面。宿根亚麻长花柱类型的柱头在芽期正是如此。但到花开放的时候,由于柱头下面那段花柱的扭力,其 5 个柱头就弯转过来,以面向花的周围。我应该说,这 5 个柱头不总是完全弯转过来,有时只有两三个柱头偏斜地面朝外。我的观察是在 10 月间进行的:在季节的较早期间,弯转得更加完全并非不可能;因为在经过又冷又湿的两三天之后,这种运动进行得很不完善。由于花期短,所以应在它们开放后不久就进行检查;一旦它们开始凋谢,其花柱即呈螺旋状,完全扭曲在一起,各部分的原先的位置也就不存在了。

谁要比较宿根亚麻和大花亚麻的这两个类型的全部花的结构(我还可以加上金黄亚麻),他就不会对宿根亚麻只有一种类型的柱头才出现这种扭转的意义抱有怀疑,也不会对这 3 个物种的短花柱类型的柱头分叉的意义抱有怀疑了。正如我们所了解的那样,昆虫在两种类型的花间交互传粉是绝对必要的。在雄蕊基部有 5 滴花蜜分泌在外面,这就吸引了昆虫的光临,所以,它们为了吸到这些蜜珠就必须把喙从花丝与花瓣之间伸到宽阔的花丝环之外。在上述 3 个物种的短花柱类型中,柱头都朝向花轴,并使花柱保持原来直立的和中心的位置,这样,不但柱头的背面朝向吮花的昆虫,而且宽阔的花丝环把柱头能稔的正面和进入花朵的昆虫隔开,因而绝不会接受任何花粉。事实上,这等柱头是岔开的并且从花丝之间穿出。经过这种变动之后,短柱头就位于花冠管内,它们的多疣表面现在也朝上翻转,必然要被进入花朵的每只昆虫擦过,这样就会接受所需要的花粉。

在大花亚麻的长花柱类型中,几乎平行的或略为分叉的花药和柱头稍稍伸出于有点凹形的花朵的花冠管之上;它们直接位于通向蜜珠的敞开空间之上。结果当昆虫光顾任何一种类型的花时（因为这个物种两种类型的雄蕊占据相同的位置），它们的前额或喙就会粘满花粉。一旦它们光顾长花柱类型的花，必然会把花粉留在伸长的柱头的适当表面上；当它们光顾短花柱类型的花时，就会把花粉留在朝上翻转的柱头表面上。因而两种类型的柱头将会无差别地接受双方的花粉；但我们知道只有相对类型的花粉才能引起受精。

　　在宿根亚麻的场合中，事情安排得更完善，因为两种类型的雄蕊位于不同的高度，所以长雄蕊花药的花粉将黏着于昆虫身体的某一部位，此后将被长雌蕊的粗糙柱头所刷落；可是短雄蕊花药的花粉将黏着于昆虫身体的某一不同部位，此后将被短雌蕊的柱头所刷落，这正是两种类型的同型花授粉所需要的。宿根亚麻的花冠比大花亚麻的花冠更加开阔，其长花柱类型的柱头相互岔开得也不大；其两种类型的雄蕊也同样如此。因此，昆虫，尤其是相当小的昆虫，就不会把喙插入长花柱类型的柱头之间，也不会把喙插入任何一种类型的花药之间（图5），而是用它们的头部或胸部的背面从接近垂直的角度贴附在它

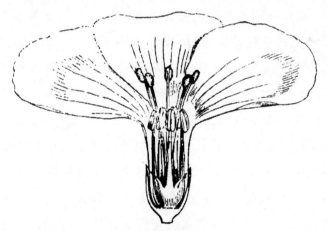

图5　宿根亚麻奥地利变种的长花柱类型

图示柱头旋转以前的早期状态（近侧的花瓣和萼片已被剥除①）

_____

　　① 我没有得到这两种类型的鲜花绘图。但菲奇（Fitch）先生根据干标本和已发表的版画绘制了一朵长花柱花的图如上。他娴熟的技巧保证了各个部分比例大小的精确性。

们上面。那么，长花柱花的每个柱头如果不在轴线上旋转，前来光顾的昆虫就会把头部贴附在柱头背面上；实际上，它们头部所贴附的是布满乳头状突起的表面，而且它们的头部已经粘满了花粉，这些花粉系来自另一类型的相应高度的雄蕊，这样就保证了异型花的授粉。

因此我们就能理解，为什么只有长花柱花的柱头才扭转，为什么短花柱花的柱头分叉。

另有一点值得注意。在一些植物学著作中，许多花的授粉被说成是在芽中进行的。就我所能发现的来说，这种说法的一般根据是花药在芽中开裂的；提不出任何证据来证明柱头是在这个时期成熟的，或证明不是来自异花的花粉此后对柱头起了作用。在关于大花头蕊兰（*Cephalanthera grandiflora*）的著作中我曾阐明[1]，早期的和局部的自花授粉，以及随后的充分授粉，乃是事情的正规过程。相信许多植物的花是在芽中授粉的，也就是说，是永远自花授粉的，这对弄清它们的真正结构是一个最大的障碍。然而，我绝不是断言有些花在若干季节里不是在芽中授粉的；因为我有理由相信情况恰恰如此。一位把他的信念建立在普通证据基础上的优秀观察家[2]说道，奥地利亚麻［*L. Austriacum*，它是花柱异长的，并被帕兰春（Planchon）认为是宿根亚麻的一个变种］的花药，在开花前的傍晚裂开，致使柱头几乎总是那时就授粉了。我们现在确切知道，宿根亚麻绝不会在芽中进行自花授粉，它自己的花粉犹如无机的尘埃一样，在柱头上是没有授粉能力的。

金黄亚麻　这个物种的长花柱类型的雌蕊长度几乎是短花柱类型的雌蕊的两倍；前者柱头较长，乳头状突起也较粗糙。在短花柱类型中，柱头岔开并从花丝间穿出，情况与上述物种一样。两种类型的雄蕊长度不同，奇怪的是，长雄蕊的花药不像另一类型的那么长；所以短花柱类型的柱头和花药都比长花柱类型的短。两种类型的花粉粒

[1] 《兰科植物的受精》，108 页；第 2 版，1877 年，84 页。
[2] 《植物地理学的研究》（*Etudes sur la Géogr. Bot.*），列科克（H. Lecoq），1856 年，第 5 卷，325 页。

在大小上并无差异。由于这个物种是用插条繁殖的,因此同一个花园里的所有植株一般都属于同一种类型。我曾打听过,但从未听说在这个国度里有它的实生苗。只要我仅有其中一种类型,我自己的植株肯定连一个籽也不结。经过大量寻求,我得到了两种类型,但因缺乏时间,只做了少数实验。我把这两种类型的两棵植株种在我的花园里,彼此有相当距离,并未罩网。长花柱植株上的 3 朵花由短花柱植株的花粉进行了异型花授粉,其中一朵花结出一个良好蒴果。这棵植株再没有结出别的蒴果。短花柱植株上的 3 朵花由长花柱植株的花粉进行了异型花授粉,全都结了蒴果,分别含 8、9 和 10 粒以上的种子。这棵植株上的另外 3 朵花没有进行人工授粉,所结的蒴果各含 5、1 和 5 粒种子,这完全可能是昆虫把同一花园里的长花柱植株的花粉传送给它们的。尽管如此,由于和同一棵植株上其他异型花的人工授粉的花相比较,它们所产的种子数不到后者的一半,并且由于上述两个物种的短花柱植株明显地表现出由本类型花粉的轻微授粉能力,所以这 3 个蒴果可能是自花授粉产物。

除了现在描述的这 3 个物种外,开黄花的伞房花序亚麻($L.$ $corymbifarum$)肯定是花柱异长的,据帕兰春[1]说,猪毛菜状亚麻($L.$ $salsoloides$)同样也是花柱异长的。这位植物学家似乎是提到过下述情况的唯一学者,即花柱异长现象大概同某种重要功能有关联。阿勒菲尔德(Alefeld)博士对这个属作过特别研究。他说[2],他发现其中 65 个物种的一半左右是花柱异长的。三雌蕊亚麻($L.$ $trigynum$)的情况正是这样,它同其他物种的差别如此之大,以致他把这个物种纳入一个不同的属[3]。按照同一位作者的说法,生长于美洲和好望角的物种没有一个是花柱异长的。

---

① 见胡克主编的《伦敦植物学杂志》(*London Journal of Botany*),第 7 卷,1848 年,174 页。

② 《植物学报》,1863 年 9 月 18 日,第 281 页。

③ 赫戈尼亚(*Hugonia*)这个同源的属是花柱异长者,并非不可能,因帕兰春曾说其中一个物种(见胡克主编的《伦敦植物学杂志》,1848 年,第 7 卷,525 页)具有"突出的雄蕊";另一个物种"具有较长的雄蕊花柱";还有一个物种,"具有 5 个高耸的雄蕊,其花柱特别长。"

我检查过的只有 3 个花柱同长的物种,即:亚麻(*L. usitatissimum*)、窄叶亚麻(*L. angustifolium*)和泻亚麻(*L. catharticum*)。我用第一个物种的一个变种育成了 111 棵植株,当把这些植株罩在网下保护起来时,全都结了很多种子。按照 H. 米勒(Müller)[1]的说法,蜜蜂和蛾子常常在这些花间穿来穿去。关于泻亚麻,同一位作者阐明这些花的结构非常适于自由地进行自花授扮;但若有昆虫光顾,它们则进行异花授粉。然而,他只有一次见过昆虫在白天光顾这些花,但可以推测有一些小蛾子为了蜜腺所分泌的那 5 滴小蜜珠常常在夜间光顾这些花。最后,帕兰春说,刘易斯亚麻(*L. lewisii*)在同一植株上开的花,有的雄蕊和雌蕊的高度相等,还有一些植株开的花,其雌蕊不是比雄蕊长就是比雄蕊短。以前在我看来这是一个例外,但我现在倾向于相信这只是一种巨大的变异性[2]。

肺草属(紫草科)

药用肺草(*Pulmonaria officinalis*)　希尔德布兰德[3]对这种花柱异长植物做过充分的描述。其长花柱类型的雌蕊长度为短花柱类型的两倍,它们的雄蕊也出现一种相应的然而是相反的差异。在这两种类型中柱头的形状和表面状态没有显著差异。短花柱类型和长花柱类型的花粉粒长度的比为 9：7,或 100：78,宽度的比为 7：6。它们内含物在外观上没有差异。两种类型的花冠形状的差异和报春花属的情况几乎一样;但除了这种差异外,短花柱的花一般较大。希尔德布兰德在靠近德国七峰山(Siebengebirge)地方采集了 10 棵野生的长花柱植株和 10 棵短花柱植株。前者开了 289 朵花,其中有 186 朵花

---

① 《花的授粉》(*Die Befruchtung der Blumen*,&. *C.*),168 页。

② 帕兰春,见胡克主编的《伦敦植物学杂志》,第 7 卷,1848 年,第 175 页。参阅阿萨·格雷的论述,见《美国科学杂志》(*American Journal of Science*),第 36 卷,1863 年 9 月,284 页。

③ 《植物学报》,1865 年 1 月 13 日,13 页。

(也就是 64％)结了果,每果结 1.88 粒种子。那 10 棵短花柱植株开了 373 朵花,其中有 262 朵花(即 70％)结了果,每果结 1.86 粒种子。因此,这种短花柱植株花开得要多得多,而且这些花结的果也较多,不过每个果实平均结的种子数则比长花柱植株的略低。希尔德布兰德关于这两种类型能稔性的实验结果见下表:

表 20　药用肺草(希尔德布兰德提供)

配合的性质	授粉花朵数	结果数	每果平均种子数
长花柱的花,授以短花柱植株的花粉。异型花的配合	14	10	1.30
长花柱的花,14 朵花授以自己的花粉,16 朵花授以本类型其他植株的花粉。同型花配合	30	0	0
短花柱的花,授以长花柱植株的花粉。异型花配合	16	14	1.57
短花柱的花,11 朵花授以自己的花粉;14 朵花授以本类型其他植株的花粉。同型花配合	25	0	0

1864 年夏,在我听到希尔德布兰德的实验以前,我曾注意到在萨里的一个花园里有自然生长的这个物种(胡克博士为我给它命的名)的一些长花柱植株。使我惊奇的是,约有一半的花结了果,有几个果实含 2 粒种子,有一个果实甚至含 3 粒种子。把这些种子在我的花园里播下,育成了 11 棵实生苗,全部被证明是长花柱的,并且与长花柱类型的通常规律相一致。两年后对这些植株未加覆盖,任其生长,我的花园里没有同一属的其他植株,并且有许多蜜蜂在这些花上光顾过。它们结了大量种子,例如,我仅从一棵植株上就收集了 47 粒种子,略少于它结的种子的半数。因此这棵经过异型花授粉的植株必定结了约 100 粒种子,这就是说,为希尔德布兰德在西本济伯纪附近采集的一棵野生长花柱植株所结的种子的三倍,后者无疑是经过异型花授粉的。在下一年,我用网把我的一棵植株罩上,即使处于这样不适

宜的条件下它还是自发地结了少量种子。应当看到,这些花的位置几乎是水平的,或者相当朝下地悬挂着,因而短雄蕊的花粉可能会掉到柱头上。因此我们就会看到英国的长花柱植株当进行同型花授粉时是高度能稔的,而经过希尔德布兰德相似处理的德国的植株则是完全不稔的。至于如何解释我们的结果中这种巨大分歧,我还不知道。希尔德布兰德是把他的植株栽在盆里的,并且在室内放过一段时间,而我的植株则是生长在室外的。他认为这种不同的处理可能就是导致我们的不同结果的原因。但在我看来这几乎不是一个充分的理由,尽管他的植株比生长于西本济伯纪附近的野生植株结的种子少。我的植株没有显示出变成花柱等长的倾向,以致失去它们固有的长花柱特性,报春花属若干花柱异长的物种在栽培条件下发生这种情形并不罕见;但它们的功能似乎已经受到了很大影响,这不是由于长期持续的栽培就是由于某些别的原因所致。在下文我们将看到,花柱异长的植株经过若干连续世代的同型花授粉有时会变得更加自花能稔,我的肺草属的这个物种的原种可能就是这样;不过在这个事例中我们必需假定它的长花柱植株最初是充分能稔的,结了一些种子,并不像德国的植株那样,是绝对自花不稔的。

窄叶肺草(*Pulmonia angustifolia*)　　这种植物的实生苗是由怀特(Wight)岛上的野生植株育成的,并由胡克博士为我给它命了名。它与上述物种有非常密切的亲缘关系,主要的区别在于叶片的形状和斑点,以致若干著名植物学家——例如本瑟姆——认为这二者仅仅是变种而已。但是,正如我们马上就要看到的那样,有确凿的证据可以证明它们是不同的物种。鉴于在这方面有疑问,我试验了这两者是否可以互相授粉。对窄叶肺草的 12 朵短花柱的花用肺草的长花柱植株的花粉进行异型花授粉(后者,正如我们刚见过的那样,是中等自花能稔的),但没有结出任何一个果实。对窄叶肺草的 36 朵长花柱花朵在两个季节也用肺草长花柱植株的花粉进行同型花授粉,但所有这些花在未受精的状况下全都脱落了。如果这些植株仅仅是同一个物种的变种，那么，根据我对窄叶肺草长花柱的花成功地进行了同型花授粉的情况来看，这些同型花杂交大概会结一些种子的；那12组异型花杂交几乎肯定会结相当数目的果实，从表21所列的结果来判断，约可结9个果实，而不是不结果实。因此药用肺草和窄叶肺草看来是真正不同的物种，这与它们之间的其他重要的功能差异是相符合的。关于这一点，马上就要谈到。

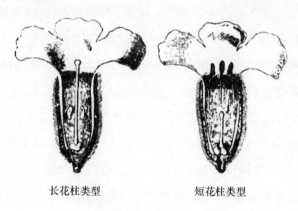

长花柱类型　　　　　　　短花柱类型

图6　窄叶肺草

窄叶肺草的长花柱花和短花柱花在结构上的相互差异几乎同药用肺草的情况是一样的。但在附图中长花柱类型的花冠的稍微凸出部分被忽略了，那里正是花药的所在位置。我儿子威廉检查了怀特岛上的大量野生植株，他观察到花冠虽然在大小上是易变的，但长花柱类型的花冠一般大于短花柱类型的花冠。当然所有花冠中之最大者都是在长花柱植株上发现的，而最小的花冠则是在短花柱植株上发现的。按照希尔德布兰德的说法，药用肺草的情况正好相反。窄叶肺草的雌蕊和雄蕊在长度上变异很大，因此，短花柱类型的柱头和花药的距离在测微计的刻度上变化于119～65之间，在长花柱类型中变化于115～112刻度之间。根据对各类型7次测量的平均，长花柱类型的柱头和花药的距离同短花柱类型的这等器官的距离之比为100：69，因此，这一类型的柱头同那一类型的花药并不位于一个水平面上，其长花柱雌蕊有时是短花柱雌蕊的 3 倍长。但根据对二者 10 次测量的平均,长花柱雌蕊长度同短花柱雌蕊长度之比为 100∶56。柱头的裂开虽然轻微,但在程度上还是有变异的。两种类型的花药变异也很大,但变异的程度在长花柱类型中比在短花柱类型中更大;前者的许多花药长度在测微计刻度上为 80～63,后者的花药长度在刻度上则变化于 80～70 之间。根据 7 次测量的平均,短花柱类型的花药长度同长花柱类型的花药长度之比为 100∶91。最后,长花柱类型的花粉粒在测微计的刻度上为 13～11.5,而短花柱类型的花粉粒在刻度上则变化于 15～13 之间。短花柱类型的 25 粒花粉的平均直径与长花柱类型 20粒花粉的平均直径之比为 100∶91。因此,我们看到长花柱类型的短雄蕊的小花药的花粉粒,其体积一般都比另一种类型者小。但值得注意的是,长花柱类型的大部分花粉粒很小,皱缩,而且无效,这只要把各类型的若干不同植株的花药内含物加以比较就能看出来。但我儿子在一个事例中经过计算后发现,在一朵长花柱花的 193 粒花粉中,有 53 粒坏的,占 27%;而在一朵短花柱花的 265 粒花粉中只有 18 粒坏的,占 7%。根据长花柱类型的花粉情况,并且根据两种类型所有器官的极端变异性,我们或许可以猜想这种植物正经历着一场变化,并有变成雌雄异株的倾向。

我儿子两次在怀特岛上采集了共 202 棵植株,其中 125 棵是长花柱的,77 株是短花柱的,所以前者的数量要多得多。另一方面,我从种子育成了 18 棵植株,其中只有 4 棵是长花柱的,14 棵是短花柱的。在我儿子看来,那些短花柱植株比长花柱植株的花数要多。他做出这个结论是在希尔德布兰德发表一篇关于肺草的类似论述之前。我儿子从两种类型的 10 棵不同植株上采集了 10 根枝条,发现这两种类型的花数之比为 100∶89,190 朵花是短花柱类型的,169 朵花是长花柱类型的。据希尔德布兰德说,至于肺草,这个差别还要大,即短花柱的花数和长花柱的花数之比为 100∶77。我的实验结果列于表 21。

表 21　窄叶肺草

配合的性质	授粉花朵数	结果数	每果平均种子数
长花柱的花,授以短花柱植株的花粉。异型花配合……	18	9	2.11
长花柱的花,授以本类型的花粉。同型花配合……	18	0	0
短花柱的花,授以长花柱植株的花粉。异型花配合……	18	15	2.60
短花柱的花,授以本类型的花粉。同型花配合……	12	7	1.86

在表 21 里我们看到两组异型花配合与两组同型花配合的能稔性之比,按照结出果实的花数比例来推断,为 100∶35;如按照每果平均种子数来推断,则为 100∶32。但是,第一栏内 18 朵长花柱花结果的数量小可能是偶然的,倘真如此,则结出果实的异型花授粉的花和同型花授粉的花在比例上的差别确应大于 100∶35。那 18 朵同型花授粉的长花柱花没有结籽——甚至连一粒种子的痕迹也没有。置于网下的那两棵长花柱植株,除了人工授粉的花外,还开了 138 朵花,这些花没有一朵结出任何果实;次夏用网罩起来的同类型的一些植株也不结果。另有两棵长花柱植株没有用网罩起来(全部短花柱植株先前已用网罩起来了),头部粘满了白色花粉的野蜂,不停光顾它们的花,所以这些花的柱头一定接受了大量花粉。可是这些花还没有结出任何一个果实。因此我们可以断言,这些长花柱植株用本类型的花粉是绝对不稔的,尽管这等花粉取自不同的植株。在这方面,它们同英国的药用肺草长花柱植株差异很大,我发现后者是中等自花能稔的,但它们同希尔德布兰德用作实验的德国肺草植株的表现相一致。

对 18 朵短花柱花进行异型花授粉后,如表 21 所示,结了 15 个果实,每果平均有 2.6 粒种子。其中 4 个果实含有可能是最高的种子数,即 4 粒,另外 4 个果实各含 3 粒种子。12 朵进行同型花授粉的短花柱花结了 7 个果实,平均含 1.86 粒种子。其中一个果实所含的种子数最大,为 4 粒。这个结果同长花柱花在进行同型花授粉时的绝对不稔性形成了令人吃惊的对照;于是这引导我去仔细观察短花柱植株自花能稔性的程度。有一棵短花柱类型的植株被罩在网下,除了人工授粉者外,开了 28 朵花,在所有这些花中,只有两朵各结一个果实,每果仅含一粒种子。这样高度的自花不稔性无疑仅仅是由于柱头没有接受任何花粉或者缺少充足数量的花粉。因为当我小心地把花园里所有长花柱植株罩住之后,留下若干短花柱植株任野蜂来光顾,这样,它们的柱头将会接受大量短花柱的花粉,于是这样异型花授粉的花约有一半结了果。我得出这个比例,部分是根据估计,部分是根据对 3根大枝条的检查结果,这些枝条开了 31 朵花,并结了 16 个果实。在所结的果实中,采集了 233 粒种子(对许多果实的种子没有收集),这些果实平均含 1.82 粒种子。在 233 个果实中,不下 16 个果实含有可能是最高的种子数,为 4 粒,另 31 个果实各含 3 粒种子。所以我们看到,这些短花柱植株在蜜蜂帮助下用本类型花粉进行同型花授粉时,所表现的能稔性是何等之高。

就我所看到的花柱异长植物而言,对长花柱花和短花柱花进行同型花授粉时,二者能稔性的重大差别是一个最好的事例。长花柱花这样授粉时完全不稔,而短花柱花这样授粉时约有一半结出蒴果,这些蒴果含有的种子约为异型花授粉时所结种子数的三分之二多一点。经过同型花授粉的长花柱花的不稔性大概由于花粉的退化状态而增大;然而这种花粉被授于短花柱花的柱头上时却是高度有效的。关于报春花属的几个物种,当对短花柱花和长花柱花都进行同型花授粉时,前者远比后者更加不稔。如上所述,这是一个吸引人的观点,即:由于短花柱的柱头显著易于接受自己的花粉,所以短花柱花的较大不稔性乃是防止自花授粉的一种特殊适应性。在大花亚麻长花柱类型的场合中这种观点甚至有更大的吸引力。另一方面,关于窄叶肺草由于花冠斜着朝上伸出,显然花粉掉落在短花柱花的柱头或被昆虫向下带到它们的柱头上的可能性远比在长花柱类型的场合中为大;然而当对这种短花柱花和长花柱花进行同型花授粉时，前者并没有表现更加不稔来防止自花授粉而是远比长花柱类型更加能稔。

天蓝色肺草（*Pulmonaria azurea*），据希尔德布兰德说，不是花柱异长的[①]。

阿萨·格雷教授送给我一些奇观琴颈草（*Amsinckia spectabilis*）的干花，根据我对这些花所作的检查，我以前认为这种植物是紫草科的一个成员，其花柱异长的。它的雌蕊长度的变异达到异常的程度，有些标本的雌蕊长度为其他标本的两倍，雄蕊的着生点也出现同样的变异。但在用种子育出许多植株的过程中，我很快相信这整个情况仅仅是一种变异性而已。首先形成的花容易生出发育多少受到抑制的雄蕊，它们的花药只含很少花粉，在这样的花中柱头伸出花药之上；而在一般情况下，柱头位于花药之下，有时也与花药位于同一水平。在上述各方面差异最大的植株中，我没有察觉花粉粒的大小或柱头的结构有任何差异；所有这些植株，当被保护起来以防昆虫接近时，都产生了大量种子。还有，根据沃歇的叙述，并且根据一次粗放的检查，我最初认为亲缘接近的田野牛舌草（*Anchusa arvensis*）和蓝蓟（*Echium vulgare*）都是花柱异长的，但很快就发现我是错误的。根据所得到的材料，我检查了从若干地点收集来的紫草科另一个成员硬毛假紫草（*Arnebia hispidissima*）的一些干花，虽然它们的花冠以及其中的器官，在长度上差异很大，但没有一点花柱异长的迹象。

荞麦（蓼科）

希尔德布兰德阐明，这种植物，即普通荞麦（*Polygonum fagopyrum*）[②]，是花柱异长的。在长花柱类型中（图 7），3 个柱头相当高出于

---

① 《栽培植物的种类》（*Die Geschlechter—Vertheilung bei den Pflanzen*），1867 年，37 页。
② 《栽培植物的种类》，1867 年，34 页。

8个短雄蕊之上，并同短花柱类型8个长雄蕊的花药位于同一水平；反之，短花柱类型的柱头和雄蕊的情况也是如此。我无法觉察这两种类型的柱头在构造上有什么差异。短花柱类型花粉粒同长花柱类型花粉粒的直径之比为100：82。因此这种植物无疑是花柱异长的。

图7　荞麦（H. 米勒提供）

上图为长花柱类型；下图为短花柱类型。

有些花药已开裂，其他未开裂

关于这两种类型的相对能稔性，我只是不完善地进行了实验。我几次把短花柱的花拖到用网罩住的长花柱植株的两个头状花序上，因而使之进行异型花授粉，但不充分。它们结了22粒种子，或者说每个头状花序结了11粒种子。

长花柱植株的3个头状花序以同样方式接受了其他长花柱植株的花粉，因而进行了同型花授粉。它们结了14粒种子，或者说每个头状花序只结4.66粒种子。

短花柱植株的两个头状花序也以同样方式接受了长花柱类型的花粉，因而进行了异型花授粉。它们结了8粒种子，或者说每个头状花序结了4粒种子。

短花柱植株的 4 个头状花序同样地接受了其他短花柱植株的花粉,因而进行了同型花授粉。它们结了 9 粒种子,或者说每个头状花序结了 2.25 粒种子。

按上述不完善的方式给头状花序进行授粉的结果不能予以充分相信,但我可以表明这 4 个异型花授粉的头状花序平均结了 7.50 粒种子;而那 7 个同型花授粉的头状花序平均只结了 3.28 粒种子,还不到上述的一半。长花柱异型花交配后所结的种子比同一棵植株上同型花授粉的花所结的种子质量好,表现在相同种子数的重量之比为100︰82。

约有 12 个植株,包括两种类型在内,用网罩住加以保护,在季节的早期,虽然人工授粉的花产生了大量种子,但上述植株几乎没有自发地结出任何种子。但值得注意的是,在季节的晚期,也就是在 9 月间,两种类型都成为高度自花能稔的了。然而,它们并不像邻近无遮盖的一些植株那样,结出了那么多的种子。因此,不论那一种类型的花,当在季节的晚期不借助于昆虫而进行自花授粉时,几乎都像大多数其他花柱异长植株那样地不稔。根据 H. 米勒的观察[1],为了那 8 滴花蜜,有好多种类的昆虫,即 41 种,来光顾这些花。他根据花的构造推论出昆虫可以容易地对它们进行异型花以及同型花授粉,但他假定长花柱花不能自发地进行自花授粉则是错误的。

和迄今提到的其他属所发生的情况不同,蓼属虽然是一个很大的属,就目前所知道的来说,它只包含仅仅一个花柱异长的物种,即现在讨论的这个物种。H. 米勒,在他对几个其他物种的有趣描述中,阐明拳参(*P. bistorta*)的雄蕊先熟性是那样地强烈(其花药一般在柱头成熟前就脱落),以致它的花必定是通过许多前来光顾的昆虫而进行异花授粉的。其他物种开的花远远不会这样惹起注意,它们分泌的花蜜很少或者根本不分泌,结果昆虫很少前来光顾;这些花适于自花授粉,

---

[1] 《关于授粉》(*Die Befruchtung*, & *C.*),175 页;再参阅《自然》,1874 年 1 月 1 日,166 页。

尽管它们还能进行异花授粉。按照德尔皮诺的说法,蓼科一般是靠风力来授粉的,而不像现在谈到的这个属那样是靠昆虫来授粉的。

伯内特斐济香(瑞香科)

阿萨·格雷教授表示[①],他相信这个物种和尖叶斐济香(*Leucomia acuminata*),以及亲缘接近的 *Drymispermum* 属的一些物种都是二型的或花柱异长的,因此,承蒙胡克博士的厚意,我从邱园植物园得到了第一个物种的两朵干花,它的原产地是太平洋友爱群岛(Friendly Islands)[*]。其长花柱类型的雌蕊长度与短花柱类型的雌蕊长度之比为 100:86,前者的柱头刚刚高出于花冠的喉部之上,环以 5 个花药,这 5 个花药的顶端差不多仅到柱头的基部;再往下去,有 5 个颇小的花药位于管状花冠内。在短花柱类型中,柱头位于花冠管内稍稍靠下的部位,与长花柱类型的下部花药差不多位于同一水平;它与长花柱类型的柱头迥然不同,表现在它的柱头上的乳头状突起更多,柱头更长,两者柱头长度之比为 100:60。短花柱类型上部雄蕊的花药被游离的花丝支撑着,伸出于花冠喉部之上,而下部雄蕊的花药则位于花冠喉部之内,与长花柱类型的上部雄蕊位于同一水平。从两种类型的两组花药取出了相当数量的花粉,对花粉粒的直径进行了测量,但它们没有任何可靠程度的不同。短花柱花的 22 颗花粉粒的平均直径同长花柱花的 24 颗花粉粒的平均直径之比为 100:99。短花柱类型上部雄蕊的花药似乎发育不良,含有相当数量的皱缩花粉粒,当定出上面平均值时这些花粉粒未计算在内。尽管两种类型的花粉粒直径的差异没有达到任何可以觉察的程度,可是这两种类型的雌蕊长度、特别是柱头长度表现了重大差异,还有,短花柱类型柱头具有更多的乳

---

① 《美国科学杂志》,1865 年,101 页,以及西曼(Seeman)主编的《植物学杂志》,第 3 卷,1865 年,305 页。

* 友爱群岛即汤加群岛。——译者注

头状突起,因此,几乎无法怀疑这个物种真正是花柱异长的。这个事例同大花亚麻的情况相似,后者两种类型间的唯一差异仅在于雌蕊长度和柱头长度不同。从斐济香属（Leucosmia）管状花冠的巨大长度来看,这种花显然是靠大型鳞翅目昆虫或吸取花蜜的鸟类来进行异花授粉的,两轮雄蕊的位置是一轮低于另一轮。这是我在任何别的花柱异长的两型植物中所没有见过的一种性状,大概是便于在被昆虫插入的器官上彻底涂上花粉。

睡菜（龙胆科）

　　睡菜（Menyanthes trifoliata）生长于沼泽地带：我儿子威廉从很多不同的植株上采集了 247 朵花,其中 110 朵是长花柱的,137 朵是短花柱的。长花柱类型的雌蕊长度与短花柱类型的雌蕊长度之比约为 3∶2。按照我儿子的观察,前者的柱头明显大于短花柱类型的柱头,但这两种类型的柱头在大小上变异很大。短花柱雄蕊的长度几乎是长花柱类型雄蕊长度的 2 倍,所以雄蕊上的花药稍微高出于长花柱类型柱头的水平之上。花药在大小上的变异也很大,但短花柱类型的花药似乎常常是较大的。我儿子用照相机作了许多花粉粒的摄影图,短花柱类型的花粉粒直径同长花柱类型的花粉粒直径之比接近 100∶84。我对这两种类型的授粉能力一点也不了解,但短花柱植株当在邱园植物园自然生长时,结了大量蒴果,然而这些种子从不萌发;从这一点看来,短花柱类型似乎是自花不稔的。

金银莲花（龙胆科）

　　思韦茨（Thwaites）先生在锡兰*植物目录中记述这种植物（金银莲花 Limnanthemum indicum）表现有两种类型。蒙他惠赠泡在酒精

---

　　* 今称斯里兰卡。——译者注

中的标本。其长花柱类型的雌蕊长度差不多是短花柱类型的 3 倍（也就是 14：5），而且前者远比后者细得多，约为 3：5；其叶状柱头更为膨大，为短花柱类型的 2 倍大。短花柱类型的雄蕊长度约为长花柱类型的 2 倍，其花药也较大，前者与后者之比为 100：70。在酒精中长期保存的两种类型的花粉粒在形状和大小上都相同。按照思韦茨先生的说法，两种类型的胚珠数相等（即 80）。

岩菜[种?]（龙胆科）

弗里茨·米勒从巴西南部把这种（岩菜 *Villarsia*）水生植物的干花送给我，它同荇菜属（*Limnanthemum*）的亲缘关系很近。在它的长花柱类型中，柱头稍高于花药，整个雌蕊，连同子房在内，在长度上同短花柱类型的雌蕊相比约为 3：2。后一类型的花药位于柱头之上，花柱很短而粗；但雌蕊在长度上有相当变异，其柱头要不是与萼片顶端位于同一水平就是比它们低得多。长花柱类型的叶状柱头较大，而且沿花柱向下膨大的程度也较另一类型为大。这两种类型之间的最显著差异是短花柱的长雄蕊花药明显地比长花柱的短雄蕊花药为长。短花柱类型近三角形的花粉粒较大，它们的宽度（从一角到对边中点的距离）同长花柱类型花粉粒的宽度之比约为 100：75。弗里茨·米勒还告诉我，短花柱类型的花粉具有浅蓝色，而长花柱类型的花粉则呈黄色。当我们讨论千屈菜（*Lythrum salicaria*）时，我们将会看到两种类型的花粉颜色表现有强烈显著的对比。

现在描述的这 3 个属，睡菜属、荇菜属与岩菜属，它们组成了龙胆科一个很显著的亚族。就目前已知道的情况来说，它们的一切物种全是花柱异长的，并且都是水生的或半水生的。

连翘（木犀科）

阿萨·格雷教授说，生长于美国坎布里奇市植物园里的这个物种

(连翘 *Forsythia suspensa*)的植株是短花柱的,而西勃尔德(Siebold)和茹卡里尼(Zuccarini)则描述了它的长花柱类型,并提供了两种类型的图形;所以,正如他所说的,毫无疑问这种植物是二型的[①]。因此我向胡克博士求教,蒙他送给我一朵日本产的干花、一朵中国产的干花,还有一朵邱园植物园产的干花。第一朵证明是长花柱的,而另两朵则是短花柱的。长花柱类型的雌蕊长度同短花柱类型雌蕊长度之比为100∶38,前者柱头的裂片稍长(为10∶9),但较窄,而且分裂较浅。然而,最后这个性状可能只是暂时的一种性状。两种柱头上乳头状突起似乎没有差异。短花柱类型的雄蕊长度同长花柱类型的雄蕊长度之比为100∶66,但前者的花药较短,二者之比为87∶100。这一点是反常的,因为当两种类型的花药在大小上表现有任何差异时,一般都是短花柱类型的长雄蕊的花药最长。短花柱类型的花粉粒当然是比较大的,但其程度并不显著,即二者直径之比为100∶94。生长在邱园植物园里的短花柱类型从未结过果实。

金钟花(*Forsythia viridissima*)同样似乎是花柱异长的。因为阿萨·格雷教授说,虽然生长在美国坎布里奇市植物园里的只有其长花柱类型,但已经发表的这个物种的图形则是属于短花柱类型的。

破布木[种?](破布木科)

弗里茨·米勒送给我一些这种(破布木 *Cordia* sp.?)灌木的干标本,他相信它是花柱异长的。我并不怀疑情况确系如此,虽然这两种类型的一般性状差异并不显著。大花亚麻向我们表明,一种植物可能在功能上表现出最高程度的花柱异长状态,然而其两种类型的雄蕊长度以及花粉粒大小都可能仍然相等。现在谈到的破布木这个物种,其两种类型的雄蕊几乎等长,短花柱的雄蕊当然最长,二者的花药都位于花冠口。我也无法在其花粉粒的大小方面找出任何差异,在干燥的或

---

① 《美国博物学家》(*The American Naturalist*),1873 年 7 月,422 页。

浸泡于水中的情况下都是这样。它的长花柱类型的柱头明显地位于花
药之上,其整个雌蕊比短花柱的雌蕊为长,二者长度之比约为 3∶2。

短花柱类型的柱头位于花药之下,而且它们明显地比长花柱类型
的柱头为短。这是两种类型之间任何差异中最重要的一种差异。

美丽或聚生吉莉草(花葱科)

阿萨·格雷教授谈到这种植物时说道:"聚生吉莉草($G.$
$aggregata$)的二型性倾向最为显著,在该属的其他部分中,这种二型
性只是痕迹的,或者毋宁说是一种端绪的表现。"[①]他送给我一些干花,
我还从邱园植物园得到一些干花。它们在大小上差异很大,有一些几
乎是另一些的两倍长(也就是 30∶17),以致不同植株的器官绝对长
度,除了靠计算之外,是不可能加以比较的。此外,柱头和花药的相对
位置也是变异的:有些长花柱花的柱头和花药只是刚刚伸过花冠的
喉部;而另一些则伸过花冠喉部达 0.4 英寸(约 1 厘米)。我还怀疑雌
蕊在花药开裂以后,仍继续生长了一段时间。尽管如此,还是可能把
这些花分为两种类型。在某些长花柱类型中,其雌蕊长度同短花柱类
型的雌蕊长度之比为 100∶82,但这一结果是通过把花冠的大小缩成
相同的比例而求得的。在另一对花中,这两种类型的雌蕊长度的差异
当然更大,但对它们没有进行实际测量。在短花柱花中,不论它是大
还是小,柱头都是位于花冠管内的下部。长花柱类型柱头上的乳头状
突起比短花柱类型的为长,二者之比为 100∶40。一些短花柱花的花
丝长度同长花柱花的花丝长度之比为 100∶25,但只测量了其游离的
或不联结的部分;不过由于雄蕊的巨大变异性,这个比率不足为信。
长花柱花的 11 粒花粉的平均直径和短花柱类型 12 粒花粉的平均直
径恰好完全相等。根据这几段叙述可以看出,这些花的柱头在长度和

---

① 《美国艺术与科学院院报》(*Proc. American Acad of Arts and Sciences*),1870 年 6 月 14
日,275 页。

表面状态方面的差异是证明这个物种为花柱异长的唯一可靠证据；由于雌蕊长度的变异何等之大，要相信它们存在着差异就未免失于轻率了。如果不是对下述物种进行过观察，我就不能不对这一事例的整个情况有所怀疑。而这些观察使我明确认识到现在谈到的这个物种乃真正是花柱异长的。格雷教授告诉我说，属于该属的同一组（section）的还有一个物种，叫臭荠菜叶吉莉草（G. coronopifolia），他看不出它有二型的迹象。

小花吉莉草

从邱园植物园送来的少量花朵（小花吉莉草，G. micrantha）已有点损伤，以致关于这两种类型的器官的位置和相对长度，我无法肯定地做任何说明。但它们柱头的差异几乎同最后谈论的那个物种的情况一模一样：其长花柱柱头上的乳头状突起比短花柱类型的为长，二者的比率为 100：42。我儿子量了长花柱类型的 9 粒花粉，同时量了短花柱类型 9 粒花粉，前者的平均直径与后者的平均直径之比为 100：81。鉴于这个差异，以及两种类型的柱头的差异，这个物种无疑是花柱异长的。裸茎吉莉草（Gilia nudicaulis）大概也是如此，它同样属于该属的拟地皮消组（Leptosiphon），因为我听阿萨·格雷教授说，它有一些个体的花柱很长，而且柱头或多或少地伸出；另外有一些个体的柱头则深深位于花冠管内，其花药总是位于花冠的喉部。

丛生福禄考（花葱科）

阿萨·格雷教授告诉我说，这个属的大多数物种具有长雌蕊，柱头或多或少地伸出；而几个别的物种，特别是一年生者，则具有短雌蕊，位于花冠管内的下部。全部物种的花药都是一个排在另一个的下面，最上面的刚刚从花冠喉部伸出。只有丛生福禄考（Phlox subulata），他才"见过它有长花柱和短花柱两种类型；在这里，短花柱植株曾被（不论这种性状）描述为不同的物种——蔓生福禄考（*P. nivalis*），亨齐氏福禄考（*P. hentzii*），并倾向于在每个室内有一对胚珠，而丛生福禄考的长花柱类型植株很少显示出多于一个胚珠。"[①]他把两种类型的一些干花送给我，我还从邱园植物园收到了另外一些花，但我证明不了这个物种是不是花柱异长的。在两朵几乎同等大小的花中，长花柱类型的雌蕊是短花柱类型的雌蕊的两倍长；但在其他事例中，差异几乎并不这么大。长花柱雌蕊的柱头差不多位于花冠的喉部；而短花柱雌蕊的柱头则位于花冠管内的下部——有时位于很靠下的部位，因为它的位置变异很大。短花柱花的柱头同长花柱花的柱头相比，前者的乳头状突起较多，而且柱头也更长（有一例的比率为 100：67）。我儿子测量了一朵短花柱花的 20 粒花粉，和一朵长花柱花的 9 粒花粉，前者的直径同后者的直径之比为 100：93，这种差异同这种植物为花柱异长者的意见相符。但短花柱类型的花粉粒直径变异很大。他后来测量了一朵不同的长花柱花的 10 粒花粉，和同类型另一棵植株的 10 粒花粉，这两组花粉粒的直径差异为 100：90。这两组 20 粒花粉的平均直径同另一朵短花柱花的 12 粒花粉的平均直径之比为 100：75：那么，在这里，短花柱类型的花粉粒比长花柱类型的花粉粒小得多，这与上述事例所出现的情况正相反，而上述事例乃是花柱异长植物的一般规律。整个情况极其错综复杂，除非在活植株上进行试验，否则将无法理解。短花柱花的柱头比长花柱花的柱头为长，而且乳头状突起更多，从这种情况看来，这种植物似乎是花柱异长的；因为我们知道有一些物种——例如斐济香属和茜草科（Rubiaceae）的某些物种，其短花柱类型的柱头是较长的，乳头状突起也较多，但相反的情况却适用于吉莉草属，它是同福禄考属同科的一个成员。它的两种类型花药的相似位置同这个物种为花柱异长的说法多少有点矛盾；若干短花柱花的雌蕊在长度上表现有重大差异也是如此。但是，其花粉粒直径的变异性

----

① 《美国艺术与科学院院报》，1870 年 6 月 14 日，248 页。

特别大,并且长花柱类型的一组花的花粉粒比短花柱类型的一组花的花粉粒为大,这个事实同丛生福禄考为花柱异长的意见有强烈的矛盾。这个物种可能一度是花柱异长的,但现在正变成接近雌雄异株的;其短花柱植株在性质上变得更富于雌性。这可以说明它们的子房何以通常含有更多的胚珠,以及它们的花粉粒何以出现这种易于变异的情况。其长花柱植株的性质现在是否在改变,我不敢妄加推测,不过根据它们的花粉粒变异性以及它们变得更富于雄性,情况似乎就是如此。它们可能作为雌雄同体存在下来,因为同一个物种的雌雄同体和雌株共存的现象绝不罕见。

古柯[种?](古柯科)

弗里茨·米勒从巴西南部把这种树(古柯,*Erythroxylum*)的干花连同附图一起送给了我,图8表明有两种类型,放大约5倍,花瓣已摘除。其长花柱类型的柱头伸出于花药之上。花柱几乎是短花柱类型的2倍长,后者的柱头位于花药之下。有许多短花柱花的柱头比长花柱类型的柱头为大,但非全部都如此。其短花柱花的花药同另一类型的柱头位于一水平:但其雄蕊比长花柱类型的雄蕊为长,超出的长度为其本身长度的四分之一或五分之一。因此,长花柱类型的花药同短花柱类型的柱头不是位于同一水平上,而是略高于柱头。下述的塞思草属(*Sethia*)是一个有密切亲缘关系的属,同塞思草的情况不同,同类型的雄蕊几乎都是等长的。短花柱类型的花粉粒,在干燥状态下测量时,略大于长花柱类型的花粉粒,二者的比率约为 100：93。[①]

---

① F.米勒在给我的信中说道,他仔细检查了许多标本,发现花的各部分在数量上奇妙地易于变异:多数情况是5片萼片和5片花瓣,10个雄蕊和3个雌蕊;但萼片和花瓣常常变化于5～7之间,雄蕊变化于10～14之间,雌蕊也变化于3～4之间。

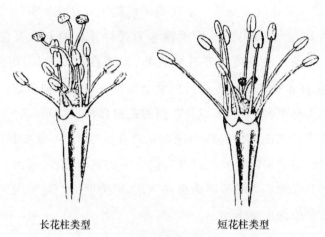

长花柱类型　　　　　　　短花柱类型

图 8　古柯[种?]

弗里茨·米勒绘制的示意图,放大 5 倍

尖叶塞思草(古柯科)

思韦茨先生若干年前[①]指出这种植物(尖叶塞思草,*Sethia acuminata*)存在着两种类型,称之为"花柱和雄蕊的形式"。他送给我的花都是显著花柱异长的。长花柱类型雌蕊差不多是短花柱类型雌蕊的 2 倍长,而长花柱类型雄蕊的长度仅为短花柱类型的一半。长花柱的柱头似乎略小于短花柱的柱头。短花柱花的全部雄蕊几乎都是等长的,而长花柱花的雄蕊在长度上则有所不同,稍长的和短的交互出现。两种类型雄蕊的这种差异,正如我们将在下述千屈菜的短花柱花的事例中看到的那样,大概是同昆虫把花粉从长花柱花带到短花柱的柱头上的最佳传送方法有关。短花柱花的花粉粒,虽然在大小上是易变的,但其直径比长花柱类型的花粉粒直径为长,就我所能证明的来说,二者的比率为 100∶83。钝叶塞思草(*Sethia obtusifolia*)像尖叶塞思草那样,也是花柱异长的。

---

① 《锡兰岛植物名录》(*Enumeratio Plantarum Zeylaniae*),1864 年,54 页。

美丽黄牛木(金丝桃科)

西塞尔顿·代尔先生说,生长在马六甲和婆罗洲(加里曼丹)的这种树[美丽黄牛木(*Cratoxylon formosum*)]似乎是花柱异长的[①]。他送给我一些干花,这两种类型的区别是显著的。长花柱类型的雌蕊长度同短花柱类型的雌蕊长度之比为 100∶40,前者的球状柱头约为后者两倍粗。这些柱头刚好位于众多花药之上,并略低花瓣尖端。在短花柱类型中,花药高高伸出于雄蕊之上,其柱头在三束雄蕊之间分叉,仅比萼片的尖端略高。短花柱类型的雄蕊长度同长花柱类型的雄蕊长度之比为 100∶86,因此它们在长度上的差异不像雌蕊那样大。对每种类型的 10 粒花粉进行了测量,短花柱的花粉粒直径同长花柱的花粉粒直径之比为 100∶86,因此,这种植物在所有方面都是特性十分显著的花柱异长的物种。

南美马鞭草(马鞭草科)

蒙本瑟姆先生盛情赠送这个种(南美马鞭草 *Aegiphila elata*)的和柔毛南美马鞭草(*A. mollis*)的干花,二者都是原产于南美洲的植物。其两种类型差异显著,例如一种类型柱头的两裂程度很深,再如另一种类型的花药远远伸出花冠口之上。在目前这个物种的长花柱类型中,花柱长度为短花柱类型的二倍半。两种类型的分叉柱头在长度上区别不多,就我所能看到的来说,它们的乳头状突起也没有很大差别:长花柱花的花丝依附于花冠处,花冠紧接花药,花药稍微靠下的部分被包在花冠管内;短花柱类型的花丝高出另一类型的花药部位以上时就是游离的,这等花丝伸出花冠之外,同长花柱花的柱头高度

---

① 《植物学杂志》(*Journal of Botany*),伦敦,1872 年,26 页。

相等。要精确测量经长期干燥后再浸泡于水中的花粉粒往往是困难的，但它们在大小上显然有很大差异。短花柱类型的花粉粒直径同长花柱类型的花粉粒直径之比约为 100：62。柔毛南美马鞭草的两种类型的雌蕊和雄蕊在长度上表现了同样的差异。

顽固南美马鞭草

弗里茨·米勒从巴西的圣卡萨林娜给我送来这种（顽固南美马鞭草，*Aegiphila obdurata*）灌木的花，并在邱园植物园为我给它命名。乍一看它们似乎完全是花柱异长的，因为其长花柱类型的柱头远远伸出花冠之外，花药位于花冠管内向下一半的部位；而短花柱类型的花药则从花冠内伸出，其柱头也包在花冠管内，同另一类型的花药差不多处于同一水平。其长花柱的雌蕊长度同短花柱类型的雌蕊长度之比为 100：60，二者柱头长度的比率为 100：55。尽管如此，这种植物还不能算作花柱异长的。长花柱类型的花药呈棕色，粗糙，而且是肉质的，其长度不及短花柱类型的一半，严格说来，其比率为 44：100。尤其要说明的是，在我所检查的两朵花中，花药处于残迹状态，连一粒花粉都没有。短花柱类型的分叉柱头，正如我们看到的那样，大为缩短，比长花柱的柱头较粗，而且更为肉质，上面被有不规则的小突起，这些是由相当大的细胞形成的。从外观看，它受到了过度肥大的损害，大概是不能受粉了。倘如此，则这种植物当是雌雄异株的，从上述两个物种来判断，它可能一度是花柱异长的，以后由于一个类型的雌蕊和另一类型的雄蕊丧失了功能而且体积缩小，乃变为雌雄异株的了。然而，它们的花可能同普通百里香（thyme）和若干别的唇形目（Labiatae）植物处于相同的状态，在后面这两种植物中雌株和雌雄同株按照常规是共存的。弗里茨·米勒认为这种植物是花柱异长的，和我最初的见解一样。他告诉我说，他在若干地方发现了完全隔离生长的灌木,而且它们是完全不稔的,同时有两棵靠近生长的植株则结满了果实。这个事实更好地说明了这个物种是雌雄异株的,而不是雌雄同株和雌株共存的,因为如果任何一棵隔离生长的植株是雌雄同株的话,那么它大概会结一些果实的。

茜 草 科

这个天然的大科所含有的花柱异长的属远比迄今已知的任何别的科都多得多。

匍匐蔓虎刺(*Mitchella repens*)　　阿萨·格雷教授把他收集到的几棵这种活植株送给了我,当时它们正好刚开完了花,其中几乎一半证明是长花柱的,另一半是短花柱的。这些芬芳且分泌大量花蜜的白花总是成双地生长,它们的子房联合在一起,所以这样的一对花在一起产生了"一种浆果状的双核果"。[①] 在我的第一组实验中(1864),我不认为花的这种奇怪排列对其能稔性有任何影响。在若干事例中只有成对花中的一朵授粉,所有这些授粉的花不结浆果的占有很大比率。在以后的年份里每对花的两朵都是一律以同样方式授粉,只有后面这组实验才能用来阐明当进行异型花授粉和同型花授粉时产生浆果的花的比例。但为了计算每个浆果平均所含的种子数,我使用了两个季节中所产生的浆果数字。

长花柱花的柱头刚伸出具有髯毛的花冠喉部之上,其花药则位于花冠管的下部。短花柱花的这些器官所着生的位置正好相反。短花柱类型的新鲜花粉粒比长花柱类型的新鲜花粉粒略长,而且更加不透明。我的实验结果列于表22。

---

① 阿萨·格雷,《美国北部植物手册》(*Manual of the Bot. of the N. United States*). 1856年,172页。

表 22　匍匐蔓虎刺

配合的性质	第二个季节授粉的成对花数	第二个季节所产生的核果数	两个季节的所有核果平均含有的好种子数
长花柱花,授以短花柱的花粉,异型花配合……	9	8	4.6
长花柱花,授以本类型的花粉;同型花配合……	8	3	2.2
短花柱花,授以长花柱的花粉;异型花配合……	8	7	4.1
短花柱花,授以本类型的花粉;同型花配合……	9	0	2.0
两组异型花配合之和……	17	15	4.4
两组同型花配合之和……	17	3	2.1

从表 22 中可以看出,两种类型的成对花有 88% 当进行异型花授粉时结了双浆果,其中 19 个浆果平均含 4.4 粒种子,最多的含 8 粒种子。当进行同型花授粉时成对花只有 18% 结了浆果,其中 6 个浆果平均只含 2.1 粒种子,最多的含 4 粒种子。因此,这两组异型花配合比那两组同型花配合更加能稔,其根据有二:① 花的结浆果率,二者之比为 100:20;② 每果平均种子数,二者之比为 100:47。

3 棵长花柱和 3 棵短花柱植株分别置于网下加以保护,它们总共只结了 8 个浆果,每果平均只含 1.5 粒种子。另外还产生了一些不含种子的浆果。所以,经过这样处理的植株是极度不稔的,其轻微程度的能稔性可能是部分地由于出没在这些花间的许多蓟马科昆虫的作用。J. 斯科特先生告诉我说,有一棵单独的植株生长在爱丁堡植物园里(可能是一棵长花柱的植株),无疑昆虫可以自由地光顾它,它结了大量浆果,但没有观察其中有多少含有种子。

丰花草属同假败酱属接近的一个新种(茜草科)

弗里茨·米勒把这种植物(丰花草 *Borreria*)的种子赠送给我。

这种植物在巴西南部的圣·卡萨林娜非常之多，我育出了10棵植株，其中5棵是长花柱的，另5棵是短花柱的。长花柱类型的雌蕊刚刚达到花冠口处，其长度为短花柱类型的3倍，分叉的柱头也同样略大些。长花柱类型的花药位于花冠内的下部，完全不显露；短花柱花的花药刚伸出花冠口之上，柱头位于花冠管内的下部。鉴于这两种类型的雌蕊长度有重大差异，则它们的花粉粒在体积上差异很小就值得注意了，弗里茨·米勒深深被这一事实所打动。在干燥状态下，短花柱花的花粉粒刚刚可以看出大于长花柱类型的花粉粒；但当二者因浸入水中而膨胀时，短花柱类型的花粉粒直径同长花柱类型的花粉粒直径的比率为100：92。串珠般的茸毛几乎充满了长花柱花的花冠口，并伸出花冠口之上，所以，它们位于花药之上而位于柱头之下。一簇相似的茸毛位于短花柱花的管状花冠内的下部，在柱头之上和在花药之下。两种类型都有这样串珠般的茸毛，但它们所在的位置有所不同，这表明它们大概具有功能上的相当重要性。这样的位置可以用来防止每种类型的柱头接受自己的花粉。但按照柯纳教授的看法[1]，它们的主要用途可能在于防止爬行的小昆虫前来偷吃其丰富的花蜜，而它们不能把一种类型的花粉带到另一种类型，因而对这个物种毫无益处可言。

它们的花如此之小，而且如此密集，以致我不愿费时间去给它们单独授粉。但我反复把短花柱花的一些头状花序拉过来，在长花柱花的3个头状花序上摇晃，因而对长花柱花进行了异型花授粉；它们结了好多的果实，每个果实含两粒好种子。我用长花柱植株的花粉对另外长花柱植株上的3个头状花序以同样方式进行了同型花授粉，它们没有结一粒种子。这棵植株当然是罩在网下加以保护的，它没有自发地结任何种子。尽管如此，另一棵小心加以保护的长花柱植株，却自发地结了少量种子，所以，长花柱类型用自己的花粉来授粉，并不总是完全不稔的。

---

[1] 《异型花授粉》(*Die Sehutzmittel der Blüthen gegen unberufene Gäste*)，1876年，37页。

二型花粉法拉米亚草［种?］（茜草科）

弗里茨·米勒对这种惹人注意的植物的两种类型已作了充分描述，这是原产于巴西南部的一种植物①。其长花柱类型的雌蕊伸出花冠之上，差不多正好是短花柱类型的雌蕊的两倍长，后者是包于花冠管内的。长花柱类型的雌蕊分为两个略短而宽的柱头，而短花柱类型的雌蕊则分为两个长而细、有时大为卷曲的柱头。每种类型的雄蕊在高度或长度上都同另一类型的雌蕊相一致。短花柱类型的花药略大于长花柱类型的花药，短花柱类型的花粉粒直径同另一类型的花粉粒直径之比为 100∶67。但两种类型的花粉粒却以一种显著得多的方式而有所差异，这样的差异在任何别的例子中还没有见过：短花柱花的花粉粒布满了尖点；长花柱花的较小花粉粒却是十分光滑的。弗里茨·米勒说，这两种类型花粉粒的差异对于这种植物显然是有用的。因为短花柱类型的伸出的雄蕊的花粉粒，如果是光滑的，就容易被风吹走，因而也就容易损失掉；但花粉粒表面上的小点使它们容易黏合，同时有利于它们黏附在昆虫的多毛身体上，这些昆虫光顾这些花时，其多毛的身体不过只在这些雄蕊的花药上刷过一下而已。另一方面，长花柱花的光滑的花粉粒则紧密地包在

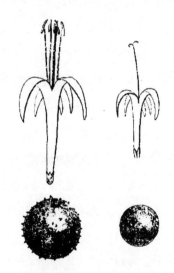

短花柱类型　　长花柱类型

图 9　二型花粉法拉米亚草［种?］
取自干标本的花朵外观，花粉粒
放大 180 倍，弗里茨·米勒绘图。

---

① 《植物学报》，1869 年 9 月 10 日，606 页。

花冠管内，所以它们不会被风吹走，但几乎肯定可以黏附在一只进入花朵中的昆虫的喙上，因为昆虫的喙必定要紧紧地压向被包着的花药。

人们可能还会记得，在宿根亚麻的长花柱类型中，每个分开的柱头沿着自身的轴旋转，以便在花成熟时，使其乳头状突起的表面朝外。毫无疑问，只限长花柱类型才有的这种运动，这是为了使柱头的适当表面能接受昆虫由另一种类型带来的花粉。那么，在二型花粉法拉米亚草的场合中，正如弗里茨·米勒所阐明的，沿着自身的轴旋转的是其中一种类型的雄蕊，也就是短花柱类型的雄蕊，这是为了使它们的花粉能够被昆虫刷下来并带往另一类型的柱头上去。长花柱花的被包在花冠内的短雄蕊，其花药不沿着自身的轴旋转，但却在内侧开裂。茜草科的一般规律就是如此，这样的位置最适于使花粉粒黏附在一只进入花朵中的昆虫的喙上。弗里茨·米勒因此推论说，由于这种植物变为花柱异长的，又由于其短花柱类型雄蕊的长度增加，因而它们就逐渐获得了沿着自身的轴进行旋转的这种非常有利的能力。但通过对许多花的仔细检查之后，他进一步阐明，这种能力仍然没有达到完善的地步，因此，有一定比例的花粉变为无用的了，这就是来自不适当旋转的花药的那些花粉。这样，这种植物的发育看来还不够完善，其雄蕊确实获得了适当的高度，但没有获得它们得以旋转的充分和完善的能力[①]。

二型花粉法拉米亚草属的两种类型在构造上的几点差异是值得高度注意的。直到最近，如果任何人被告知有这样两个植株：其雄蕊和雌蕊在长度上以一致的方式表现有差异——柱头的形态是不同的——花药的开裂方式是不同的，花药的大小也有轻微差异——还

---

① 弗里茨·米勒提供了另一个例子，说明茜草科的另一个成员，即 *Posoqueria fragrans* 的花没有达到绝对完善化，这种植物以极其不可思议的方式适于虫媒的异花授粉（见《植物学报》，1866 年，17 期）。同这些昆虫的夜出习性相一致，多数的花只在夜间开放，但有些花也在白天开，而这样的花，正如弗里茨·米勒常常见过的那样，其花粉被野蜂和别的昆虫盗走了，而没有给这种植物带来任何益处。

有,花粉粒的直径及其结构上的差异达到了异常的程度,那么他大概会宣告这两个不同类型的植株不可能属于同一个物种。

九节木 * (未经邱园植物园植物标本室命名的一个种,茜草科)

蒙弗里茨·米勒盛情赠我这种植物(九节木,*Suteria*)的一些干花,它们来自巴西的圣·卡萨林娜。其长花柱类型的柱头位于花冠口,在花药之上,花药的下部被包在花冠管内,但只在花冠口下面一点点。短花柱类型的花药位于花冠口,在柱头之上,柱头的位置同另一类型的花药位置相同,也是在花冠管内口部下面一点点。因此长花柱类型的雌蕊长于短花柱类型的程度并不像茜草科的大多数其他成员那么大。然而这两种类型的花粉粒在大小上却有相当差异,因为正如弗里茨·米勒告诉我的,短花柱类型的花粉粒直径和长花柱类型的花粉粒直径之比为100∶75。

天蓝色豪斯托尼亚草(茜草科)

阿萨·格雷教授给我寄来一份罗斯罗克博士(Dr. Rothrock)对这种植物(天蓝色豪斯托尼亚草,*Houstonia caerulea*)所做的观察材料的摘要。正如长期以来所观察的那样,一种类型的雌蕊是突出的,而另一种类型的雄蕊则是突出的。其长花柱类型的柱头比另一类型的柱头较短,较粗,而且硬毛也多得多。长花柱类型的柱头茸毛或乳头状突起为 0.04 毫米长,而短花柱类型的只有 0.023 毫米长。短花柱类型的花药较大,当花粉粒吸水膨胀时,其直径和长花柱类型的花粉粒直径之比为 100∶72。

从美国坎布里奇植物园里的一些长花柱植株上采来一些蒴果,在其附近还生长着另一类型的植株,每个蒴果平均含 13 粒种子。但这

---

* 即 *Psychotria*。——译者注

些植株必定处于不适宜的环境条件中,因为有些长花柱植株在自然状况下其蒴果平均可以结 21.5 粒种子。植物园里有一些单独栽培的短花柱植株,在它们所结的蒴果中,11 个是完全不稔的,但有一个含 4 粒种子,另一个含 8 粒种子,在植物园里不可能有既光顾长花柱植株、又光顾这些短花柱植株的昆虫。因此,它的短花柱类型是非常自花不稔的。阿萨·格雷教授告诉我,这个属在北美还有另一个物种,它同样也是花柱异长的。

二叶葎*[种?](茜草科)

J. 斯科特先生从印度给我寄来一些干花。它们属于这个属——二叶葎(*Oldenlandia*)的一个花柱异长的物种,这个物种同上述那个物种有密切的亲缘关系。其长花柱花的雌蕊比短花柱花的雌蕊较长,长出的部分约为其自身长度的四分之一,而雄蕊差不多以同样的比例短于短花柱类型的雄蕊。短花柱类型的花药比长花柱类型的花药较长,其分叉柱头明确地长于并显然地细于长花柱类型的柱头。限于标本的状况,我无法决定一种类型柱头的乳头状突起是否长于另一种类型的。当花粉粒吸水膨胀后,短花柱类型的花粉粒直径和长花柱类型的花粉粒直径之比为 100∶78,这比率是根据对每种类型的十次测量平均推算出来的。

耳草[种?](茜草科)

弗里茨·米勒从巴西的圣·卡萨林娜给我寄来一个矮小而娇嫩的种(耳草 *Hedyotis*)的一些干花。这种植物是在靠近淡水池塘旁边的潮湿沙土上生长的,其长花柱类型的柱头伸出花冠之上,同短花柱类型伸出的花药位于同一水平;但短花柱类型的柱头位置比长花柱类

---

* 现在二叶葎与耳草已定为一个属。——译者注

型的花药位置较低,这些花药是包在花冠管内的。长花柱类型的雌蕊长度几乎是短花柱类型雌蕊长度的 3 倍,或者严格地说,为 100∶39。长花柱类型柱头上的乳头状突起也比短花柱类型柱头上的乳头状突起较宽,二者的比率为 4∶3,但前者是否长于后者,我无法确定。短花柱类型的花药比长花柱类型的花药略大,其花粉粒直径和长花柱类型的花粉粒直径之比为 100∶88。弗里茨·米勒还给我寄来第二个小型的种,它同样是花柱异长的。

球连萼瘦果草[种?](茜草科)

弗里茨·米勒还从巴西的圣·卡萨林娜给我寄来这种植物(球连萼瘦果草,*Coccocypselum*)的一些干花。其长花柱类型的外露柱头稍高于短花柱类型的外露花药的水平;而短花柱类型的包在花冠内的柱头也稍高于长花柱类型的包在花冠内的花药的水平。长花柱的雌蕊长度大约是短花柱类型的两倍,它的两个柱头远比后者长得多,而且更加分叉,也更加卷曲。弗里茨·米勒告诉我说,在两种类型的花粉粒的大小方面,他没有看出什么差异。尽管如此,这种植物无疑还是花柱异长的。

巴西缺孔草[种?](茜草科)

这种植物[巴西缺孔草(*Lipostoma*)]生长在巴西圣·卡萨林娜的潮湿小沟渠里,它的干花也是弗里茨·米勒送给我的。其长花柱类型的外露柱头略高于另一种类型的外露花药的水平,同时短花柱类型由于它则和另一类型花药位于同一水平。所以,它的两种类型的柱头和花药在高度上所要求的严格一致和耳草属(*Hedyotis*)的情况相比是被颠倒了。长花柱类型的雌蕊长度和短花柱类型的雌蕊长度之比为 100∶36;其分叉柱头也比短花柱类型的柱头较长,长出的部分为其本身长度的三分之一。短花柱类型的花药比长花柱类型的花粉略大，二者花粉粒直径之比为 100∶80。

小花金鸡纳树（茜草科）

这种植物［小花金鸡纳树（*Cinchona micrantha*）］的两种类型的干标本是从邱园植物园给我送来的[①]。在长花柱类型中柱头的顶点正好位于花冠的多毛裂片基部之下，而花药的顶点约在花冠管的中部。雌蕊长度和短花柱类型的雌蕊长度之比为 100∶38。后者的花药位置和长花柱类型的柱头位置相同，而且短花柱类型的花药比长花柱类型的长得多。由于短花柱类型的柱头顶端位于花药基部之下，而花药又位于花冠管的中部，因而这个类型的花柱已极端缩短了。其花柱长度同长花柱类型的花柱长度之比，按照检查标本的情况，只有 5.3∶100！短花柱类型的柱头也比长花柱类型的柱头短得多，二者的比率为 57∶100。短花柱类型的花粉粒在浸入水中后，略大于长花柱类型的花粉粒，二者的比率约为 100∶91，短花柱类型的花粉粒更接近三角形，三个角更为显著。由于短花柱花的所有花粉粒都具有这样的特性，正好它们放入水中已有 3 天，因此我相信这两组花粉粒在形状上的差异不能用吸水不等而膨胀不同加以说明。

除了上述茜草科的几个属之外，弗里茨·米勒告诉我说，九节木属（*Psychotria*）的几个种和绵毛花异柱茜草（*Rudgea eriantha*）都是花柱异长的，这等植物的原产地为巴西的圣·卡萨林娜。同时，两色马内蒂亚草（*Manettia bicolor*）也是花柱异长的。我可以作以下补充：我以前在我的温室里对后面这个物种的一棵植株上的几朵花进行自花授粉，但没结任何一粒果实。根据怀特和阿诺特的描述，印度的红芽大戟属（*Knoxia*）似乎无疑是花柱异长的。阿萨·格雷相信美国的

---

① 引起我注意这种植物的是霍华德（Howard）的《金鸡纳树志》（*Quinologia*）上的一幅绘图（图 3），这幅绘图是根据马卡姆（Markham）先生的《秘鲁游记》第 539 页上的一幅图的复制品。

路边草属（*Diodia*）和斯珀马科切属（*Spermacoce*）也是如此。最后，根据 W. W. 贝利先生的描述[①]，墨西哥的平滑花寒丁子（*Bouvardia leiantha*）似乎是花柱异长的。

现在我们知道，在茜草科的这个大科中总共有 17 个花柱异长的属。虽然在我们觉得有绝对把握之前，关于其中的一些属还需要有更多的资料，尤其是最后一段中所提到的那些属更是这样。在本瑟姆和胡克所编写的《植物志属》（*Genera Plantarum*）一书中，茜草科被分为 25 个族，包含 337 个属。应该注意的是，现在已知为花柱异长的属不是分布在这些族中的一个或两个族，而是分布在不少于 8 个族中。根据这一事实我们可以推论，大多数的属是彼此独立地获得其花柱异长的结构的，这就是说，它们不是从某一个或两三个共同祖先遗传了这种结构的。还应该进一步注意：正如阿萨·格雷教授告诉我的，在花柱异长的属中，雄蕊或伸出花冠之外，或包在花冠管内，这差不多是一种固定的方式，所以这种特性对花柱异长的种来说甚至没有分类的价值，而对该科其他的属来说却往往有分类的价值。

---

① 《托里植物学社汇报》（*Bull. of the Torrey Bot. Club*），1876 年，106 页。

第四章　花柱异长的三型植物

· Heterostyled Trimorphic Plants ·

千屈菜——关于3种类型的描述——它们相互授粉的能力和复杂方式——18种可能的不同配合——中花柱类型在性质上是显著雌性的——格雷氏千屈菜同样是三型的——百里香叶千屈菜是二型的——神香草叶千屈菜是花柱等长的——轮生尼赛千屈菜是三型的——紫薇属,性质可疑——酢浆草属三型物种——瓦氏酢浆草——巴西酢浆草,其异型花配合完全不稔——美丽酢浆草——感应酢浆草——酢浆草属的花柱等长的种——海寿花属,这是一个单子叶的属,据知其中含有花柱异长的种。

340. *Lythrum Salicaria L.* **Gemeiner Weiderich.**

在前面几章里已描述过各种各样花柱异长的二型植物,现在我们要谈谈花柱异长的三型植物,即出现 3 种类型的植物。这些植物已在 3 个科中被发现,其中包括千屈菜属的一些种及其亲缘接近的尼赛千屈菜属(*Nseaea*)的一些种,还有酢浆草属和海寿花属(*Pontederia*)的一些种。在授粉方式方面,这等植物所提供的例子比在任何别的植物或动物中所能发现的例子更引人注意。

千屈菜(*Lythrum salicaria*) 每种类型的雌蕊都和任何别的类型的雌蕊不同,而且每种类型都有两组雄蕊,在外观和功能方面各不相同。但每种类型的某一组雄蕊都和其余一种类型的某一组雄蕊相一致。这个种总共包括 3 种雌蕊或雌性器官及三组雄性器官,全都彼此不同,犹如属于不同种似的;如果把更小的功能差异也考虑在内,就有五组不同的雄蕊。这 3 种两性花中的两种必定是共同存在的,昆虫必定在它们之间交互地传粉,因而二者当中的任何一种都应是充分能育的;但是,除非所有 3 种类型都共同存在,否则将有两组雄蕊形成浪费,而且这个种的组织,总的看来,也将是不完善的。另一方面,当所有 3 种两性花都共同存在而且花粉也在它们之间交互传递时,那么这个系统就是完善的了;于是就没有花粉的浪费,也没有虚假的相互适应(coadaptation)。简言之,大自然已制定出一种最复杂的交配安排,即 3 种两性花之间的三重配合——每种两性花在其雌性器官方面和另两种花型完全不同,在其雄性器官方面部分不同,每种花型各备有两组雄蕊。

根据这 3 种类型的雌蕊不相等的长度,可以方便地称它们为:长花柱的、中花柱的和短花柱的。它们的雄蕊长度也是不相等的,也可以把这些雄蕊称为最长的、中长的、最短的。在每种类型中可看到两

◀ 千屈菜(*Lythrum salicaria*)

组不同长度的雄蕊。这 3 种类型的存在是沃歇首先注意到的[①]，随后维尔特根（Wirtgen）更详细地进行了观察。但这两位植物学家，没有

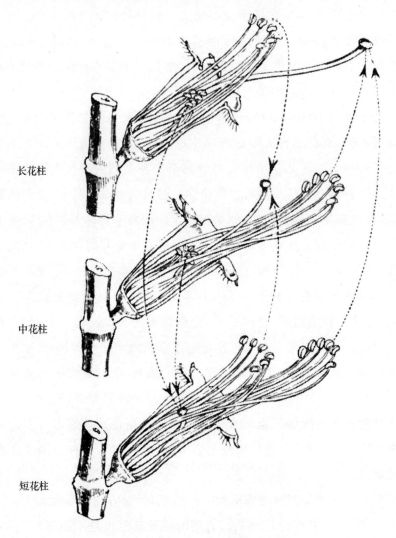

长花柱

中花柱

短花柱

图 10　千屈菜 3 种类型花的图解

花在其自然位置，其近侧的花瓣和花萼已被除去：放大 6 倍。

带箭头的虚线表示花粉必须向各柱头传递的方向以保证充分能稔性。

---

① 《欧洲植物的自然科学史》(Hist. Phys. des Plantes d'Europe)，第 2 卷，1841 年，371 页。维尔特根，千屈菜及其形态(Über Lythrum salicaria und dessen Formen.)，《博物学家论坛，普鲁士学会莱茵分会》(Verhand. des naturhist. Vereins für preuss. Rheinl.)，第 5 卷，1848 年，7 页。

以任何理论为指导，或者甚至怀疑它们的功能有差异，因而没有在它们的结构差异上发觉出那些最奇妙之点。我将首先借助于附图对这 3 种类型进行简短描述，附图展示的花，放大了 6 倍，其近侧的花瓣和花萼已被摘除。

长花柱类型 根据雌蕊长度可以立刻识别这一类型，其雌蕊（包括子房在内）比中花柱类型的雌蕊足足长三分之一，比短花柱类型的雌蕊长 3 倍。它的长度如此不相称，以致还在芽里它就穿出了交叠的花瓣。它远远超出长度中等的雄蕊之外，其末端部分稍微下垂，但柱头本身则略为上翘。球状柱头比另两种类型的大得多，柱头表面上的乳头状突起一般也较长。6 个长度中等的雄蕊伸出的长度约为雌蕊长度的三分之二，并和中花柱类型的雌蕊长度相一致。这个类型和下述另外两个类型之间的这种一致性一般很接近，如有任何差别，通常是雄蕊的长度略有超出。6 个最短的雄蕊隐蔽在花萼内，其末端向上翘，在长度方面逐渐增加，因而形成双行。这等雄蕊的花药比长度中等的雄蕊的花药较小。在那两组花药中花的颜色都是黄的。H. 米勒[①]测量了所有 3 种类型的花粉粒，他的测量显然比我以前所做的测量更为可靠，因此我将加以引用。有关测微计刻度的数值等于 1/300 毫米。长度中等的雄蕊的花粉粒，吸水膨胀后，直径是 7～7.5，而最短雄蕊的花粉粒直径为 6～6.5，或者说，二者直径之比为 100：86。这种类型的蒴果平均含 93 粒种子；这个平均数怎么得出的，不久就要加以说明。当把这些种子弄干净之后，它们似乎比中花柱或短花柱类型的种子较大，取其 100 粒种子放在一台准确的天平上，用重复称量法（double method of weighing）求出其质量，它等于中花柱类型的 121 粒种子或短花柱类型的 142 粒种子的质量；因此 5 粒长花柱类型的种子差不多等于 6 粒中等长花柱类型的或 7 粒短花柱类型的种子。

中花柱类型 图 10 中所示雌蕊的末端明显向上翘，但其程度多

---

① 《花的授粉》（*Die Befruchtung der Blumen*），1873 年，193 页。

变;柱头位于最长雄蕊的和最短雄蕊的花药之间。6 个最长雄蕊的长度和长花柱类型的雌蕊相一致,它们的花丝呈鲜明的桃红色;花药呈浅黑色,但由于含有鲜绿色的花粉并且由于花粉的早期开裂,而呈艳绿色。因此,这等雄蕊在一般外观上同长花柱类型的长度中等的雄蕊显著不相似。6 个最短雄蕊被包在花萼内,在所有方面都同长花柱类型的最短雄蕊相似。这两组雄蕊的长度和短花柱类型的短雌蕊相一致,其最长雄蕊的绿色花粉粒直径是 9～10;同时最短雄蕊的黄色花粉粒直径只有 6,或者说,二者之比为 100∶63。但在这个事例和别的事例中,不同植株的花粉粒在大小方面依我看来是有某种程度的变化的。每个蒴果平均含 130 粒种子,但也许像我们将看到的那样,这个平均数毋宁说太高了一些。其种子本身,比长花柱类型的种子较小。

短花柱类型 雌蕊很短,其长度不及长花柱类型雌蕊的三分之一。它被包在花萼内,这种花萼和另两种类型的花萼不同,不包任何花药。其雌蕊末端一般朝上弯曲,成直角。有 6 个最长的雄蕊,具有桃红色的花丝和绿色的花粉,与中花柱类型的相应雄蕊相似。但根据 H. 米勒的说法,它们的花粉粒稍大,即直径为 9.5～10.5,而不是 9～10。有 6 个中等长的雄蕊,具有无色的花丝和黄色的花粉,在花粉粒大小以及所有其他方面都和长花柱类型的相应雄蕊相似。短花柱类型的两组花药在花粉粒直径方面的差异为 100∶73。其蒴果平均所含种子数比前面任何一种类型的都少,即 83.5 粒,而且种子也显著较小。在种子大小方面,而不是在种子数目方面,有某种和雌蕊长度相类似的级度现象,长花柱类型具有最大的种子,中花柱类型的种子在大小方面居次,而短花柱类型的种子最小。

这样,我们看到了这种植物存在着 3 种雌蕊类型,它们在花柱长度和曲率方面彼此不同,柱头的大小和状态以及种子的数量和大小也彼此不同。总共有 36 个雄性器官或雄蕊,这些又可分为 3 组,每组 12 个,在花丝的长度、曲率和颜色方面彼此互不相同,在花药的大小,特别在花粉粒的颜色和直径方面也都相互不同。每种类型产生两种雄蕊,每一种雄蕊为6个,而不是产生所有3种雄蕊。3种雄蕊在长度方面同3种雌蕊相一致:总是两种类型的一半雄蕊同第三种类型的雌蕊相一致。花粉粒在浸水后的直径大小如表23所示,花粉取自所有3种类型的两组雄蕊,系引用H.米勒的材料。

表 23　花粉粒在浸水后的直径大小

	测微计的刻度
短花柱类型最长雄蕊的花粉粒	9.5～10.5
中花柱类型最长雄蕊的花粉粒	9～10
长花柱类型中等长雄蕊的花粉粒	7～7.5
短花柱类型中等长雄蕊的花粉粒	7～7.5
长花柱类型最短雄蕊的花粉粒	6～6.5
中花柱类型最短雄蕊的花粉粒	6～6

在表23中,可以看到最大的花粉粒来自最长的雄蕊,而最小花粉粒则来自最短的雄蕊;其直径的最大差异为100∶60。

这3种类型的平均种子数是根据计算野生植株上8个精选的良好蒴果里的种子而确定的,其结果,正如我们已看到的,长花柱类型的种子数(小数不计)为93,中花柱类型的为130,短花柱类型的为83。要不是我在自己花园里栽有一些植株,我是不会相信这等比值的。这些植株,由于幼龄,还没有产生充分数量的种子,但它们是同龄的,生长在相同的条件下,而且自由地听任蜜蜂光顾。我从每种类型取下6个好蒴果,求得以下平均种子数,长花柱类型的为80,中花柱类型的为97,短花柱类型的为61。最后,我在这3种类型之间所完成的同型花配合,其平均种子数,长花柱类型的为90粒,中花柱类型的为117粒,短花柱类型的为71粒。因此,我们在这3种类型的种子平均产量之间所存在的差异方面找到了可靠的一致证据。为了说明我完成的这等配合常常产生充足数量的种子,而且这是可信的,我可以举出一个例子,即中等花柱类型的蒴果产生了151粒好种子,这和我所检查的最好野生蒴果的种子数是相同的。有些人工授粉的短花柱类型和长花柱类型的蒴果所产生的种子数比我在相同类型的野生植株上所见

过的还要大,但当时我对后者所检查的植株并不多。我可以补充说,
这种植物提供了一个显著的例子,说明我们对一个物种的生活条件是
何等地极其无知。在自然状况下,它"在潮湿的水沟里、多水的地方,
特别是在小河的岸边"生长,它虽然产生那么多小粒种子,但从不蔓延
到邻接的陆地上;然而,当种到我花园里的时候,那里是黏性土壤,底
层为白垩土,而且是如此干旱,以致连一棵灯芯草也找不到,它却能茁
壮成长,株高竟达 6 英尺以上,产生自行传播的种子,并且(这是一种
更严格的检验)和在自然状况下一样地能稔。尽管如此,发现这种植
物在我花园里那样的土地上自发生长,简直可以说是一种奇迹。

按照沃歇和维尔特根的说法,这 3 种类型共同生存在于欧洲的所
有地区。一些友人在北威尔士从彼此相邻生长的不同植株上给我采
集了许多细枝,并加以分类。我儿子在汉普郡也做了相同的工作,所
得结果见表 24。

表 24　北威尔士和汉普郡两地采集的花柱类型

一	长花柱类型	中花柱类型	短花柱类型	总　计
北威尔士……	95	97	72	264
汉普郡……	53	38	38	129
总　计……	148	135	110	393

如果收集来的数量多出两倍或三倍,大概就会发现该 3 种类型差
不多是相等的;我是根据下述情况做出这样推论的,即,我考虑了上列
的数据,并且我儿子告诉我说,如果他在另一个地点进行收集,他肯定
中花柱类型的植株就会超过这个数量。我曾数次播下几小批种子,并
育得了所有 3 种类型;但我忽略了把亲本类型记录下来,只有一例除
外,在此例中我从短花柱类型的种子育得 12 棵植株,其中只有 1 棵证
明是长花柱的,4 棵是中花柱的,7 棵是短花柱的。

连续两年都对每种类型的两棵植株加以保护以防止昆虫的接近,
它们在秋季产生了很少的蒴果,和相邻未加保护的植株形成了显著的
对照,后者蒴果累累。1863 年在加以保护的情况下,一棵长花柱植株
只结了 5 个坏蒴果;两棵中花柱植株总共结的蒴果数与此相同;两棵

短花柱植株仅仅结了一个蒴果。这些蒴果所含的种子很少,然而这些植株在网下进行人工授粉时却是十足丰产的。在自然状况下,这些花不断地有蜜蜂和别的蜂以及各种各样的双翅目和鳞翅目昆虫前来采蜜。在子房基部的周围①全都分泌着花蜜,但是通过花丝基部的偏斜侧面,沿着花的上部内侧形成了一条通道(未在图中示明),因此,昆虫必然要在伸出的雄蕊和雌蕊上降落,并且沿着花冠上部内侧的边缘把它们的喙插进去。那么我们便可知道为什么雄蕊的末端及其花药、雌蕊的末端及其柱头都略为上翘,这样,昆虫身体底部的多毛表面就可擦过花药和柱头。包在长花柱类型和中花柱类型的花萼内的最短雄蕊只能被蜜蜂的喙及其狭窄下颌触及,因此,这等最短雄蕊的末端更向上翘。它们的长度逐渐增加,以便形成一个窄的纵列,保证伸入的细喙可以触到。较长雄蕊的花药位置彼此横向距离很远,其高度更接近同一水平,这样它们势必会擦过昆虫身体的全面。在很多别的花中,雌蕊或雄蕊,或二者都成直角地弯向花的一侧。这种弯曲可能是永久性的,像千屈菜属和许多别的植物那样,也可能是某种暂时性运动的结果,像白鲜(*Dictamnus fraxinella*)和别的某些植物那样,这种暂时性运动在雄蕊场合中是发生在花药开裂的时候,在雌蕊的场合中是发生在柱头成熟的时候。但这两种运动在同一朵花中总不是同时发生的。关于下述法则,我还没有看到过例外,即:当雄蕊和雌蕊弯曲时,它们总是弯向花的分泌花蜜的那一侧,即使在相对的一侧有大体积的残迹蜜腺,像在紫堇属(*Corydalis*)一些物种的场合中那样,也是如此。当花蜜分泌在所有侧面时,它们就弯向花的构造最容易使昆虫接近的那一侧,像在千屈菜属、蝶形花科(Papilionaceae)各种植物以及其他植物的场合中那样。结果这个法则是,当雌蕊和雄蕊弯曲时,就使柱头和花药达到通往蜜腺的小通道。关于这个法则,好像有少数例外,但事实上并非如此。例如嘉兰属(*Gloriosa*,百合科)它的奇形怪

① H. 米勒提出一份这类物种的目录,见《花的传粉》,196 页。有一种蜜蜂叫 *Cilissa melanura*,它仿佛长在这种植物上一样,一刻不停地采蜜。

状的雌蕊弯曲成直角,雌蕊的柱头不是从外部达到通向分泌花蜜的花朵深处的任何小通道,而是达到昆虫从一个蜜腺前往另一个蜜腺所遵循的环形路线。在水生玄参(*Scrophularia aquatica*)的场合中,雌蕊是从花冠口朝下弯曲,这样,它便可以触到黄蜂那粘满花粉的胸部,黄蜂经常光顾这些气味不好的花,在所有这些事例中我们看到了昆虫对花的结构的最高主宰力量,特别是对那些具有不规则花冠的花,尤其如此。当然风媒花必须除外,但是,关于不规则花这样授粉的例子,我连一个也不知道。

还有一点值得注意。在这3种类型中,每一种类型的两组雄蕊在长度上都和另两种类型的雌蕊相一致。当蜜蜂在花上采蜜时,最长雄蕊的载有绿色花粉的花药,像长花柱类型的柱头那样,擦过蜜蜂的腹部和后腿内侧。中等长度的雄蕊的花药和中花柱类型的柱头则是擦过蜜蜂胸部底面和一对前肢之间。最后,最短雄蕊的花药和短花柱类型的柱头是擦过蜜蜂的喙和下颌,因为这些蜜蜂在花上采蜜时只把头的前部伸进花的里面。我捉过一些蜜蜂进行观察,看到在后肢内侧和腹部上面有许多绿色花粉,在胸部底面有许多黄色花粉。在下颌上也有花粉,而且,可以设想在喙上也有,但这一点难于观察到。然而,我有单独的证据可以表明喙部携带花粉,因为有一棵被保护起来的短花柱植株,它的一条小分枝(它自发地只结两个蒴果)有几天意外地压在网上,并且我见到蜜蜂把它们的喙穿过网孔伸进去,结果在这条小枝上结出了大量蒴果。根据这几个事实可以说明,昆虫一般是从雄蕊把每种类型的花粉带到长度一致的雌蕊上去的,我们马上就会看到这种适应的重要性。然而,千万不要认为蜜蜂不会或多或少地把这几种花粉粘满全身,因为从它们身上粘满了最长雄蕊的绿色花粉,这一点就能看出这种情况。此外,我们就要举一个例子来表明一棵长花柱类型的植株虽然自发地结出了大量蒴果,而且这些花一定是由它们自己的两种花粉来授粉的,但这些蒴果平均所含的种子数量很少。因此,昆虫(主要是蜜蜂)既是一般的花粉携带者,也是恰当种类的花粉的专门携带者,两者的作用兼而有之。

维尔特根关于这种植物在茎的分枝方面、苞片的长度方面、花瓣的大小方面、以及其他几种性状方面的变异性做了叙述[①]。在我花园里生长有这种植物,它的叶片在形状上很不相同,叶片排列有对生的,互生的,或三片一轮的。在后面这种场合中,茎是六边形的;其他植株的茎是四边形的。但我们主要关心的是其生殖器官:雌蕊的向上弯曲是易变的,特别是在短花柱类型方面更加如此,在后一场合中雌蕊有时直立,有时略为弯曲,但一般弯成直角。长花柱的雌蕊柱头的乳头状突起通常比中花柱的较长或较粗糙,后者又比短花柱的较长或较粗糙。这种性状虽然在黄花九轮草等植物的两种类型中是稳定的和一律的,但在这里却是易变的,因为我曾见过中花柱的柱头比长花柱的较粗糙[②]。最长雄蕊和中等长雄蕊在长度上的级进程度以及它们的末端向上翘的程度是易变的;有时全部雄蕊的长度都相等。最长雄蕊的绿色花粉的颜色是易变的,有时呈淡绿黄色;有一棵短花柱植株的这类花粉几乎是白色的。花粉粒在大小方面略有变化:我检查过一棵短花柱植株,其花粉粒超过了平均的大小;我也曾见过一棵长花柱植株,其中等长花药和最短花药的花粉粒在大小方面是相同的。我们在这里看到了许多重要性状的巨大变异性。如果任何这些变异对这种植物有用,或者同有用的功能差异相关联,那么这个种就是处于这样的状态,即自然选择很容易对它的变异发挥重大作用。

关于三种类之间相互授粉的能力

为了确定 3 种类型相对的授粉能力,必须做 18 组不同的配合,这

---

① 《博物学家论坛,普鲁士学会莱茵分会》,第 5 卷,1848 年,11,13 页。

② 我所观察的我花园里的这种植物,大概比该种植物在自然状况下的变异较大。H. 米勒极其仔细地描述了所有 3 种类型的柱头,他似乎也发现在这三种类型中,柱头的乳头状突起在长度和结构上总是不同,长花柱类型的柱头最长。

就清楚不过地阐明了这种植物的生殖系统的特别复杂性。这样,长花柱类型必须用它自己两类花药的花粉来授粉,还要用中花柱类型的两类花药的花粉和短花柱类型的两类花药的花粉来授粉。对中花柱类型和短花柱类型都必须重复相同的处理。在每种柱头上施用中花柱类型的最长雄蕊的绿色花粉,或者施用短花柱类型的最长雄蕊的绿色花粉,人们或许认为这样只用任何一方的花粉,而不必用双方的花粉进行试验就足够了,但结果证明这样做是不够的,还必须在每一种柱头上施用 6 类花粉进行试验才行。由于在授粉工作方面总会有一些失败,因此这 18 组配合的每一组都需要重复多次,才是可行的方法,但这样的工作量可能会过大。事实上,我做了 223 组配合,那就是在 18 组不同的方法中,我平均地对 12 朵以上的花进行了授粉。每朵花都要去雄,邻接的芽必须除掉,这样,才能安全地用棉线、毛线等在这朵花上做出标记。在每次授粉后要通过透镜检查柱头上有无足够的花粉。所有 3 种类型的植物在两年里都要用大网罩住,大网是置于框架上的。在一年或两年内用两棵植株进行试验,这是为避免特殊植株所独有的特性。一到花谢的时候就把网移走;在秋季天天观察和采集所结的蒴果,并在显微镜下计算成熟种子。我提供这些细节是让读者能对表 25～27 给予信任,并对两处据我认为已铸成的差错找一点借口。关于这些差错及其可能的原因,可参阅两条脚注。不管怎样,错误的数字已列入表中,这或可使人们不致认为我在任何一个事例中篡改了结果。

必须对这 3 个表作少许说明。每个表只表明 3 种类型中的一种,并分成 6 栏。每个表的上部分两列载明好种子的数量,这些好种子是用另两种类型所产生的和该类型雌蕊长度相一致的两组雄蕊的花粉在其柱头上授粉的结果。这样的配合具有同型花的性质。表的中间部分两列表示用另两种类型所产生的和该类型雌蕊长度不一致的两组雄蕊的花粉进行授粉的结果。这些配合是异型花的配合。表的最下两栏表示用每种类型本身的两种花粉进行授粉的结果，这等花粉取自同一类型的、但和雌蕊不等长的雄蕊。这些配合同样是同型花配合。这里所用的"本类型花粉"（own-form pollen）一词的意义不是指被授粉的那朵花的花粉——因为这种花粉从未用过——而是指同一棵植株上的别的花的花粉，或更多的是指同一类型的不同植株的花粉。（0）这个数字表示未产生蒴果，或者虽然结出一个蒴果但不含有好的种子。在表中的短横线以上的配合完成于1862年，线以下的配合完成于1863年。注意到这一点是重要的，因为它说明在连续两年内获得了相同的一般结果；但更主要的是因为1863年是一个很热和干旱的年头，在必要时对这些植株进行过浇水。这种情况并不妨碍比较能稔的配合结出充分数量的种子，却使能稔性较差的配合比原来更加不稔。关于这一事实，我在进行报春花属的异型花配合和同型花配合的过程中，见到过显著的例子。众所周知，种间杂交是困难的，而生活条件则高度有助于成功地产生种间杂种。

表 25　长花柱类型

I 合法配合 13 朵花授以中花柱的最长雄蕊的花粉。这些雄蕊在长度上和长花柱的雌蕊相等		II 合法配合 13 朵花授以短花柱的最长雄蕊的花粉。这些雄蕊在长度上和长花柱的雌蕊相等	
每个蒴果的好种子产量		每个蒴果的好种子产量	
36	53	159	104
81	0	43	119
0	0	96 坏种子	96
0	0	103	99
0	0	0	131
—	0	0	116
45			
41		114	
这些花的38%结了蒴果。每个蒴果平均含51.2粒种子		这些花的84%结了蒴果。每个蒴果平均含107.3粒种子	

続表

III 非法配合		IV 非法配合	
14朵花授以中花柱的 最短雄蕊的花粉		12朵花授以短花柱的 中等长雄蕊的花粉	
3	0	20	0
0	0	0	0
0	0	0	0
0	0	0	0
—	0	0	0
0	0	0	
0			
任何平均数都过于不稳		任何平均数都过于不稳	

V 非法配合		VI 非法配合	
15朵花授以本类型中 等长雄蕊的花粉		15朵花授以本类型最 短雄蕊的花粉	
2	—	4	—
10	0	8	0
23	0	4	0
0	0	0	0
0	0	0	0
0	0	0	0
0	0	0	0
0	0	0	0
任何平均数都过于不稳		任何平均数都过于不稳	

除上述实验外，我用一把驼毛刷从它们本类型的中等长雄蕊和最短雄蕊取得花粉给相当多的长花柱花授了粉；只结了 5 个蒴果，每个蒴果平均产 14.5 粒种子。1863 年我进行了一次好得多的实验：一棵长花柱植株孤零零地生长在那里，和别的植株相隔几英里远，因而它的花只能接受自己的两类花粉。蜜蜂不断地光顾这些花，它们的柱头

必定在最有利的日子和在最有利的时间连续地接受了花粉,所有搞过植物杂交的人都知道这一点对于授粉极为有利。这棵植株结的蒴果累累,我随机取下 20 个蒴果,它们所含的种子数分别为:20,20,35,21,19,26,24,12,23,10,7,30,27,29,13,20,12,29,19,35。这表明每个蒴果平均含 21.5 粒种子。我们知道长花柱类型当位于另两种类型植株近旁并由昆虫授粉时,每个蒴果平均产生 93 粒种子。因此我们看到这种类型,当被自己的两种花粉授粉时,所产生种子数只有上述种子数的四分之一到五分之一。我曾说过这棵植株似乎接受了自己的两种花粉,而这一点,当然是可能的,但是,从最短雄蕊的封闭位置来看,非常可能是柱头专一地接受了中等长雄蕊的花粉。这一组配合,正如表 25 第 V 栏所表明的那样,是两组自交配合中能稳性较高的一组。

表 26　中花柱类型

I		II	
合法配合		合法配合	
12 朵花授以长花柱中等长雄蕊的花粉。这些雄蕊在长度上和中花柱的雌蕊相等		12 朵花授以短花柱中等长雄蕊的花粉。这些雄蕊在长度上和中花柱的雌蕊相等	
每个蒴果的好种子产量		每个蒴果的好种子产量	
138	122	112	109
149	50	130	143
147	151	143	124
109	119	100	145
133	138	33	12
144	0	—	141
—		104	
这些花的 92%(可能 100%)结了蒴果。每个蒴果平均含 127.3 粒种子		这些花的 100% 结了蒴果。每个蒴果平均含 108.0 粒种子;如把含 20 粒种子以下的蒴果除外,则每果平均种子数为 116.7 粒	

同种植物的不同花型

续表

III 非法配合		IV 非法配合	
13朵花授以长花柱最短雄蕊的化粉		15朵花授以短花柱最长雄蕊的花粉	
83	12	130	86
0	19	115	113
0	85 种子小而不佳	14	29
—	0	6	17
44	0	2	113
44	0	9	79
45	0	—	128
		132	0

这些花的 54％结了果。每个蒴果平均含 47.4 粒种子；如把含 20 粒种子以下的蒴果除外，则每果平均种子数为 60.2 粒

这些花的 93％结了蒴果，每个蒴果平均含 69.5 粒种子，如把含 20 粒种子以下的蒴果除外，则每果平均种子数为 102.8 粒

V 非法配合		VI 非法配合	
12朵花授以本类型最长雄蕊的花粉		12朵花授以本类型最短雄蕊的花粉	
92	0	0	0
9	0	0	0
63	0	0	0
—	0	—	0
136?①	0	0	0

① 我几乎一点也不怀疑第Ⅴ栏里 136 粒种子的这个实验结果是某种严重误差造成的。授以自己最长雄蕊花粉的花先用"白棉线"作了标记，授以长花柱类型的中等长雄蕊花粉的花则用"白丝线"作标记；一朵按后面这种方式授粉的花可能结出了 136 粒左右的种子，可以看到这个荚遗失了，这就是在第Ⅰ栏内最底部的那个荚。因此我简直一点也不怀疑我给一朵用"白棉线"作标记的花当作用"白丝线"作标记的花授了粉。关于和产生 136 粒种子的蒴果位于同一行的产生 92 粒种子的那个蒴果，我不知道该怎么想。我曾试图防止花粉从上面的一朵花掉到下面的一朵花上，我也曾试图记住在每次授粉后把镊子揩拭干净；但在进行 18 组不同配合的过程中，有时会遇到有风的日子，也会被周围闹哄哄飞来飞去的蜜蜂和苍蝇所干扰，因而出现少量误差，几乎是难以避免的；有一天我必须叫一位助手整天待在我的身旁，以便阻止蜜蜂光顾这等无遮盖的植株，因为它们在几秒钟的功夫内，就会造成不可弥补的损害。要把很小的双翅目昆虫排除在网外，也是极其困难的。1862 年我把一棵中花柱植株和一棵长花柱植株置于同一张大网下，因而造成了大的错误；1863 年我避免了这种错误。

V		VI
0		0
0		
如把含有 136 粒种子的蒴果除外,这些花的 25％结了蒴果,每果平均含 54.6 粒种子,如把含 20 粒种子以下的蒴果除外,则每果平均种子数为 77.5 粒		没有一朵花结果

除了上表所表明的实验外,我还用一把驼毛刷从它们本类型的最长雄蕊和最短雄蕊二者取得花粉给相当多的中花柱的花授了粉:只结出 5 个蒴果,每果平均产 11.0 粒种子。

表 27　短花柱类型

I		II	
合法配合		合法配合	
12 朵花授以长花柱最短雄蕊的花粉。这些雄蕊在长度上和短花柱的雌蕊相等		13 朵花授以中花柱最短雄蕊的花粉。这些雄蕊在长度上和短花柱的雌蕊相等	
69	56	93	69
61	88	77	69
88	112	48	53
66	111	43	9
0	62	0	0
0	100	0	0
	—	—	0
这些花的 83％结了蒴果。每果平均含 81.3 粒种子		这些花朵的 61％结了蒴果。每果平均含 64.6 粒种子	
III		IV	
非法配合		非法配合	
10 朵花授以长花柱的中等长雄蕊的花粉		10 朵花授以中花柱的最长雄蕊的花粉	
0	14	0	0
0	0	0	0
0	0	0	0
0	0	0	0
—	0	—	0
23		0	
任何平均数都过分不稳		任何平均数都过分不稳	

V 非法配合		VI 非法配合	
10朵花授以本类型最长雄蕊的花粉		10朵花授以本类型中等长雄蕊的花粉	
0	0	64?①	0
0	0	0	0
0	0	0	0
—	0	—	0
0	0	21	0
0	0	9	0
任何平均数都过分不稳		任何平均数都过分不稳	

除了表中的那些实验外，我还用它们自己的两类花粉给一些花授了粉，但未加特殊管理，它们连一个蒴果也不结。

实验结果提要

长花柱类型　26朵花由长度一致的雄蕊进行授粉，这些雄蕊属于中花柱类型和短花柱类型，所结蒴果的同型花 61.5％ 产生了种子，每果平均含 89.7 粒种子。

26朵长花柱的花由中花柱类型和短花柱类型的其他雄蕊进行异型花授粉，只结了两个很不好的蒴果。

30朵长花柱的花由本类型的两组雄蕊进行异型花授粉，只结了 8 个很不好的蒴果；但长花柱的花由蜜蜂授以自己雄蕊的花粉，则产生了大量蒴果，平均每果含 21.5 粒种子。

中花柱类型　24朵花由长度一致的雄蕊进行合法授粉，这些雄蕊属于长花柱类型和短花柱类型，所结蒴果的 96％（可能是 100％）产生了种子，每果平均含（一个含有 12 粒种子的蒴果未计）117.2 粒种子。

---

① 我怀疑我错误地用长花柱类型的最短雄蕊的花粉给第Ⅵ栏的这朵花来授粉，于是它产生了约 64 粒种子。这样授粉的花是以黑丝线作标记的；那些用短花柱中等长雄蕊的花粉来授粉的花是以黑棉线作标记的；因此错误大概就这样发生了。

15 朵中花柱的花由短花柱类型的最长雄蕊进行非法授粉,所结蒴果的 93% 产生了种子,每果平均含 102.8 粒种子(4 个产生种子在 20 粒以下的蒴果未计)。

13 朵中花柱的花由长花柱类型的中等长雄蕊进行非法授粉,所结蒴果的 54% 产生了种子,每果平均含 60.2 粒种子(一个含 19 粒种子的蒴果未计)。

12 朵中花柱的花由本类型最长雄蕊进行非法授粉,所结蒴果的 25% 产生了种子,每果平均含 77.5 粒种子(一个含 9 粒种子的蒴果未计)。

12 朵中花柱的花由本类型最短雄蕊进行非法授粉,连一个蒴果也没结。

短花柱类型　25 朵花由长度一致的雄蕊进行合法授粉,这些雄蕊属于长花柱类型和中等长花柱类型所结蒴果的 72% 产生了种子,每果平均含 70.8 粒种子(一个只含 9 粒种子的蒴果未计)。

20 朵短花柱的花由长花柱类型和中花柱类型的其他雄蕊进行非法授粉,只产生了 2 个很不好的蒴果。

20 朵短花柱的花由自己的雄蕊进行非法授粉,只产生了两个(也许是 3 个)不好的蒴果。

如果我们把所有 6 组合法的配合和所有 12 组非法配合分别合计,我们便得出下列结果:

表 28

配合的性质	授粉的花数	结出的蒴果数	每果平均种子数	每朵授粉的花所含平均种子数
6 组合法配合……	75	56	96.29	71.89
12 组非法配合……	146	36	44.72	11.03

因此按照结出蒴果的授粉花的比例来衡量,合法配合的能稔性和非法配合的能稔性相比为 100∶33;如果按照每果平均种子数来衡量,则二

者能稔性之比为 100：46。

根据这个提要以及上列各表，我们看到：只有最长雄蕊的花粉才能使最长雌蕊充分受精，只有中等长雄蕊的花粉才能使中等长雌蕊充分受精，也只有最短雄蕊的花粉才能使最短雌蕊充分受精。现在我们终于理解，为什么每种类型的雌蕊和另外两个类型的一组 6 个雄蕊在长度上几乎正好一致，因为这样每种类型的柱头便会擦过粘满适当花粉的昆虫身体的那一部分。同样明显的是，每种类型的柱头由最长的、中等长的和最短的雄蕊的花粉按 3 种不同方法授粉，因此对它们所起的作用很不相同。反过来说，12 个最长的，12 个中等长的，和 12 个最短的雄蕊的花粉对 3 种柱头的每一种所发生的作用也很不相同，所以有 3 套雌性器官和雄性器官。再者，在大多数场合中，每一套的 6 个雄蕊在授粉能力方面和另外一个类型的 6 个相对应的雄蕊多少有些不同。我们可以进一步得出下述明显的结论，即：雌蕊和那套雄蕊之间在长度上越不相等，如果用后者的花粉对前者进行授粉，则这个配合的不稔性也成比例地增加。关于这个法则毫无例外。要理解下面的情况，读者应注意表 25、表 26 和表 27，以及图 10，在长花柱类型中，最短雄花在长度上显然和雌蕊有所不同，其不同的程度比中等长雄蕊和雌蕊的差异更大：用最短雄蕊的花粉进行授粉后结的蒴果比用中等长雄蕊的花粉进行授粉后结的蒴果所含的种子较少；用中花柱类型最短雄蕊的花粉和用短花柱类型中等长雄蕊的花粉分别给长花柱类型授粉，也会出现和上面相同的结果。关于中花柱类型和短花柱类型，当用在长度上多少与雌蕊不等的雄蕊的花粉进行异型花授粉时，上述法则仍然适用。当然在这几种场合中不稔性的差异是微小的。就我们所能判断的来说，在每个场合中所用的雌蕊和雄蕊之间的长度越不相等，则不稔性越增大。

每种类型的雌蕊和另两种类型的一组雄蕊在长度上的一致大概是适应的直接结果，因为它可以导致充分的和合法授粉，而对这类物种高度有用。但是，非法配合的不稔性随着雌蕊和雄蕊之间长度不等的增加而增加,这一法则对这类物种就不能有什么用处了。对于某些花柱异长的二型植物来说,两种非法配合在能稔性上的差异乍一看是同自花授粉的难易程度有关,所以,如果由于器官的位置差异,使得一个类型自花授粉的倾向大于另一类型的话,那么这种配合由于使双方变得更加不稔而受到了抑制。但这种解释不适用于千屈菜属,例如对长花柱类型的柱头用自己中等长雄蕊的花粉或短花柱类型中等长雄蕊的花粉,比用它自己最短雄蕊的花粉或中花柱类型最短雄蕊的花粉更容易进行非法授粉。然而前面的两组配合会被料想由于不稔性的增加而受到抑制,但它们比另两组配合的不稔性要小得多,后者所受到的影响很可能不大。关于中花柱类型以及短花柱类型,就其一切非法配合的极端不稔性所容许作的任何比较来说,与上述相同的这种关系甚至以某种更加显著的方式得以适用。因此我们得出结论:不稔性随着雌蕊和雄蕊之间长度不等的增加而增加的法则,乃是一种毫无目的结果,由于这类物种通过一些变化而获得了适于保证3种类型进行合法授粉的某些性状,便附带产生了这种结果。

从表25、表26和表27,一眼便可看出另一个结论,即:中花柱类型同另两种类型的不同之处在于它的各种各样方式的授粉能力要高得多。这不仅表现在由长度一致的雄蕊进行合法授粉的那24朵花,全部或者除一朵外全部都结出富含种子的蒴果,而且还表现在其他4组异型花配合方面,由短花柱类型最长雄蕊进行非法授粉的花是高度能稔的。虽然这比那两组合法配合来得逊色,由长花柱类型中等长雄蕊进行非法授粉的花也有相当程度的能稔性;其余两组非法配合,即用本类型的自己花粉来授粉的,都是不稔的,但程度有所不同。因此,中花柱类型,在按6种不同的可能方式进行授粉时,显示出5个能稔性的等级。通过表26第Ⅲ栏和第Ⅵ栏的比较,我们可以看出长花柱类型最短雄蕊的花粉的作用和中花柱类型最短雄蕊的花粉的作用大不一样:在一种情况下被授粉的花半数以上结出了蒴果,其中含有相当数量的种子;在另一种情况下连一个蒴果也不结。还有,短花柱和中花柱类型（在第Ⅳ和第Ⅴ栏内）最长雄蕊的绿色大粒花粉的情况大不相同。在这两种情况下花粉的作用是如此明显的不同，以致不可能搞错，但能加以证实。如果我们看一看表 27 里长花柱类型和中花柱类型的最短雄蕊对短花柱类型的合法授粉作用，我们就会再次看到某种相似的、但程度上稍为轻微的差异，施用中花柱类型最短雄蕊的花粉比施用长花柱类型最短雄蕊的花粉在 1862 和 1863 年两年间产出种子的平均数为小。此外，如果我们看一看表 25 里那两组最长雄蕊的绿色花粉对长花柱类型的合法授粉作用，我们将发现恰恰相同的结果，即：施用中花柱类型最长雄蕊的花粉比施用短花柱类型最长雄蕊的花粉在两年里产出的种子为少。由此可以肯定，中花柱类型所产生的两类花粉比另两种类型的相应雄蕊所产生的两种相似花粉在授粉能力上为小。

中花柱类型两种花粉的授粉能力较小，同这一事实密切关联的一个事实，按照 H. 米勒所说，是这两种花粉粒的直径都比另两种类型所产的相应花粉粒稍微小一点。例如，中花柱类型最长雄蕊的花粉粒直径是 9～10，而短花柱类型的相应雄蕊的花粉粒直径则是 9.5～10.5。还有，中花柱类型最短雄蕊的花粉粒是 6，而长花柱类型的相应雄蕊的花粉粒直径是 6～6.5。因此中花柱类型的雄性器官虽然尚未退化，但看来似乎有朝着这个方向变化的趋势。另一方面，这种类型的雌性器官则处于一种效率显著的状态，因为自然授粉后的蒴果所产生的平均种子数比另两种类型的大得多——几乎每朵按合法授粉方式进行人工授粉的花都结了一个蒴果——大多数的非法配合也是高产的。这样，中花柱类型似乎具有高度雌性的性质，而且正如刚才讲过的，虽然不能认为其产生大量花粉的两套发育良好的雄蕊处于某种退化状态。但我们几乎不可避免地把这种类型雌性器官的较高效率和其两类花粉粒的较低效能与较小体积看作一种平衡而将二者联系起来。这整个情况在我看来是非常奇妙的。

从表 25～27 可以看出，有些非法配合不论在哪一年都不结一粒种子；但，从长花柱植物的情况来判断，如果这种配合在最有利的条件下受到昆虫助力的反复影响，那么在每个场合中大概都会结出少量种子的。不管怎样，在所有 12 组非法配合中，花粉管经历 18 个小时都可伸入柱头。最初我想如果把两类花粉一齐放在同一个柱头上，也许会比单用一类花粉产出更多的种子；但我们已经看到对于每种类型自己的两类花粉来说，情况并不如此。在任何场合中，大概都不会这样，例如，我只施用一种花粉，也偶尔获得了大量种子，所产种子之多就像自然授粉后所结出的蒴果那样。此外，单独一个花药的花粉远远超出了给一个柱头充分授粉的需要；因为，关于这种植物，也像许多其他植物那样，所产生的每种花粉量均在每种类型充分授粉需要量的 12 倍以上。我从花朵上捉到了一些蜜蜂，从它们身体粘着的花粉状况来看，大概在所有 3 种柱头上都常常有各种花粉；但根据上述有关报春花属两种类型的事实来看，几乎无法怀疑取自长度一致的雄蕊的花粉对任何别类的花粉都居优势并会消除后者的影响——即使后者已在几个小时之前置柱头上，也是如此。

最后，现在已证明千屈菜表现了一个特别的事例，即：同一个物种具有在结构和功能上各不相同的 3 种雌性器官，还有 3 组或者甚至 5 组雄性器官（如果细小的差异也考虑在内的话），每组含有 6 支同样在结构和功能各不相同的雄蕊。

格氏千屈菜（*Lythrum graefferi*）　我检查过这个物种的大量干花，每朵花采自一个不同的植株，都是从邱园植物园送来的。它和千屈菜一样，也是三型的，其 3 种类型显然以大约相等的数目出现。长花柱类型的雌蕊伸出花萼口的长度约为萼长的三分之一，因此相对地比千屈菜的雌蕊短得多。其球状多毛的柱头比另两种类型的柱头大：6 个中等长雄蕊的长度是级进的，它们的花药有的位于花萼口的上头，有的位于下头；6 个最短雄蕊稍高出于花萼的中部。中花柱类型的柱头刚刚伸出花萼口外，并与长花柱类型和短花柱类型的中等长雄蕊差不多位于同一个水平上；它自己的最长雄蕊远远伸出于花萼口之

上,其位置稍高于长花柱类型柱头的水平。简而言之,这个物种和千
屈菜在结构上高度相似,但在各部分的比例长度上有所不同。3 种雌
蕊的每一种都和另两种类型的雄蕊长度相一致,这一事实尤为引人注
目。中花柱类型最长雄蕊的花粉粒直径差不多是最短雄蕊的花粉粒
的两倍,因此这方面的差异比在千屈菜中更大。在长花柱类型中,中
等长雄蕊和最短雄蕊的花粉粒直径的差异也比在千屈菜中更大。然
而在相信这些比较时千万要小心,因为进行这些比较所用的标本是经
长期干燥保存后浸泡于水中的。

百里香叶千屈菜(*Lythrum thymifolia*) 按照沃歇的说法[1],这
一类型像报春花属那样,也是二型的,因而只呈现两种类型。我从邱
园植物园收到了两朵干花,包括两种类型:其中一种类型的柱头远远
伸出花萼之外,另一类型的柱头则包于花萼之内,后者的花柱长度只
有前者的花柱长度的四分之一。只有 6 个雄蕊,这些雄蕊的长度是级
进的,短花柱类型雄蕊的花药稍微高出于柱头之上,但和长花柱类型
雌蕊的长度不相等。后者的雄蕊比前者的雄蕊稍短。6 个雄蕊和花瓣
交互排列,因而同千屈菜和格雷氏千屈菜的最长雄蕊有一致的同源。

神香草叶千屈菜(*Lythrum hyssopifolia*) 沃歇说过,这个物
种是二型的,但我相信这种说法有误。我检查过 H. C. 沃森(Hewett
C. Watson)先生、巴宾顿(Babington)教授以及其他人士从各个不同地
方给我送来的 22 棵不同植株的干花。这些花基本上都是相像的,所
以这个物种不可能是花柱异长的。雌蕊的长度多少有些变化,但一旦它
的长度异乎寻常,则雄蕊一般也同样是长的。在芽内雄蕊是短的,沃
歇也许就这样受骗了。有 6~9 个雄蕊的长度是级进的。3 个雄蕊有
时存在,有时缺失,它们和千屈菜的 6 个短雄蕊相一致,也和百里香叶
千屈菜的 6 个总是缺失的雄蕊相一致。柱头被包在花萼内,其位置相
当于花药的中部,一般都会由这等花药授粉;但由于柱头和花药都是
朝上翻转的,并且按照沃歇的说法,由于在花的上侧留有一条通道通

---

[1] 《欧洲植物的自然科学史》,第 2 卷,1841 年,369,371 页。

向蜜腺,因此几乎无法怀疑昆虫曾光顾过这种花,并偶尔会通过昆虫进行异花授粉,千屈菜短花柱类型的花确有这种情况,它的雌蕊和另两种类型的相应雄蕊同神香草叶千屈菜的雌蕊和相应雄蕊的情况是类似的。按照沃歇和列科克的说法[1],这个物种是一年生的,一般差不多是单独生长的,然而上述 3 个物种则是群生的。仅仅这一事实差不多就会使我相信,神香草叶千屈菜不是花柱异长的,因为这样的植物通常不能单独生长,其情况就像一个雌雄异株的物种的一种性别无法单独生长一样。

因而我们看到,在这个属内有些种是花柱异长和三型的,有一个种显然是花柱异长和二型的,还有一个种是花柱同长的。

轮生尼赛千屈菜(*Nesaea verticillata*)—我用阿萨·格雷教授送给我的种子培育出一些植株,它们呈现了 3 种类型。这些植株在结实器官的比例长度方面以及在所有方面都互不相同,其情况几乎和格雷氏千屈菜的 3 种类型差不多。它的最长雄蕊的绿色花粉在不吸水膨胀的情况下,量其长轴,其长度为 $\frac{13}{7000}$ 英寸;中等长雄蕊的花粉粒为 $\frac{9\sim10}{7000}$ 英寸,最短雄蕊的花粉粒为 $\frac{8\sim9}{7000}$ 英寸。所以最大花粉粒直径和最小花粉粒直径之比为 100∶65。这种植物在美国生长于沼泽地。按照弗里茨·米勒的说法[2],巴西南部的圣凯塞林娜有这个属的一个物种是花柱同长的。

紫薇(*Lagerstroemia indica*)—这种植物是千屈菜科的一个成员,也许是花柱异长的,或在以前可能是花柱异长的。它的雄蕊的极端变异性是引人注目的。生长在我的温室里的一棵植株上的花含有 19～29 个具有黄色花粉的短雄蕊,其位置和千屈菜属的最短雄蕊相一致。它还含有 1～5 个(后面的数字最普遍)很长的雄蕊,具有肉色的粗花丝和绿色花粉,其位置和千屈菜属的最长雄蕊相一致。在一朵花中,3

---

① 《欧洲植物地理学》(*Geograph. Bot. de l'Europe*),第 6 卷,1857 年,157 页。
② 《植物学报》,1868 年,112 页。

个长雄蕊的花丝虽然全是粗的和肉色的,但其中两个产生绿色花粉,而第三个却产生黄色花粉。另一朵花的一个花药,其中一室含有绿色花粉而另一室却含有黄色花粉。不同长度的雄蕊所具有的绿色花粉粒和黄色花粉粒的大小是相同的。雌蕊稍微朝上翻转,柱头的位置在短雄蕊和长雄蕊的花药之间,因此这种植物是中花柱的。用绿色花粉给 8 朵花授了粉,还用黄色花粉给 6 朵花授了粉,但无一结实。后面这一事实证明这种植物绝不是花柱异长的,因为它可能属于自花不稔的那一类物种。生长在加尔各答植物园里的另一棵植株,像 J. 斯科特先生告诉我的,是长花柱的,用它自己的花粉也是同等不稔的;同时女王紫薇(*L. reginae*)的一棵长花柱植株,虽然单独生长,却结了实,我检查了小花紫薇(*L. parviflora*)的两棵植株的干花,二者的花全是长花柱的,而它们和紫薇的区别在于具有 8 个带粗花丝的长雄蕊和一丛短雄蕊。因而有关紫薇是不是花柱异长的证据是非常矛盾的:短雄蕊和长雄蕊数量的不相等,它们的极端变异性,特别是它们的花粉粒大小并无不同的事实,都强烈地同这种信念相抵触;另一方面,两棵植株的雌蕊长度的差异,用自己花粉的不稔性,同一朵花的两组雄蕊在长度和结构上的差异,以及花粉颜色的差异,都同这一信念相符合。我们知道,当任何种类的植物返归原先的状态时,它们就成为高度变异的,同一器官的两半有时差异很大,上述紫薇属花药的情况就是这样;因此我们可以猜想这个物种一度是花柱异长的,而且仍然保持着其原先状态的痕迹,并具有返归以往更加完善状态的趋势。由于同紫薇属的性质有关系,值得注意的是,神香草叶千屈菜是一个花柱同长的物种,其中有些短雄蕊变异于有无之间,而且在百里香叶千屈菜中,这等雄蕊则全都缺如。千屈菜科的另一属叫萼距花属(*Cuphea*),我从种子育得的这个属的 3 个种肯定都是花柱同长的。尽管如此,它们的雄蕊还具有不同长度、不同颜色和不同粗细的两组花丝,但它们的花粉粒在大小或颜色方面都没有差异,因此它们同紫薇属的雄蕊非常相似。我发现紫红萼距花(*Cuphea purpurea*)用自己的花粉进行人工授粉是高度能稔的,不过一旦把昆虫排除在外就成为不稔的了[①]。

酢浆草属(牻牛儿苗科)

罗艺·特里门先生(Mr. Roland Trimen)1863 年从好望角写信告诉我说,他在那里发现过呈现 3 种类型的酢浆草属(*Oxalis*)的一些种,他还附来了它们的干标本和图样。他从一个种的不同植株采集了43 朵花,包含有 10 朵长花柱的,12 朵中花柱的以及 21 朵短花柱的。他从另一个种采集了 13 朵花,其中有 3 朵长花柱的,7 朵中花柱的以及 3 朵短花柱的。通过对若干植物标本的检查,希尔德布兰德教授1866 年曾证明[②],20 个种确实是花柱异长的和三型的,另 51 个种也几乎肯定如此。他也曾对只属于一个类型的活植株作过一些有趣观察,因为他那时没有任何一个活物种的 3 种类型。从 1864 年至 1868 年间我偶尔对美丽酢浆草(*Oxalis speciosa*)进行过试验,但至今还没有时间来发表这项结果。1871 年希尔德布兰德发表了一篇令人钦佩的论文[③],他在文中阐述了在酢浆草属两个物种的场合中,三种类型的性关系几乎同千屈菜的性关系是一样的。现在我把他的观察结果摘要如下,然后再介绍一下我自己所做的尚欠完善的观察结果。我愿先给出说明:在我所见到的一切物种中,长花柱类型的 5 个直立雌蕊的柱头同另两种类型的最长雄蕊的花药位于同一水平。在中花柱类型中,

---

① 斯彭斯先生(Mr. Spence)告诉我说在南美采集的莫利亚属(*MoIlia*)(椴科)的几个种,其 5 股外侧雄蕊具有紫色花丝和绿色花粉,同时其 5 股内侧雄蕊则具有黄色花粉。所以他猜想这些种大概可以被证明是花柱异长的和三型的,但他没有注意雌蕊的长度。在同源的卢希亚椴(*Luhea*)中,外侧的紫色雄蕊没有花药。我从邱园植物园得到小鳞片莫利亚(*Mollia lepidota*)和美丽莫利亚(*M. speciosa*)的一些标本,但不能发现不同植株的雌蕊长度是不同的;而且我所检查过的一切植株,其柱头都位于最高的花药的紧下方。大量雄蕊的长度都是级进的,最长雄蕊和最短雄蕊的花粉粒直径没有表现任何显著差异。因此这些种看来并不是花柱异长的。

② 《柏林科学院月报》(*Monatsber. der Akad. der Wiss. Berlin*),352,372 页。他在《性别的分布》(*Geschlechter-Vertheilung. & C.*),1867 年,42 页,提供了 3 种类型的图样。

③ 《植物学杂志》,1871 年,第 416,432 页。

柱头从最长雄蕊的花丝间穿出（如亚麻属短花柱类型的情况）；并且它们的位置较近于上部花药，而同下部花药的距离则较远。短花柱类型的柱头也从花丝间穿出，几乎同花萼顶端位于同一水平。后面这一类型和中花柱类型的花药的直立高度相当于另两种类型的相应柱头的高度。

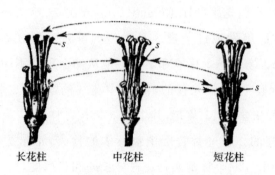

长花柱　　　　中花柱　　　　短花柱

图 11　美丽酢浆草（花瓣已摘除）

SSS 表示柱头。带箭头的虚线表示必须把花粉运到柱头上来进行合法授粉。

智利酢浆草（*Oxalis valdiviana*）　　这个种生长于南美西海岸，开黄花。希尔德布兰德说，它的 3 种类型的柱头并无任何显著差异，但是，只有短花柱类型的雌蕊缺茸毛。花粉粒的直径有如表 29。

表 29

	测微计的刻度
取自短花柱类型最长雄蕊者	…………8～9
取自短花柱类型中等长雄蕊者	…………7～8
取自中花柱类型最长雄蕊者	………8
取自中花柱类型最短雄蕊者	………6
取自长花柱类型中等长雄蕊者	………7
取自长花柱类型最短雄蕊者	………6

因此直径的最大差异为 8.5：6，即 100：71。希尔德布兰德的试验结果见下表（表 30），这是按照我通常的格式制作的。他用同一朵花的两组花药的花粉给每种类型进行授粉，他还用同一类型不同植株一些花的两组花药的花粉进行授粉，但这两种密切近似的授粉方法的效果并没有多大差异，以致我没有把它们分别加以保存。

表30　智利酢浆草(引自希尔德布兰德)

配合的性质	授粉花朵数	产生的蒴果数	每果含种子数
长花柱类型授以短花柱的最长雄蕊的花粉 合法配合	28	28	11.9
长花柱类型授以中花柱的最长雄蕊的花粉 合法配合	21	21	12.0
长花柱类型授以自己的和本类型中等长雄蕊的花粉 非法配合	40	2	5.5
长花柱类型授以自己的和本类型最短雄蕊的花粉 非法配合	26	0	0
长花柱类型授以短花柱的最短雄蕊的花粉 非法配合	16	1	1
长花柱类型授以中花柱的最短雄蕊的花粉 非法配合	9	0	0
中花柱类型授以长花柱的中等长雄蕊的花粉 合法配合	38	38	11.3
中花柱类型授以短花柱的中等长雄蕊的花粉 合法配合	23	23	10.4
中花柱类型授以自己的和本类型最长雄蕊的花粉 非法配合	52	0	0
中花柱类型授以自己的和本类型最短雄蕊的花粉 非法配合	30	1	6
中花柱类型授以长花柱的最短雄蕊的花粉 非法配合	16	0	0
中花柱类型授以短花柱的最长雄蕊的花粉 非法配合	16	2	2.5
短花柱类型授以长花柱的最短雄蕊的花粉 合法配合	18	18	11.0
短花柱类型授以中花柱的最短雄蕊的花粉 合法配合	10	10	11.3
短花柱类型授以自己的和本类型最长雄蕊的花粉 非法配合	21	0	0
短花柱类型授以自己的和本类型中等长雄蕊的花粉 非法配合	22	0	0
短花柱类型授以中花柱的最长雄蕊的花粉 非法配合	4	0	0
短花柱类型授以长花柱的中等长雄蕊的花粉 非法配合	3	0	0

在这里我们获得的显著结果表明,3 种类型的 138 朵合法授粉的花全部结出了蒴果,平均含 11.33 粒种子。而在 255 朵非法授粉的花中,只有 6 朵花结实,平均含 3.83 粒种子。因此 6 组合法配合同 12 组非法配合的能稔性之比,根据结实花朵的比例数推算,为 100:2;根据每果平均种子数推算,则为 100:34。还可以补充一点:一些用网保护起来的植株没有自发地结出任何果实,一棵没有遮盖任其单独生长并且有蜜蜂光顾过的植株也不结实。另一方面,邻近生长的 3 种类型的一些无遮盖植株几乎没有一朵花不结实的。

巴西酢浆草(*Oxalis Regnelli*)　　这个物种开白花,生长在巴西南部。希尔德布兰德说,其长花柱类型的柱头稍大于中花柱类型的柱头,而后者又稍大于短花柱类型的柱头。短花柱类型的雌蕊覆盖着一层少许茸毛,同时另两种类型的雌蕊则遍布茸毛。两组最长雄蕊的花粉粒直径等于测微计 9 个刻度——长花柱类型中等长雄蕊的花粉粒直径在 8~9 个刻度之间,而短花柱类型的花粉粒直径为 8 个刻度——两组最短雄蕊的花粉粒直径为 7 个刻度。所以,直径的最大差异为 9:7,或 100:78。希尔德布兰德所做的试验不像前一试验的项目那么多,试验结果列于表 31,排列格式同上。

表 31　巴西酢浆草(引自希尔德布兰德)

配合的性质	授粉花数	产生的蒴果数	每果平均种子数
长花柱类型,授以短花柱最长雄蕊的花粉 合法配合	6	6	10.1
长花柱类型,授以中花柱最长雄蕊的花粉 合法配合	5	5	10.6
长花柱类型,授以自身中等长雄蕊的花粉 非法配合	4	0	0
长花柱类型,授以自身最短雄蕊的花粉 非法配合	1	0	0
中花柱类型,授以短花柱中等长雄蕊的花粉 合法配合	9	9	10.4

配合的性质	授粉花数	产生的蒴果数	每果平均种子数
中花柱类型,授以长花柱中等长雄蕊的花粉 合法配合	10	10	10.1
中花柱类型,授以自身最长雄蕊的花粉 非法配合	9	0	0
中花柱类型,授以自身最短雄蕊的花粉 非法配合	2	0	0
中花柱类型,授以短花柱最长雄蕊的花粉 非法配合	1	0	0
短花柱类型,授以中花柱最短雄蕊的花粉 合法配合	9	9	10.6
短花柱类型,授以长花柱最短雄蕊的花粉 合法配合	2	2	9.5
短花柱类型,授以自身中等长雄蕊的花粉 非法配合	12	0	0
短花柱类型,授以自身最长雄蕊的花粉 非法配合	9	0	0
短花柱类型,授以长花柱中等长雄蕊的花粉 非法配合	1	0	0

所得结果差不多同前例一样,只是更为显著,因为属于 3 种类型的 41 朵花经正常授粉后全都结了蒴果,平均含 10.31 粒种子;同时非法授粉的 39 朵花则不结任何蒴果或种子。因此这 6 组合法配合和若干组非法配合的能稔性之比,不论按结实花的比例数或按每果平均种子数推算,都是 100∶0。

美丽酢浆草(*Oxalis speciosa*) 这个物种开紫花,是从好望角引进的。我们已经图示了这 3 种类型的生殖器官(图 11)。其长花柱类型柱头(含表面的乳头状突起)是短花柱类型柱头的两倍大,其中花柱类型的柱头则大小居间。3 种类型雄蕊的花粉粒直径较长,有如表 32 所述。

表 32

	测微计上的刻度
短花柱最长雄蕊花粉粒直径	15 至 16
短花柱中等长雄蕊花粉粒直径	12 至 13
中花柱最长雄蕊花粉粒直径	16
中花柱最短雄蕊花粉粒直径	11 至 12
长花柱中等长雄蕊花粉粒直径	14
长花柱最短雄蕊花粉粒直径	12

因此,花粉粒直径的最大差异为 16∶11,或 100∶69。但由于这些测量是在不同时间进行的,所以它们只可能大致精确。我给 3 种类型授粉的试验结果列于表 33。

表 33　美丽酢浆草(引自希尔德布兰德)

配合的性质	授粉花数	产生的蒴果数	每果平均种子数
长花柱类型,授以短花柱最长雄蕊的花粉 合法配合	19	15	57.4
长花柱类型,授以中花柱最长雄蕊的花粉 合法配合	4	3	59.0
长花柱类型,授以本类型中等长雄蕊的花粉 非法配合	9	2	42.5
长花柱类型,授以本类型最短雄蕊的花粉 非法配合	11	0	0
长花柱类型,授以中花柱最短雄蕊的花粉 非法配合	4	0	0
长花柱类型,授以短花柱中等长雄蕊的花粉 非法配合	12	5	30.0
中花柱类型,授以长花柱中等长雄蕊的花粉 合法配合	3	3	63.6
中花柱类型,授以短花柱中等长雄蕊的花粉 合法配合	4	4	56.3
中花柱类型,授以本类型最长和最短雄蕊的 混合花粉非法配合	9	2	19
中花柱类型,授以短花柱最长雄蕊的花粉 非法配合	12	1	8
短花柱类型,授以中花柱最短雄蕊的花粉 合法配合	3	2	67
短花柱类型,授以长花柱最短雄蕊的花粉 合法配合	3	3	54.3

续表

配合的性质	授粉花数	产生的蒴果数	每果平均种子数
短花柱类型,授以本类型最长雄蕊的花粉 非法配合	5	1	8
短花柱类型,授以本类型中等长雄蕊的花粉 非法配合	3	0	0
短花柱类型,授以本类型最长 和中等长雄蕊的混合花粉 非法配合	13	0	0
短花柱类型,授以中等长花柱最长雄蕊的花粉 非法配合	7	0	0
短花柱类型,授以长花柱中等长雄蕊的花粉 非法配合	10	1	54

这里我们看到 3 种类型的 36 朵花经合法授粉后结出 30 个蒴果,平均含 58.36 粒种子;95 朵花经非法授粉后结出 12 个蒴果。因此,6 组合法配合与 12 组非法配合的能稔性之比,根据结实花的比例数推算,为 100∶15,根据每果平均种子数推算,则为 100∶49。这种植物比上述南美的两个种所结的种子要多得多,而且非法授粉的花并非完全不稔。

玫瑰红花酢浆草（*Oxalis rosea*） 在这个活的三型智利物种中,希尔德布兰德只拥有长花柱类型[①]。其两组花药的花粉粒直径的差异为 9∶7.5,或 100∶83。他进一步阐述了,在酢浆草属其他 5 个种中,同一朵花上两组花药的花粉粒之间存在着相似的差异,那些已经描述过的差异除外。现在描述的这个物种同上述被试验过的那 3 个物种的长花柱类型显著不同,表现在当用本类型花粉授粉时结实花的比例数要大得多。希尔德布兰德用中等长雄蕊的花粉（取自同一朵花或另一朵花）给 60 朵花授粉,它们结出的蒴果不下于 55 个,或占 92%。这些蒴果平均含 5.62 粒种子,但我们无法判断这个平均数同非法授粉

---

① 《柏林科学院月报》,1866 年,372 页。

的花在结实方面的接近程度。他还用最短雄蕊的花粉给 45 朵花授粉，这些花只结出 17 个蒴果，或 31％，平均只含 2.65 粒种子。这样，我们便可看到，当用中等长雄蕊的花粉授粉时，结实花数和蒴果所含种子数分别为用最短雄蕊的花粉授粉者的三倍和两倍。这样看来（关于美丽酢浆草，我们也发现了同样事实的某种证据），同一法则对酢浆草属和对千屈菜一样适用。这个法则是：在任何两组配合中，雄蕊和雌蕊在长度上的不等程度越大，换句话说，花药距离柱头越大，用这种花粉授粉，则这种配合的能稔性就越低——不论从结实花的比例数或从每果种子平均数来判断均如此。如果假设自花授粉的倾向越大，配合的不稔性越大，因而抑制了自花授粉，那么这一法则在这一事例中不会比在千屈菜属中得到更多说明，因为相反的情形确实出现过，即雄蕊和雌蕊如果距离最近，这种配合的自花授粉倾向就最大，而且这等配合就比较能稔。我可以进一步补充，我也拥有这个种的一些长花柱植株：有一株用网罩住，它自发地结了少量蒴果，虽然和一棵单独生长、但向蜜蜂开放的植株所结的蒴果相比是为数极少的。

就酢浆草属的大多数物种而言，当 3 种类型进行非法授粉时，最不稔的似乎是短花柱类型；在已经举出的那些事例中，我还可以补充两例。我用扁酢浆草（*O. compressa*），自己两组雄蕊的花粉（二者花粉粒直径之比为 100∶83）给 29 朵短花柱花授粉没有一朵结出蒴果。我以前栽培过一个物种的短花柱类型达数年之久，它是在鲍氏酢浆草（*O. bowii*）的名称下买来的（但我对它的名称是否确切有些怀疑），我用它们自己的两类花粉给许多花授粉，但从来没有获得一粒种子。这两类花粉粒直径的差异和通常一样。另一方面，希尔德布兰德说，莲座酢浆草（*O. deppei*）的短花柱类型当单独生长时，却结出大量种子；但不能肯定知道这个种是花柱异长的，而且两组花药的花粉粒直径并无差异。

弗里茨·米勒写信告诉我的一些事实提供了极好的证据来证明，酢浆草属某些三型种有一种类型在隔离生长时是极其不稔的。他在巴西的圣凯瑟琳娜见过一块数英亩大小的幼嫩甘蔗田，上面开满了只是一种类型的红花，这些花连一粒种子也不结。他本人有一块地，布满了一个开白花的三型种的短花柱类型，这同样是不稔的；但当这3种类型在他的花园中栽培在一起时，它们就自由地结籽。关于另外两个三型种，他发现隔离栽培的植株总是不稔的。

　　弗里茨·米勒以前认为在圣凯瑟琳娜繁茂生长于数英里长路边的酢浆草属的一个种是二型的，而不是三型的。虽然雌蕊和雄蕊在长度上变异很大，在我收到的一些标本中可以明显地看到这种情形，可是这种植物仍能根据这等器官的长度而区分为两组。有一大部分花药呈白色并完全没有花粉；其他淡黄色的花药含有许多坏花粉夹杂着一些好花粉粒；另外还有鲜黄色的花药则含有明显的好花粉，但他在这个种的植株上从未找到过任何果实。有些花的雄蕊已部分转变为花瓣。我描述过各式各样的花柱异长物种异型花配合所产生的后代，以后即将谈到。弗里茨·米勒读了我的描述后，猜想酢浆草属的这些植株可能是一些三型种的单独一个类型的变异的和不稔的后代，这些种也许意外地被引进这地区，此后在那里进行了无性繁殖。这种繁殖对不必用种子来生产，大概会有很大帮助。

　　感应酢浆草［*Oxalis*（*Biophytum*）*sensitiva*］　　许多植物学家把这种植物列为一个不同的属。思韦茨先生（Mr. Thwaites）从锡兰给我送来许多保存在酒精中的花朵，它们显然都是三型的。其长花柱类型的花柱覆被着许多稀疏的茸毛，茸毛有简单的，也有具腺的。这种茸毛在中花柱类型的花柱上就少得多，而在短花柱类型的花柱上则完全缺如，所以这种植物在这方面同智利酢浆草和巴西酢浆草相类似。假定长花柱类型柱头的两个裂片长度为100，则中花柱类型的为141，而短花柱类型的为164。在这个属的3种类型柱头不同大小的所有其他事例中，其差异的性质正好相反，即：长花柱类型的柱头最大，短花柱类型的柱头最小。如果把最长雄蕊的花粉粒直径用100来表示，则中等长雄蕊的花粉粒直径为91，而最短雄蕊的花粉粒直径为84。我们在本书最后一章将会看到,这种植物以产生长花柱的、中花柱的以及短花柱的闭花授粉的花而著称。

酢浆草属的花柱同长物种　　虽然在酢浆草这个大属中大多数的种似乎都是三型的,但仍有一些种是花柱同长的,也就是,以单独一种类型而存在。例如,普通的白花酢浆草(*O. acetosella*),还有希尔德布兰德所说的其他两个广泛分布的欧洲种,劲直酢浆草(*O. stricta*)和酢浆草(*O. corniculata*)。弗里茨·米勒也告诉过我,在圣凯瑟琳娜发现了体质相似的一个种,它在昆虫被隔绝的情况下,用自己的花粉是完全能稔的。劲直酢浆草的柱头和另一个花柱同长的种旱金莲酢浆草(*O. tropaeoloides*)的柱头,通常都同上部的花药位于同一水平,这两个种在昆虫被隔绝的情况下,也同样十分能稔。

至于白花酢浆草,希尔德布兰德说在他检查过的许多标本中,雌蕊在长度上都超过了较长雄蕊。我从生长在英格兰 3 个相隔遥远的地方的 108 棵植株上取得了 108 朵花,其中 86 朵花的柱头向上伸出,超过上部花药很多,同时还有 22 朵花的柱头同上部花药差不多位于同一水平。采自同一树林中的一组 17 朵花,每朵花的柱头完全伸出于上部花药之上,其程度就像这些花伸出于下部花药之上一样。所以这等植物大概完全可以同一个花柱异长物种的长花柱类型相比,我开始也认为白花酢浆草是三型的。但这仅是具有巨大变异性的一个事例。正如希尔德布兰德和我自己所观察到的那样,两组花药的花粉粒直径并无差异。我用一棵不同植株的花粉给几棵植株上的 12 朵花授粉,我选用的这棵不同植株具有不同长度的雌蕊。其中 10 朵花(83%)结了蒴果,平均含 7.9 粒种子。对 14 朵花用它们自己的花粉授粉,其中 11 朵花(70%)结了蒴果,每果平均所含种子数较大,即 9.2 粒。因此,这些植株在功能上没有丝毫迹象表明它们是花柱异长的。我可以补充一点,用一张网保护起来的 18 朵花任其自行授粉,其中只有 10 朵花(55%)结了蒴果,平均只含 6.3 粒种子。因此,昆虫的接近或人工辅助授粉,都提高了这些花的能稔性。我还发现这一点特别适用于那些具有短雌蕊的花。应该记住，这等花都是倒挂的，因此那些具有短雌蕊的花大概极少可能接受自己的花粉，除非是靠一些方法的帮助。

最后，正如希尔德布兰德所说的，没有证据表明酢浆草属的任何一个花柱异长的物种有变为某种雌雄异株状态的趋势，祖卡里尼(Zuccarini)和林德利(Lindley)根据三种类型生殖器官的差异做出过这样推论，但他们对这种差异的意义并不理解。

海寿花属［种？］（雨久花科）

弗里茨·米勒发现了这种水生植物，它和百合科(Liliaceae)是同源的，在巴西南部一条河的两岸生长得最茂盛[1]。但只发现两种类型，它们的花包含 3 个长的和 3 个短的雄蕊。在送给我的两朵干花中，长花柱类型雌蕊的长度及其柱头在大小上同短花柱类型的相同器官相比，分别为 100∶32 和 100∶80。长花柱类型的柱头在同一朵花中伸出于上部花药很多，并同短花柱类型的上部花药位于同一水平。后者的柱头位于它自己的两组花药之下，并同长花柱类型短雄蕊的花药位于同一水平。短花柱类型长雄蕊花药的长度同长花柱类型短雄蕊花药的长度相比为 100∶88。短花柱类型长雄蕊的花粉粒直径与同类型短雄蕊的花粉粒直径在吸水膨胀后之比为 100∶87，这是根据对每一类的 10 次测量结果推算出来的。这样，我们便可看到，这两种类型的这种器官是彼此不同的，它们的排列方式同千屈菜属和酢浆草属三型物种的长花柱类型和短花柱类型的排列方式也是相似的。此外，海寿花属(Pontederia)长花柱类型的长雄蕊以及短花柱类型的短雄蕊，都安排在某个适当位置便于向中花柱类型的柱头授粉。但是，弗里茨·

---

[1] 《海寿花属的三型性》(Über den Trimorphismus der Pontederien)，《耶拿科学杂志》，第 6 卷，1871 年，74 页。

米勒虽然检查了大量的植株,却未能找到一棵属于中花柱类型的植株。长花柱和短花柱植株的老龄花结出过大量明显的好果实。这一点大概是可以预料到的,因为它们彼此能够进行同型花授粉。虽然他未能找到这个物种的中花柱类型,但在他的花园里,他拥有另一个种的一些植株,所有这些植株全部都是中花柱的。在这个事例中,长雄蕊花药的花粉粒直径与同一朵花的短雄蕊花药的花粉粒直径之比,按对每一类的 10 次测量结果推算,为 100:86。这些中花柱的植株如果孤立地生长,它们从不结任何果实。

考虑到这若干事实,就几乎无法怀疑海寿花属的这两个物种全是花柱异长和三型的。这是一个有趣的事例,因为还不知道有别的单子叶植物是花柱异长的。此外,它们的花是不整齐的,而所有其他花柱异长植物都具有几乎对称的花。这两种类型在花冠的颜色方面多少有所不同,短花柱者呈深蓝色,同时长花柱者则趋向紫色,还不知道有类似这样的其他事例。最后,3 个长雄蕊和 3 个短雄蕊是交替排列的,而在千屈菜属和酢浆草属中长雄蕊和短雄蕊分属于不同的轮。关于巴西南部野生海寿花属缺少中花柱类型的情况,大概是由于原先引进到那里的只有两种类型,因为正如我们在后面将从希尔德布兰德、弗里茨·米勒和我自己的观察中见到的那样,当酢浆草属的一种类型专由其他两种类型中的任何一种类型授粉时,其后代一般属于两个亲本类型。

弗里茨·米勒告诉我说,他最近发现了海寿花属的第三个物种,具有全部三种类型,一齐生长在巴西南部内地的池塘里,因而关于这个属含有三型物种,就没有任何可怀疑的余地了。他给我送来了全部 3 种类型的干花。长花柱类型的柱头稍微位于花瓣尖端之上,并同另两种类型的最长雄蕊的花药位于同一水平。其雌蕊长度和中花柱类型的雌蕊长度之比为 100:56,同短花柱类型的雌蕊长度之比为 100:16。雌蕊顶端朝上弯曲成 90°,其柱头比中花柱的柱头稍宽,并以约 7:4 的比率宽于短花柱的柱头。中花柱类型的柱头位置稍高于花冠中部,同另两种类型的中等长雄蕊差不多位于同一水平:其顶端稍微朝上弯曲。短花柱类型的雌蕊,像我们已见过的那样,是很短的,并且不同于另两种类型雌蕊,而是挺直的。它的高度比长花柱类型和中花柱类型的最短雄蕊花药所处的水平稍低。每组雄蕊的 3 个花药,尤其是最短雄蕊的花药,一个低于一个地排列着,花丝的尖端略为朝上弯曲,从而全部花药的花粉就会被光顾的昆虫的喙有效地刷落。当花粉粒长时间泡于水中之后,据我儿子弗朗西斯测量的结果,其相对直径见表 34:

表 34

	测微计的刻度
长花柱类型,取自中等长雄蕊(20 次测量的平均)	13.2
长花柱类型,取自最短雄蕊(10 次测量的平均)	9.0
中等长花柱类型,取自最长雄蕊(15 次测量)	16.4
中等长花柱类型,取自最短雄蕊(20 次测量)	9.1
短花柱类型,取自最长雄蕊(20 次测量)	14.6
短花柱类型,取自中等长雄蕊(20 次测量)	12.3

在这里我们碰到了下述通常的法则,即长雄蕊的花粉粒,由于其花粉管必需伸入长的雌蕊而比长度小的雄蕊的花粉粒较大。中花柱类型的最长雄蕊的花粉粒直径和长花柱类型最短雄蕊的花粉粒直径的最大差异为 16.4∶9.0,或 100∶55,这也是我在任何一种花柱异长植物上所见到的最大差异。下面的事实是独特的,即:两种类型的相应最长雄蕊的花粉粒在直径上差别很大,而两种类型的相应中等长雄蕊的花粉粒直径所表现的差异程度就稍轻;同时,长花柱类型和中花柱类型的相应最短雄蕊的花粉粒直径几乎正好相等。在前面的两种场合中,它们的不相等是由于短花柱类型两组花药的花粉粒比另两种类型相应花药的花粉粒较小。在这里我们又碰到了一个事例,它同千屈菜的中花柱类型的情况是相同的。在千屈菜这种植物中,中花柱类型的花粉粒同另两种类型相应的花粉粒相比,其体积较小而且授粉能力较弱;同时它的子房,在无论怎样授粉的情况下,都会结出较大数量

的种子；因而这中花柱类型总的说来，比另两种类型更富有雌性的性质。在海寿花属的场合中，子房只包含单独一个胚珠，至于几组相应花药的花粉粒在大小上的差异具有何种意义，我不愿妄加猜测。

由于对生长在美国的海寿花（*P. cordata*）还多少有些疑问，所以刚才描述的有关这个物种是花柱异长和三型的明显证据就更有价值了。莱格特先生（Mr. Leggett）怀疑[1]海寿花不是二型就是三型的，因为其长雄蕊的花粉粒"直径为短雄蕊花粉粒的两倍，而其花粉块则为后者的8倍。这些小花粉粒虽然小，却似乎与大花粉粒一样完善。"另一方面，他说在所有的成熟花中，"花柱至少是同长雄蕊一般长""而在幼嫩花中，花柱的长度则介于两组雄蕊之间"。如果情况确实如此，那么这个物种就几乎不可能是花柱异长的。

---

① 《托里植物学社汇报》，1875年，第6卷，62页。

第五章　花柱异长植物非法配合的后代

· *Illegitimate Offspring of Heterostyled Plants* ·

千屈菜所有 3 种类型非法配合的后代——矮化的株高和不稔性，有些完全不稔，有些能稔——酢浆草属，传递给合法配合的实生苗和非法配合的实生苗的形态——藏报春，其同型花配合的后代有某种程度的矮化和不稔性——藏报春的等长花柱的变种，耳报春、粉报春和较高报春——欧报春，其红花变种，同型花配合的实生苗不稔——黄花九轮草，在连续若干世代里培育出来的同型花配合的植株，其矮化的株高和不稔性——黄花九轮草的等长花柱的变种——由肺草属和蓼属传递下去的形态——结束语——异型花授粉和杂交的密切近似

Oxalis corniculata L.

Procumbent O.; Y.

到目前为止，我们所讨论的都是关于花柱异长植物的花在同型花授粉和异型花授粉时的能稔性。本章将专门论述它们的后代或实生苗的特性。由异型花授粉结出的种子而育成的后代在这里将名为合法配合的实生苗或合法配合的植株，由同型花授粉结出的种子而育成的后代则名为非法配合的实生苗或非法配合的植株。二者的区别主要在于能稔性的高低以及生长力或活力的大小。我的论述将从三型植物开始，我必须提醒读者，这 3 种类型中的每一种都可按照 6 种不同方式来授粉，所以这 3 种类型就总共可有 18 种不同的授粉方式。举例来说，一种长花柱类型可由中花柱类型和短花柱类型的最长雄蕊进行合法授粉，亦可由本类型的中等长雄蕊和最短雄蕊进行非法授粉，还可由中花柱类型的中等长雄蕊和短花柱类型的最短雄蕊进行非法授粉，所以长花柱类型有两种合法授粉的方式和 4 种非法授粉的方式。同样情况也分别适用于中花柱类型和短花柱类型。因此就三型物种来说，在其 18 组配合中有 6 组产生合法配合的后代，有 12 组产生非法配合的后代。

我将把我试验的详细结果一一列出，之所以要这样做，部分原因在于这些观察极其困难，大概不会很快进行重复——例如，我曾被迫在显微镜下计算了不下 2 万粒的千屈菜种子——但主要原因还在于这些试验结果可以间接地把杂种性质这个重要问题给予说明。

千　屈　菜

在 12 组非法配合中有两组完全不稔，所以不结种子，当然也就无法培育出任何实生苗。但不管怎样，在剩下的 10 组非法配合中，有 7 组育出了实生苗。这些非法配合的实生苗开花时一般都允许它们通

◀ 酢浆草（*Oxalis corniculata*）

过蜜蜂的媒介由生长在近旁的另两种类型的其他配合的植株自由地进行合法授粉。这个方式最合宜也是通常所遵循的，但在若干场合中（后面要常常提到）非法配合的植株是用另两种类型合法配合的植株的花粉进行授粉的。而这一点，正如可以预料到的那样，提高了它们的能稔性。千屈菜的能稔性受到季节性质的影响很大，为了避免这方面的误差，我的观察尽可能持续了几年。少数试验是在 1863 年做的。1864 年的夏天过于炎热而干旱，虽给植株灌溉了大量的水，其中还有一小部分的能稔性受到了损害，同时其他植株的能稔性却没有受到丝毫影响。1865 年，特别是 1866 年都是对植株极其有利的年份。1867 年只做了少量观察。试验结果按植株的来源加以归类。在每类结果中，列出了每个蒴果的平均种子数，一般是由 10 个蒴果求出的，根据我的经验，这个数量大致足够了。还列出了一些蒴果的单果最高种子数。这一点很有用，可以同正常标准做比较——也就是与合法授粉的合法配合的植株所结种子数做比较。在每类结果中我还列出了一些蒴果的单果最低种子数。在最高种子数和最低种子数差距很大时，如果关于这一点没有做出说明，那就可以理解这两头是被一些中间数据非常密切联系起来的，所以其平均数是合理的。选作计数之用的总是大蒴果，以便避免夸大若干非法配合植株的不稔性。

为了判断若干非法配合的植株在能稔性方面的低劣程度，下文的叙述——普通的或合法配合的植株当进行合法授粉时，有些是人工授粉，有些是天然授粉，所结的平均种子数和最高种子数将作为比较的一个标准，并且在每一个事例中都要谈到。但在每项试验下，我将算出非法配合的植株所结的种子数对同类型合法配合的植株的标准种子数的百分率。举例来说，非法配合的长花柱植株（第 10 号）的 10 个蒴果，是由其他非法配合的植株自然授粉而结的，每果平均含 44.2 粒种子；而合法配合的长花柱植株的蒴果，是由其他合法配合的植株自然授粉而结的，每果平均含 93 粒种子。因此这棵非法配合的植株所结的种子只占充分的和标准的种子数的 47％。

三种类型合法配合的植株在进行合法授粉时所结的标准种子数

长花柱类型　每果平均含有种子数为 93；观察 23 个蒴果所得的单果最高种子数为 159。

中花柱类型　每果平均含有种子数为 130；观察 31 个蒴果所得的单果最高种子数为 151。

短花柱类型　每果平均含有种子数为 83.5；但为简略计，我们可说成 83；观察 25 个蒴果所得的单果最高种子数为 112。

第 I 和第 II 类　**用长花柱类型不同植株的中等长雄蕊或最短雄蕊的花粉给本类型的亲本进行授粉后所育成的非法配合的植株**

我在不同时期由这组配合育成了 3 批非法配合的实生苗，共计 56 棵植株。我必须事先说明，由于缺乏对后果的预见性，关于第一批 8 棵植株，到底是中等长雄蕊还是最短雄蕊的产物，我没有写下备忘录；但我有充分理由相信它们是后者的产物。这 8 棵植株远比另两批植株更加矮化和更加不稔。而后面这些植株是由一棵完全隔离生长的长花柱植株育成的，是用它自己的花粉通过蜜蜂的媒介进行授粉的：从结实器官的相对位置来看，几乎可以肯定的是，处于这种条件下的柱头大概会接受中等长雄蕊的花粉的。

这 3 批全部 56 棵植株都证明是长花柱的。现在，如果亲本植株是由中花柱类型和短花柱类型的最长雄蕊的花粉进行合法授粉的话，那么只有三分之一左右的实生苗是长花柱的，其他三分之二则是中花柱的和短花柱的。在其他一些三型的和二型的植物属中，我们将发现同样的奇妙事实，即：长花柱类型如果由本类型的花粉进行非法授粉,所产生的实生苗几乎无例外地都是长花柱的[①]。

第一批 8 棵植株全是矮的:有 3 棵在充分长成后,我量得其株高,分别只为 28、29 和 47 英寸[*];与此同时,近旁生长的合法配合的植株高却为前者的二倍。有一棵的株高竟达 77 英寸。它们在一般外貌上全部显得体质虚弱,在较晚的季节才开花,开花的季节比普通植株较晚。其中有些植株并不每年开花,还有一棵植株竟到三年生时才开花,这样表现是毫无先例的。在另两批植株中,没有一株长到它们固有的充分高度,如果把它们和邻行合法配合的植株加以比较,马上就可以发现这一点。在全部这 3 批植株中,有几棵植株的许多花药是萎缩的,或者含有褐色坚硬的或果肉状的物质,并无任何好花粉粒,它们从不排出其内含物;格特纳[②]把这种状态称为雄蕊萎缩(contabescent),我将留到将来再使用这个名词。有一朵花的全部花药除两个外全是雄蕊萎缩的;这两个花药以肉眼看来像是健全的,在显微镜下进行观察,可以看到三分之二左右的花粉粒很小而且萎缩。另一棵植株的全部花药看来像是健全的,但其中许多花粉粒都是萎缩的,而且大小也不相等。在第一批 8 棵植株中我计算了 7 棵(1 号到 7 号)所结的种子,产生这 7 棵的亲本很可能是由本类型的最短雄蕊进行授粉的,我还在另两批植株中计算了 3 棵所结的种子,产生这 3 棵的亲本几乎可以肯定是由本类型的中等长雄蕊进行授粉的。

1 号植株　1863 年间,这棵长花柱植株由毗连的异型花配合的中花柱植株自由地合法授粉,但连一个含籽的蒴果也不结。于是把它移植到一个偏僻地方和一棵同类的 2 号长花柱植株紧挨着,便于它们自由地进行非法授粉。在这种条件下,它在 1864 年和 1865 年间没有结过蒴果。我应在此说明,有一棵合法配合的或普通的长花柱植株,在

[①]　希尔德布兰德首先提醒我们注意在藏报春场合中所发生的这种事实;但他观察的结果和我这方面的材料并非那么一致。《植物学报》,1864 年 1 月 1 日,第 5 页。

[*]　1 英寸＝2.54 厘米。

[②]　《对授粉知识的贡献》(*Beiträge zur Kenntniss der Befruchtung*),1844 年,116 页。

隔离生长的情况下,通过昆虫的媒介由自己的花粉自由地进行了非法授粉,并结了大量蒴果,每果平均含 21.5 粒种子。

2 号植株　这棵长花柱植株和一棵非法配合的中花柱植株紧挨着,1863 年间它开花后,所结蒴果不足 20 个,每果平均含 4～5 粒种子。随后让它和 1 号生长在一起,以便由后者进行合法授粉。它在 1866 年没有结过蒴果,但在 1865 年它结了 22 个蒴果;经检查,其中最佳蒴果含种子 15 粒,有 8 个蒴果不含种子,其余 7 个蒴果平均只含 3 粒种子,而且全部都很小而且萎缩,以致我怀疑它们会不会发芽。

3 号和 4 号植株　1863 年间,这两棵长花柱植株像上例那样,由同样的非法配合的中花柱植株自由地进行合法授粉后,全都不稔,其情况和 2 号植株一样。

5 号植株　这棵长花柱植林和一棵非法配合的中花柱植株紧挨着,1863 年开花后,只结 4 个蒴果,总共只含 5 粒种子。在 1864、1865 和 1866 年间,长在它周围的全是另两种类型的植株,不是合法配合的就是非法配合的,但它没有结过蒴果。下面这项试验原是多余的,但我照样按同型花授粉方式给 12 朵花进行了人工授粉;没有一棵植株结过蒴果;因此这棵植株几乎绝对是不稔的。

6 号植株　这棵长花柱植株由另两个类型的非法配合的植株包围着。在有利的 1866 年它开花后,没有结过蒴果。

7 号植株　这棵长花柱植株的能稔性在第一批 8 棵植株中是最高的。1865 年间其周围是各品系的异型花配合的植株,其中高度能稔的颇为不少,因此对它一定进行过合法授粉。它结了大量蒴果,其中 10 个蒴果平均结 36.1 粒种子,单果最高种子数为 47,最低种子数为 22,所以这棵植株所结的种子占充足种子数的 39%。1864 年间在它的周围全是另两个类型的合法配合的植株和不合法配合的植株;它的 9 个蒴果(舍弃一个不佳蒴果)平均结 41.9 粒种子,单果最高种子数为 56,最低种子数为 28,所以在这等有利的条件下,第一批中能稔性最高的这棵植株在同型花授粉时,所结的种子并没有完全达到充分种子数的 45%。

在第二批植株中,在由长花柱类型传下来的目前这一类植株中(长花柱类型几乎肯定是用它自己的中等长雄蕊的花粉来授粉的),如上所述,其植株并不像第一批植株那样的矮化和不稔。它们全都结了大量蒴果。我只计算了 3 棵植株的种子,即 8 号、9 号和 10 号植株。

8 号植株 这棵植株 1864 年间由另两个类型的合法配合的植株和非法配合的植株自由地进行授粉,它的 10 个蒴果平均结了41.1 粒种子,单果最高种子数为 73,最低种子数为 11。因此这棵植株结的种子只占充分种子数的 44%。

9 号植株 这棵长花柱植株在 1865 年由另两个类型的非法配合的植株自由地进行授粉,后者的能稔性多为中等。它的 15 个蒴果平均结了 57.1 粒种子,单果最高种子数为 86。最低种子数为 23。因此这植株结的种子是充分种子数的 68%。

10 号植株 这棵长花柱植株的自由授粉的时间和方式是同上例一样的。它的 10 个蒴果平均结了 44.2 粒种子,单果最高种子数为69,最低种子数为 25。因此这棵植株结的种子是充分种子数的 47%。

第三批 19 棵长花柱植株同第二批同属于一个品系,但它所受到的处理不同。因为它们在 1867 年自行开了花,所以它们彼此一定进行过非法授粉。如上所述,一棵合法配合的长花柱植株独自生长并有昆虫光顾其上,它结的蒴果平均含 21.5 粒种子,单果最高种子数为35;但要对其能稔性做出恰当的判断,还要在连续的季节里进行观察。我们还可用类推法来推断,如果几棵合法配合的长花柱植株互相授粉,每果平均种子数就会增加,但增加多少我不知道,因此我没有十分适当的比较标准用来对这一批下列 3 棵植株的能稔性作出判断,我计算了它们的种子数。

11 号植株 这棵长花柱植株结了大量蒴果，在这方面它是全批 19 棵植株中最能稔的。但所结的 10 个蒴果平均含种子仅 35.9 粒，单果最高种子数为 60，最低种子数为 8。

12 号植株 这棵长花柱植株结的蒴果极少，所结 10 个蒴果平均含种子仅为 15.4 粒，单果最高种子数为 30，最低种子数为 4。

13 号植株 这棵植株提供了一个异常事例：它开花茂盛，而结的蒴果极少，但这些蒴果含种子很多。所结的 10 个蒴果平均含种子 71.9 粒，单果最高种子数为 95，最低种子数为 29。由于这棵植株是非法配合的并由它的同系长花柱实生苗进行非法授粉，每果平均种子数和单果最高种子数高得如此显著，以致我完全无法理解这一事例。我们应记住，对于一棵合法授粉的合法配合的植抹来说，其每果平均种子数为 93。

第Ⅲ类 用中花柱雄蕊的花粉给本类型短花柱亲本授粉后所育成的非法配合的植株

我从这样的配合育成了 9 棵植株，其中 8 棵为短花柱的，一棵为长花柱的，因此，这一类型在自花授粉时似乎有繁殖亲本类型的强烈倾向，但这种倾向还不及长花柱植株的那样强烈。这 9 棵植株从未达到毗连的合法配合的植株的充分高度。几棵植株上许多花的花药是雄蕊萎缩的。

14 号植株 这棵短花柱植株在 1865 年由一些非法配合的植株自由地进行合法授粉，后者乃中花柱、长花柱和短花柱植株自花授粉的后代。它结了 15 个蒴果，每果平均种子数为 28.3，单果最高种子数为 51，最低种子数为 11。因此它产的种子只占应有种子数的 33%。种

子本身很小而且形状不规则。尽管雌性方面如此不稔，但花药却没有
一个是雄蕊萎缩的。

15 号植株　这棵短花柱植株在 1865 年这同一年受到了和上例相
同的处理，所结的 15 个蒴果平均含种子 27 粒，单果最高种子数为 49，
最低种子数为 7。但有两个劣果可以舍弃，这样，每果平均种子数即上
升为 32.6 粒，单果最高种子数同为 49，最低种子数为 20，所以这棵植
株只达到能稔性正常标准的 38%，其能稔性比上例稍高。然而有很多
花药是雄蕊萎缩的。

16 号植株　这棵短花柱植株受到了和以上二例类似的处理，所
结的 10 个蒴果平均含种子 77.8 粒，单果最高种子数为 97，最低种子
数为 60，所以这棵植株所结的种子数占充分种子数的 94%。

17 号植株　这棵长花柱植株与上述 3 棵植株属于同一品系，它按
照上例的相同方式自由地进行合法授粉后，所结的 10 个蒴果平均含
种子 76.3 粒，但质量稍差，单果最高种子数为 88，最低种子数为 57。
因此，这棵植株所结的种子数占应有种子数的 82%。有 12 朵花用一
张网罩起来，并用合法配合的短花柱植株的花粉进行人工的和合法的
授粉，所结的 9 个蒴果平均含种子 82.5 粒，单果最高种子数为 98 粒，
最低种子数为 51 粒，所以，在合法配合的植株的花粉作用下，它的能
稔性提高了，但还没有达到正常标准。

**第 Ⅳ 类　用长花柱雄蕊的花粉给本类型中等长花柱亲本授粉后
所育成的非法配合的植株**

经过两次尝试，我只由这种非法配合中成功地育成了 4 棵植株，
其中 3 棵证明是中花柱的，一棵是长花柱的。但仅就这区区一点数目
来看，要想对中花柱植株在自花授粉时所表现的繁殖同一类型的倾向
作出判断，几乎是无法办到的。该 4 棵植株从未达到其充分和正常的
高度，这棵长花柱植株的若干花药是雄蕊萎缩的。

18 号植株　这棵中花柱植株在 1865 年由非法配合的植株自由地进行合法授粉,后者是自花授粉的长花柱、短花柱和中花柱植株的后代。所结的 10 个蒴果平均含种子 102.6 粒,单果最高种子数为 131,最低种子数为 63。因此,这棵植株所结的种子不足正常种子数的 80%。12 朵花由合法配合的长花柱植株的花粉进行人工的和合法的授粉,所结的 9 个蒴果平均含种子 116.1 粒,质量比上例较好,单果最高种子数为 135,最低种子数为 75,所以,就像 17 号植株那样,合法配合的植株的花粉提高了它的能稔性,但未能使之达到最高标准。

19 号植株　这棵中等长花柱植株是按上例的同一时期和同一方式进行授粉的,所结的 10 个蒴果平均含种子 73.4 粒,单果最高种子数为 87,最低种子数为 64。因此这棵植株所结的种子只占充分种子数的 56%。13 朵花由合法配合的长花柱植株的花粉进行人工的和合法的授粉,所结的 10 个蒴果平均含种子 95.6 粒,所以,由于应用了合法配合的植株的花粉,能稔性增高了,但未能使之达到应有标准,情况和上二例相同。

20 号植株　这棵长花柱植株同上述两棵中花柱植株属同一品系,并按同一方式进行自由授粉,所结的 10 个蒴果平均含种子 69.6 粒,单果最高种子数为 83,最低种子数为 52。因此,这棵植株所结的种子为充分种子数的 75%。

第Ⅴ类　用长花柱类型中等长雄蕊的花粉给短花柱亲本授粉后所育成的非法配合的植株

前 4 类所描述的是,用同一类型、但一般不是用同一植株的长雄蕊或短雄蕊的花粉进行授粉的 3 种类型所育成的植株。其他 6 组异型花配合可能是在这 3 种类型和雄蕊和雌蕊高度不相一致的另两种类型之间进行的。但我只从这 6 组配合中的 3 组成功地育成了植株。其中一组所育成的植株形成了现在的第Ⅴ类,共有 12 棵植株。包括 8 棵短花柱的和 4 棵长花柱的,而没有一棵是中花柱的。这 12 棵植株从未达到其十足充分的和应有之高度,但绝不应把它们称为矮小的。有些花的花药是雄蕊萎缩的。有一棵植株因全部较长雄蕊的每朵花以及较短雄蕊的许多花处于这种萎缩状态而值得注意。另 4 棵植株的花粉经检查没有一个花药是雄蕊萎缩的,只有一株的花药具有中等数量的萎缩花粉粒,而其他 3 棵植株的花粉粒看来全部都是完全好的。关于产生种子的能力,观察了 5 棵植株(第 21~25 号)。其中一棵植株所产生的种子仅超过正常数之半,第二棵植株有轻微程度的不稔;但其他 3 棵植株的每果平均种子数和单果最高种子数实际上都高于标准数。在我的结束语中还要提到这一最初看来令人费解的事实。

21 号植株 这棵短花柱植株在 1865 年由一些非法配合的植株自由地进行合法授粉,这些非法配合的植株是自花授粉的长花柱同型花中花柱和短花柱亲本的后代,所结的 10 个蒴果平均含种子 43 粒,单果最高种子数为 63,最低种子数为 26。因此,这棵植株所结的种子数仅为应有种子数的 52%,它的全部较长雄蕊和大部较短雄蕊都是萎缩的。

22 号植株 这棵短花柱植株的花粉在显微镜观察下全部都是好的。1866 年,它与其他非法配合的植株自由地进行合法授粉所得,这些非法配合的植株属于现在的这一类和下述的那一类,含有许多高度能稔的植株。在这等条件下,它的 8 个蒴果所结的种子平均含种子 100.5 粒,单果最高种子数为 123,最低种子数为 86,所以它结的种子数为正常标准的 121%。1864 年,它与合法配合的和非法配合的植株自由地进行合法授粉,所结的 8 个蒴果平均含种子 104.2 粒,单果最高种子数为 125,最低种子数为 90,因而它结的种子数超过了正常标准,为后者的 125%。在这一事例中,有如在上述各例中那样,合法配合的植株的花粉使能稔性略有提高。若非 1864 年夏天太热,并对千屈菜属的一些植株肯定是不利的话,其能稔性可能还要更高些。

23 号植株　这棵短花柱植株所产的花粉十分好。1866 年,用上述试验中的其他非法配合的植株给它进行了自由的和合法的授粉,所结的 8 个蒴果平均含种子 113.5 粒,单果最高种子数为 123,最低种子数为 93。因此这棵植株所结的种子数超过了正常标准,不下于后者的 136%。

24 号植株　这棵长花柱植株产的花粉在显微镜下观察似乎是好的;但有些花粉粒置于水中并不膨胀。1864 年,按照 22 号植株的同一方式用合法配合的和非法配合的植株给它进行了合法授粉,所结的 10 个蒴果平均仅含种子 55 粒,单果最高种子数为 88,最低种子数为 24,因而其能稔性只达到正常程度的 59%。我相信这种低度的能稔性系不利季节所致:因为 1866 年,按照 22 号植株的同一方式用非法配合的植株给它进行了合法授粉,所结的 8 个蒴果平均含种子 82 粒,单果最高种子数为 120,最低种子数为 67,因而所结种子数为正常数的 88%。

25 号植株　这棵长花柱植株的花粉粒有中等数量是不佳的和萎缩的,但它所结的种子却数量非凡,这一情况令人惊异。1866 年,按照 22 号植株那样,用非法配合的植株给它自由地进行了合法授粉,所结的 8 个蒴果平均含种子 122.5 粒,单果最高种子数为 149 粒,最低种子数为 84 粒。因此这棵植株所结的种子数超过了正常标准,不下于后者的 131%。

第Ⅵ类　用长花柱类型的最短雄蕊的花粉给中花柱亲本授粉后所育成的非法配合的植株

我由这一配合育成了 25 棵植株,证明其中 17 棵为长花柱的,8 棵为中花柱的,没有一棵是短花柱的。所有这些植株均无矮化现象。在 1866 年的极有利季节里,我检查了 4 棵植株的花粉,在一棵中花柱植株中,最长雄蕊的一些花药是萎缩的,但其他花药的花粉粒大部是好的,这同最短雄蕊的全部花药的花粉粒情况一样;另 2 棵中花柱植株和一棵长花柱植株的许多花粉粒是小形而萎缩的。长花柱植株的这种状态的花粉粒多至五分之一或六分之一。我计算了 5 棵植株(第26～30 号)的种子,其中有 2 棵能稔性中等,3 棵能稔性十分高。

26 号植株　这棵中花柱植株在 1864 年这稍微不利的年份里,由周围的植株进行自由的和合法的授粉,所结的 10 个蒴果平均含种子83.5 粒,单果最高种子数为 110,最低种子数为 64,因而达到正常能稔性的 64%。在 1866 年这十分有利的年份里,它由本类及第 V 类的非法配合的植株进行自由的和合法的授粉,所结的 8 个蒴果平均含种子86 粒,单果最高种子数为 109,最低种子数为 61,因而达到正常能稔性的 66%。它就是上面提到的最长雄蕊的一部分花药呈萎缩状态的那棵植株。

27 号植株　这棵中花柱植株在 1864 年按上例的同一方式进行授粉,所结的 10 个蒴果平均含种子 99.4 粒,单果最高种子数为 122,最低种子数为 53,因而达到正常能稔性的 76%。如果季节更有利些,其能稔性可能会多少更高些,但从上一试验来判断,也只会轻度地有所提高。

28 号植株　这棵中花柱植株在 1866 年的有利季节,按照所描述的 26 号植株的方式进行合法授粉,所结的 8 个蒴果平均含种子 89粒,单果最高种子数为 119,最低种子数为 69,因而所结种子为充分种子数的 68%。在两组花药的花粉中,小而萎缩的花粉粒和好花粉粒几乎一样多。

29 号植株　这棵长花柱植株在 1864 年的不利季节,按照所描述的 26 号的方式进行合法授粉,所结的 10 个蒴果平均含种子 84.6 粒,单果最高种子数为 132,最低种子数为 47,因而达到正常能稔性的92%。在 1866 年极有利的季节,仍按照所描述的 26 号植株的方式进行授粉,所结的 9 个蒴果(一个不佳蒴果未计)平均含种子 100 粒,单果最高种子数为 121,最低种子数为 77。因而该植株所结的种子数超过了正常标准,达到后者的 107%。在两组花药中,有好多不好的和萎缩的花粉粒,但不如上述 28 号植株那么多。

30 号植株　这棵长花柱植株在 1866 年按照所描述的 26 号植株的方式进行合法授粉,所结的 8 个蒴果平均含种子 94 粒,单果最高种子数为 106,最低种子数为 66,因而所结的种子数超过了正常标准,为后者的 101%。

31 号植株　这棵长花柱植株的一些花由同血统(brother)的一棵非法配合的中花柱植株进行人工的和合法授粉,所结的 5 个蒴果平均含种子 90.6 粒,单果最高种子数为 97,最低种子数为 79。因此对如此之少的蒴果所能做出的判断而言,这棵植株在这种有利条件下,所结的种子数达到了正常标准的 98%。

第Ⅶ类　用长花柱类型的最短雄蕊的花粉给中花柱的亲本授粉后所育成的非法配合的植株

上一章已经阐述,育出这些非法配合的植株,在能稔性方面远比其他异型花配合为高。因为中花柱的亲本这样授粉后,每果平均(所有极差的蒴果未计)结了 102.8 粒种子,单果最高种子数达 130,而且本类实生苗的能稔性一点也没有降低。所育成的 40 棵植株均达到其充分的高度并结满含籽的蒴果。我也没见到雄蕊萎缩的任何花药。还应特别注意的是,这些植株异于前面的任何一类,它包含所有 3 种类型即包含 18 棵短花柱、14 棵长花柱和 8 棵中花柱的植株。鉴于这些植株如此多产,我只计算了下列 2 株所结的种子。

32 号植株　这棵中花柱植株在 1864 年这不利的年份,由周围许多合法配合的和非法配合的植株,自由地进行合法授粉。所结的 8 个蒴果平均含种子 127.2 粒,单果最高种子数为 144,最低种子数为 96,

因而所结的种子达到正常标准数的98％。

33号植株 这棵短花柱植株按照和上例相同的方式和相同的时间进行授粉。所结的10个蒴果平均含种子113.9粒,单果最高种子数为137,最低种子数为90,因而这棵植株所结的种子数为正常标准的137％以上。

关于千屈菜3种类型非法配合的后代的结束语

根据3种类型在自然状况下出现的数目大致相等,并且根据播种后自然产生的结果,有理由相信,每个类型当合法授粉时所繁殖的全部3种类型的数目大致相等。现在,情况如我们已经见到的那样(此乃极独特的事实),长花柱类型由同类型(第Ⅰ、Ⅱ两类)的花粉进行非法授粉后所得的56棵植株,全是长花柱的。短花柱类型进行自花授粉(第Ⅲ类)后,产生8棵短花柱和一棵长花柱的植株;而对中花柱类型进行相似处理(第Ⅳ类)后,则产生3株中花柱和一株长花柱的后代,所以这两种类型在由同类型的花粉进行非法授粉时,显示了一种繁殖亲本类型的强烈的但非唯一的倾向。如果用长花柱类型(第Ⅴ类)给短花柱类型进行异型花授粉,还有,用长花柱类型(第Ⅵ类)给中花柱类型进行异型花授粉时,则在每种场合中都只繁殖双亲类型。因为由这两组配合育成了37棵植株,所以我们可以满怀信心地相信,这样育成的植株通常都包含双亲类型而不包含第三种类型乃是客观规律。可是,用短花柱类型(第Ⅶ类)的最长雄蕊给中花柱类型进行异型花授粉,这项规律就不适用了:因为所育成的实生苗包含着所有3种类型,如前所述,育成后面这些实生苗的非法配合是特别能稔的,这些实生苗本身并不显示任何不稔性的迹象,并且长到了它们的充分高度。根据这几项事实以及根据酢浆草属所提供的类似事实,每种类型的雌蕊可能在其自然状态下是通过昆虫媒介接受另两种类型的相应高度雄蕊的花粉。但最后提到的上述情况表明,应用两种花粉并不是产生所有 3 种类型的不可少的条件。希尔德布兰德曾提出,关于有规则地和自然地繁殖所有 3 种类型的原因,可能是由于一部分花由一种花粉授粉,而同一植株上的其他花则由别种花粉授粉。最后,不管双亲是长花柱的,还是其中一方是长花柱的,或任何一方都不是长花柱的,在 3 种类型中花柱类型,在其后代中多少显示了再现本类型的最强烈倾向。

大部分非法配合的植株的能稔性都降低了,这是一个在许多方面极值得注意的现象。对 7 个类别的 33 棵植株做了各种试验并仔细统计了它们的种子。有一部分是人工授粉的,另外绝大部分是通过昆虫媒介由其他异型花配合的植株进行自由授粉的(这是较好的和自然的方法)。在表 35 的右方、即百分率那一栏,可看到前 4 类植株和后 3 类植株在能稔性方面有广泛的差异。前 4 类植株是由非法授粉的 3 种类型传下来的,授粉时的花粉除了极少数是来自同一植株外,全是来自同一类型。对后面这个情况需要加以考察;因为,正如我在别处阐述①过的那样,大多数植物如果用自己的花粉或同一植株的花粉进行授粉,它们在一定程度上都是不稔的,由这些配合所育成的实生苗也同样有一定程度的不稔性,而且矮化和衰弱,前 4 类的 19 棵非法配合的植株的能稔性都不完全;但有一棵几乎达到这样水平,所结的种子为应有种子数的 96%。从这个高度的能稔性往下,便逐渐下降,直到绝对的零,这样的植株尽管开了许多花,但在若干连续的年代里并不结一粒种子,甚至连带种子蒴果也不结。当用非法配合的植株的花粉给最不稔的植株进行合法授粉时,它们甚至连一粒种子也不结。有充分理由相信,属于第Ⅰ类和第Ⅱ类的前 7 棵植株乃是长花柱植株由本类型最短雄蕊的花粉进行授粉后所获得的后代,它们是全部植株里的最不稔的。剩下的第Ⅰ和第Ⅱ类植株几乎可以肯定是中等长雄蕊的花粉的产物,它们虽然也极其不稔,但并不像前一批那样严重。在 4 类植株中,没有一棵达到其应有的十足高度;在全部植株中,最为不稔

---

　　①　《植物界异花受精和自花受精》,1876 年。

的前 7 株（如上所述）的株高也最矮，其中有若干株从未达到其应有的
株高之半。这些植株均迟于它们应该开花的株龄和季节开花。它们
许多花的花药以及前 6 类其他一些植株的花的花药不是雄蕊萎缩的
就是含许多小形而萎缩的花粉粒。有一个时期我曾怀疑这些非法配
合的植株的能稔性下降可能只是由于花粉受到了影响，然而情况肯定
并非如此。因为其中有若干植株由合法配合的植株的好花粉进行授
粉时，也不会结出充分的种子，因此，可以肯定是由于雌性与雄性生殖
器都受到影响所致。7 类中的每一类植株虽然都是从同样的双亲传
下来的，并且在相同的时间播在相同的土壤上，但它们在平均的能稔
程度上都有很大差异。

表 35　关于上述非法配合的植株的能稔性的试验结果表*

（3 种类型当进行合法授粉的和自然的授粉时，其能稔性的正常标准）

类　型	每果平均种子数	单果最高种子数	单果最低种子数
长花柱的…	93	159	所有最差的蒴果全被舍弃，故没有保存这方面的记录
中花柱的…	130	151	
短花柱的…	83.5	112	

第 I 和第 II 类——用本类型的中等长雄蕊和最短雄蕊的花粉给长花柱亲本授粉
后所育成的非法配合的植株。

植物序号	类　型	每果平均种子数	单果最高种子数	单果最低种子数	每果平均种子数对正常标准的百分率
第 1 号	长花柱的	0	0	0	0
第 2 号	长花柱的	4.5	？	0	5
第 3 号	长花柱的	4.5	？	0	5
第 4 号	长花柱的	4.5	？	0	5
第 5 号	长花柱的	0 或 1	2	0	0 或 1
第 6 号	长花柱的	0	0	0	0

---

　　* 正如在每个试验中所描述的那样，这些植株一般是由非法配合的植株进行合法授粉的。
鉴于第 11、12 和 13 号植株是非法授粉的，故未计算在内。——作者注

植物序号	类　型	每果平均种子数	单果最高种子数	单果最低种子数	每果平均种子数对正常标准的百分率
第 7 号	长花柱的	36.1	47	22	39
第 8 号	长花柱的	41.1	73	11	44
第 9 号	长花柱的	57.1	86	23	61
第 10 号	长花柱的	44.2	69	25	47

第Ⅲ类——用本类型的最短雄蕊的花粉给短花柱亲本授粉后所育成的非法配合的植株。

植物序号	类型	每果平均种子数	单果最高种子数	单果最低种子数	每果平均种子数对正常标准的百分率
第 14 号	短花柱的	28.3	51	11	33
第 15 号	短花柱的	32.6	49	20	38
第 16 号	短花柱的	77.8	97	60	94
第 17 号	长花柱的	76.3	88	57	82

第Ⅳ类——用本类型的最长雄蕊的花粉给中花柱亲本授粉后所育成非法配合的植株。

植物序号	类型	每果平均种子数	单果最高种子数	单果最低种子数	每果平均种子数对正常标准的百分率
第 18 号	中花柱的	102.6	131	63	80
第 19 号	中花柱的	73.4	87	64	56
第 20 号	长花柱的	69.6	83	52	75

第Ⅴ类——用长花柱类型的中等长雄蕊的花粉给短花柱亲本投粉后所育成的非法配合的植株。

植物序号	类型	每果平均种子数	单果最高种子数	单果最低种子数	每果平均种子数对正常标准的百分率
第 21 号	短花柱的	43.0	63	26	52
第 22 号	短花柱的	100.5	123	86	121
第 23 号	短花柱的	113.5	123	93	136
第 24 号	长花柱的	82.0	120	67	88
第 25 号	长花柱的	122.5	149	84	131

第Ⅵ类——用长花柱类型的最短雄蕊的花粉给中花柱亲本授粉后所育成的非法配合的植株。

植物序号	类型	每果平均种子数	单果最高种子数	单果最低种子数	每果平均种子数对正常标准的百分率
第 26 号	中花柱的	86.0	109	61	66
第 27 号	中花柱的	99.4	122	53	76
第 28 号	中花柱的	89.0	119	69	68

第 29 号	长花柱的	100.0	121	77	107
第 30 号	长花柱的	94.0	106	66	101
第 31 号	长花柱的	90.6	97	79	98

第Ⅶ类——用短花柱类型的最长雄蕊的花粉给中花柱亲本授粉后所育成的非法配合的植株。

| 第 32 号 | 中等长花柱的 | 127.2 | 144 | 96 | 98 |
| 第 33 号 | 短花柱的 | 113.9 | 137 | 90 | 137 |

现在转到第Ⅴ、第Ⅵ及第Ⅶ类，注意表 35 右方一栏，我们发现种子百分率高于正常标准的植株和低于正常标准的植株在数量上几乎一样多。鉴于多数植物所结种子的数量有很大变异，所以现在的这个事例可视为仅仅是变异性的表现。但涉及这 3 类中能稔性较低的植株，则必须抛弃这一观点：首先，因第Ⅴ类的植株无一达到其应有的高度，这表示它们受到了某种影响；其次，因第Ⅴ和第Ⅵ类的许多植株所产生的花药不是雄蕊萎缩就是含有萎缩的小花粉粒。既然在这等场合中雄性器官如此明显地退化，所以最可能的结论是雌性器官在某些场合中也受到了同样影响，这就是种子数量减少的原因。

关于这 3 类中种子百分率很高的 6 棵植株。令人自然而然地产生这样想法，即：长花柱类型和短花柱类型能稔性的正常标准（我们在此所涉及的仅是这两种类型）可能定得太低了，而且这 6 棵异型花配合的植株只不过是充分能稔的罢了。长花柱类型的标准系统计 23 个蒴果的种子后推算出来的，而短花柱类型的标准系统计 25 个蒴果的种子后推算出来的。我不敢说这是绝对准确性所要求的蒴果足够数量，但我的经验使我相信这样就可以得到很合理的结果。然而，由于在短花柱类型的 25 个蒴果中所观察到的单果最高种子数偏低，所以这一事例的标准可能不够高。但应注意到，在非法配合的植株的事例中，为了避免夸大其不稔性，所选择的 10 个蒴果都是很优良的；而且对后面这 3 类植株进行试验的年份是很有利于种子繁殖的 1865 和

1866 年。现在,若是在有利季节选择最佳蒴果以求得正常标准,而不是在不同季节随意选择蒴果,那么这一标准无疑就要相当偏高;从而上述 6 棵植株出现结籽率异常高的事实也许这样可以获得解释。按照这一见解,这些植株实际上不过是充分能稔的,而不是异常能稔的。尽管如此,由于所有种类的性状都有变异的倾向,尤其在有机体受到非自然处理时更是如此,又由于在前面 4 个不稔性较强的类别中,由相同亲本产生出来的并受到相同处理的植株,在不稔性方面肯定变异很大,因此在后面能稔性较高的类别中可能有某些植株发生了变异,因而获得了异常程度的能稔性。但应注意的是,倘若我的标准错在偏低,那么在几种类别中,许多不稔的植株的不稔性势必被估计得过高。最后我们看到,在前 4 类中,非法配合的植株或多或少都是不稔的,有一些是绝对不稔的,只有一株差不多是完全能稔的;在后 3 类中,有些植株的不稔性是中等的,其他植株的能稔性却是充分的,或者可能是过度地能稔了。

这里需要注意的最后一点是:就比较方法来说,在若干亲本类型的非法配合和它们的非法配合的后代之间,其不稔性一般存在着某种程度的关系。例如育出第Ⅵ和第Ⅶ类植株的那两组非法配合,产生了相当数量的种子,只有少数这些植株有某种程度的不稔性。另一方面,同一类型植株间的非法配合总是产生很少种子,而且它们的实生苗是很不稔的。长花柱的亲本植株用本类型最短雄蕊的花粉进行授粉,比用它们本类型中等长雄蕊的花粉进行授粉似乎稍微更加不稔;由前一配合育得的实生苗远比由后一配合育得的实生苗更加不稔。与此相反,短花柱植株由长花柱类型(第Ⅴ类)中等长雄蕊的花粉进行非法授粉是很不稔的;所以由这一育得的某些后代绝不是高度不稔的。可以补充地说,在所有类别中,植物的不稔性程度同它们的株高矮化之间存在着相当密切的平行关系。如前所述,如用一棵合法配合的植株的花粉给一棵非法配合的植株进行授粉,其能稔性则稍见增高。在本章结尾,当把同一物种诸类型间的非法配合及其非法配合的

后代和不同物种的杂种配合及其杂种后代加以比较时，上述若干结论
的重要性就显而易见了。

酢浆草属

还没有人比较过本属任何三型物种的合法配合的和非法配合的
后代。希尔德布兰德曾播过智利酢浆草非法授粉的种子[1]，但不萌发。
这一事实，正如他说的，支持了我的观点，即：非法配合同两个不同物
种间的杂种是相似的，因后者的种子也常常不能萌发。

以下的观察是关于智利酢浆草合法配合的实生苗中所出现的诸
类型的性质。正如刚才提到的那篇论文所描述的，希尔德布兰德从所
有 6 组合法合育成了 211 株实生苗，在每一组配合的后代中都有这 3
种类型出现。举例来说，对长花柱植株用中花柱类型最长雄蕊的花粉
进行合法授粉，其实生苗包括 15 株长花柱的，18 株中花柱的，以及 6
株短花柱的。在这里我们见到有少量短花柱植株产生了，尽管亲本的
任何一方都不是短花柱的，其他的合法配合的情况也都如此。在上述
211 棵实生苗中，有 173 株属于其双亲的同样两种类型，只有 38 株属
于第三种类型，同双亲的任何一方都不相同。在巴西酢浆草方面，正
如希尔德布兰德所见到的那样，结果几乎一样，只是更加显著罢了；从
4 组合法配合育成的全部后代都由双亲的两种类型所组成，而从另两
组合法配合育成的实生苗中却有第三种类型出现了。因而这 6 组合
法配合所育成的 35 棵实生苗中，有 35 棵属于双亲的那两种。同样类
型，只有 8 棵属于第三种类型*。弗里茨·米勒在巴西用巴西酢浆草
的中花柱类型最长雄蕊的花粉给长花柱植株进行合法授粉，也育成了

---

① 《植物学报》，1871 年，433 页，脚注。
* 其数目字似有问题，但原文如此。——译者注

实生苗,所有这些实生苗全属于两种亲本类型[1]。最后,我用美丽酢浆草的短花柱类型给长花柱植株进行合法授粉,并用长花柱类型给短花柱植株进行正反交授粉,育成了实生苗,这些实生苗由 33 棵长花柱植株和 26 棵短花柱植株组成,没有一棵是中花柱类型。因而,毋庸置疑,酢浆草属任何两种类型的合法配合的后代都倾向属于和双亲相同的那两种类型;但偶尔也会出现属于第三种类型的少量实生苗。后面这一事实,正如希尔德布兰德所说的,可能系返祖遗传之故,因为它们的一些祖先几乎可以肯定曾属于第三种类型。

可是当酢浆草属的任何一种类型由同类型花粉进行非法授粉时,所得的实生苗似乎总是属于那一类型的。例如希尔德布兰德说[2],自发生长的玫瑰红花酢浆草曾以种子年复一年地在德国进行繁殖,总是产生长花柱植株。还有,从自发生长的岩黄蓍状酢浆草(O. hedysaroides)中花柱植株育得的 17 株实生苗,全都是中花柱的。所以酢浆草属诸类型在被本类型花粉进行非法授粉时,其表现和千屈菜的长花柱类型相似,后者在进行不合法授粉时总是给我产生长花柱的后代。

报 春 属

藏报春

1862 年 2 月间,我用长花柱类型的花粉给本类型一些植株进行同型花授粉,育成了 27 棵实生苗。所有这些实生苗都是长花柱的。它们被证明是充分能稔的,甚至是过度能稔的:因有 10 朵花由同批其他植株的花粉授粉,结了 9 个蒴果,每果平均含 39.75 粒种子,单果最高

---

[1]　《科学杂志》,第 6 卷,1871 年,75 页。

[2]　"酢浆草属的三型性"(*Ueber den Trimorphismus in der Gattung Oralis*),《柏林科学院月报》,1866 年 7 月 21 日,373 页;《植物学报》,1871 年,435 页。

种子数为 66 粒。另有 4 朵花用一棵异型花配合的植株的花粉进行异型花杂交,并且这棵同型花配合的植株上也有 4 朵花由同型花配合的实生苗的花粉进行杂交,结了 7 个蒴果,每果平均含 53 粒种子,单果最高种子数为 72。这里我必须说明当对这个物种的若干配合的能稔性的正常标准做出估价时,我遇到了一些困难,因为在连续年份里所得到的结果差异很大,而种子大小的变化又如此之大,以致难于确定何者才是好种子。为了避免夸大若干同型花配合的不稔性,我采用了正常标准所能允许的底线。

从上述 27 棵由本类型花粉授粉的同型花配合的植株育成了 25 棵第三代实生苗:所有这些实生苗都是长花柱的,从这两个同型花配合的世代育成了 52 棵植株,它们毫无例外地都被证明是长花柱的。这些第三代实生苗苗壮成长,在高度上很快就超过了另两批不同品系的同型花配合的实生苗和一批即将提到的等长花柱的实生苗。因此我期待它们可被培育成高级观赏植物。但当它们开花时,情况正如我的园丁所说的,似乎回到了野生状态:因为它们的花瓣色淡而窄,有时互不接触,扁平,中央部分凹陷一般较深,但边缘不呈锯齿形,并有显著的黄色斑点。这些花同它们的祖先显著地完全不同,这一点,我以为只能用返祖原理加以说明。在一棵植株上,绝大部分的花药都是雄蕊萎缩的。第三代的 17 朵花由同批其他实生苗的花粉进行同型花授粉,结出 14 个蒴果,每果平均含 29.2 粒种子,但这个平均数本应在 35 粒左右。有 15 朵花由一棵同型花配合的短花柱植株(属于下面即将提到的那一批)的花粉进行异型花授粉,结出 14 个蒴果,每果平均含 46 粒种子,这平均数本应在 50 粒以上。因此这些第三代同型花配合的后裔看来已失去了其十足的能稔性,虽然其程度只是很轻微的。

现在我们要转来谈谈短花柱类型:1862 年 2 月,我用短花柱类型的花粉给一棵本类型的植株进行授粉,育成了 8 棵实生苗,其中 7 棵是短花柱的,一棵是长花柱的。它们生长缓慢,从未达到正常植株的十足高度;其中有些过早开花,而其他却在季节较晚时才开花。这些短花柱实生苗的 4 朵花和一棵长花柱实生苗的 4 朵花都由本类型的花粉进行同型花授粉，只结出 3 个蒴果，每果平均含 23.6 粒种子，单果最高种子数为 29。不过我们无法根据如此少的蒴果来判断它们的能稔性，而且我对这组配合所采用的正常标准比对任何其他标准抱有更大的怀疑，但我相信稍微多于 25 粒种子大概是合理的估计。这些同样短花柱植株的 8 朵花同那棵长花柱同型花配合的植株进行异型花的正反交，它们产生了 5 个蒴果，每果平均含 28.6 粒种子，单果最高种子数为 36。这两种类型异型花配合的植株之间的正反交所结的种子，平均至少有 57 粒，单果最高种子数可能达到 74 粒，所以这些同型花配合的植株当进行异型花的杂交时是不稔的。

我从上述 7 棵由本类型花粉授粉的短花柱同型花配合的植株只育成 6 棵植株——第一代配合的第三代。它们和其双亲一样，是矮型的，且体质如此虚弱，以致有 4 株在开花前就死去了。对于正常植株来说，我还很少看到在一大批当中死去的多于一棵的事情。存活的并且开了花的这两棵第三代都是短花柱的，它们的 12 朵花由本类型的花粉进行授粉，结出 12 个蒴果，每果平均含 28.2 粒种子，所以这两棵植株虽属于体质如此衰弱的一组，但其能稔性比其双亲略高，大概没有任何程度的不稔性。这两棵第三代的 4 朵花由一棵长花柱同型花配合的植株进行异型花的授粉，结出 4 个蒴果，每果平均只含 32.2 粒种子，而不是 64 粒左右。对进行异型花杂交异型花的配合的短花柱植株来说，后面的数字是正常的平均数。

回顾以上所述，可以看出，我最初由一棵用本类型花粉授粉的短花柱植株育成了一株长花柱同型花配合的实生苗和 7 株短花柱同型花配合的实生苗。这些实生苗进行了异型花的互交，由它们结出的种子育成了 15 棵植株，这就是第一代同型花配合的第三代，使我惊奇的是它们都被证明是短花柱的。这些第三代开的 12 朵短花柱的花由同批其他植株的花粉进行同型花授粉，结出 8 个蒴果，每果平均含 21.8 粒种子，单果最高种子数为 35。对这样一组配合来说，这些数据比正常标准略低。有 6 朵花也由一棵异型花配合的长花柱植株的花粉进行异型花授粉，只结出 3 个蒴果，每果平均含 23.6 粒种子，单果最高种子数为 35。在一棵异型花配合的植株的场合中，这样一组配合应异型花平均结出 64 粒种子，单果最高种子数可能达到 73 粒。

关于藏报春同型花配合的后代的类型，体质和能稔性等性状传递的提要 关于长花柱植株，它们的同型花配合的后代在两代中育成了 52 棵，全是长花柱的[①]。这些植株茁壮成长，但其中有一例开的花小，好像回到了野生状态。在同型花配合的第一代，它们是完全能稔的，在第二代，它们的能稔性只是稍见削弱。关于短花柱植株，它们的 25 棵异型花配合的后代中有 24 棵是短花柱的。它们的株高矮化了，有一批第三代的体质如此衰弱，以致 6 棵中有 4 棵在开花前就凋萎了。那两棵幸存者由本类型的花粉进行同型花授粉后，其能稔性比它们所应有的还要低，但它们的能稔性的削弱是以一种意料不到的特殊方式显示出来的，即：当由其他同型花配合的植株进行异型花授粉时，这种能稔性的削弱才显示出来，例如，总共有 18 朵花按照这种方式进行了授粉，结出 12 个蒴果，每果平均种子数只有 28.5 粒，单果最高种子数为 45。现在，一棵异型花配合的短花柱植株当被异型花授粉时，大概每果平均会结出 64 粒种子，单果可能的最高种子数应为 74 粒。打个明喻，这种特殊的不稔性也许会得到最好理解：我们可以设想，对人类来说，正常的婚姻平均会生育 6 个孩子，但近亲结合大概平均只会生育 3 个。按照对藏报春的类推，这种近亲结合所生的后代倘若继续进行近亲的结合，那么其不育性只会稍有增加，但它们的能育性却不会由一次正当的婚姻而得到恢复：因为，如果两个第二代都是来自乱伦结合，但彼此毫无关系，他们要是进行结合的话，那么这当然是一种严格的同型花结合，尽管如此，它们产生的后代数目也不会超出其

---

① 首先唤起人们注意这个问题的希尔德布兰德博士（《植物学报》，1864 年，5 月）由一组相似的同型花配合育成了 17 棵植株，其中 14 棵是长花柱的，3 棵是短花柱的。他用短花柱类型的花粉给一棵本类型的植株进行同型花授粉，育成了 14 棵植株，其中 11 棵是短花柱的，3 棵是长花柱的。

应有的充分数目的一半。

藏报春的等长花柱变种　由于生殖器官在结构上的任何变异同功能的变化结合在一起是一项罕见的事情，所以下面的情况值得详加介绍：我在 1862 年观察一棵长花柱植株时，首次引起了我对这个问题的注意，这棵长花柱植株是一棵自花授粉的长花柱植株的后裔，这棵自花授粉的长花柱植株的花有些是异常状态，就是说，它的雄蕊像正常的长花柱类型的那样位于花冠下部，但雌蕊如此之短，以致柱头和花药位于同一水平上。这些柱头呈球形，表面平滑，差不多和短花柱类型的一样，而不是长形的和表面粗糙的，像长花柱类型的那样。于是在这里，我们在同一朵花中把长花柱类型的短雄蕊和一个近似短花柱类型的雌蕊结合到一起了。但是，即使在同一个伞形花序上，花的结构也变异很大：因为两朵花的雌蕊长度是介于长花柱类型和短花柱类型之间的，其柱头呈长形，类似前者，而表面平滑又似后者；另外 3 朵花的结构在一切方面都和长花柱类型的相像。这些变化在我看来非常值得注意，我使 8 朵花进行自花授粉，结出 5 个蒴果，每果平均含 43 粒种子。这些数字说明，同自花授粉的正常长花柱植株的花相比，这些花反常地变得能稔了。因而促使我对若干少量采集的植株加以考察，结果表明等长花柱的变种并不罕见。

表 36　藏报春

持有人的姓名或地名	长花柱类型	短花柱类型	等长花柱变种
霍尔伍德先生（Mr. Horwood）……	0	0	17
达克先生（Mr. Duck）……	20	0	9
巴斯顿（Baston）……	30	18	15
奇切斯特（Chiehester）……	12	9	2
荷尔伍德（Holwood）……	42	12	0
高榆地（High Elms）……	16	0	0
韦斯特汗（Westerham）……	1	5	0
我自己从买来的种子育得的植株	13	7	0
合　　计	134	51	43

同种植物的不同花型

长花柱类型和短花柱类型在自然状态下出现的数目无疑几乎相等,因为我是根据报春花属其他花柱异长的物种推论出来的,同时从异型花杂交过的花所育成的两个类型的数目完全相等也可推论出这一点。表36中长花柱类型对短花柱类型的优势(134∶51),是由于园丁一般从自花授粉的花上采集种子;而且长花柱的花天然地比短花柱的花所结的种子多得多(如第一章所述),因长花柱类型的花药位于花冠的下部,所以当花凋谢时,花药就会从柱头上拖过;而且我们现在还知道长花柱植株在自花授粉时颇为一般地会产生长花柱的后代。考察了表36之后,1862年我发现几乎所有栽培在英格兰的藏报春植物迟早都要变成长花柱的或等长花柱的。现在,即1876年底,我已对5组小量的采集品进行了检查,它们几乎全部都是长花柱的,只有一些特性或多或少显著的等长花柱类型,但没有一棵是短花柱的。

关于表36中的等长花柱植株,霍尔伍德先生由买来的种子育成了4棵植株,他记得它们不是短花柱就是等长花柱的,可能是后者,但肯定不是长花柱的。这4棵植株被隔离开来并任其进行自花授粉;由它们的种子育成了表中的17棵植株,被证明全都是等长花柱的。雄蕊位于花冠下部,同长花柱类型的情况一样;光滑的球形柱头不是完全被花药所包围就是挺立在后者的紧上方。我儿子威廉借助照相机给我制出一棵上述等长花柱植株的花粉图,而且和雄蕊的位置相一致,花粉粒也像长花柱类型的那么小。他在南安普敦(Southampton)还调查了两棵等长花柱植株的花粉,发现这两棵的花粉粒的大小在同一花药内就有很大差异,大多数花粉粒是小形而萎缩的,同时却有许多和短花柱类型的花粉粒一样大,而且稍微圆些。这些花粉粒之所以是大型的,大概不是由于它们呈现了短花柱类型的特性,而是由于畸形,因为马克斯·威丘拉(Max Wichura)在某些杂种中观察到在大小方面呈现畸形的花粉粒。上述两例中的大量萎缩的小形花粉粒说明了这样一个事实,即:虽然等长花柱植株一般是高度能稔的,但其中有些植株只结少量的种子。我可以补充一点:我儿子在1875年曾比较过两棵白花植株的花粉粒,这两棵植株的雌蕊都伸出于花药之上,却不是典型长花柱的或等长花柱的;并且其中柱头伸得最长的一株和柱头伸得不那么长的另一株的花粉粒直径之比为 100∶88;反之,在十分典型的长花柱和短花柱植株之间,花粉粒大小的差异为 100∶57。因此这两棵植株是处于中间状态的。现在回头来看看表 31 第一行的 17 棵植株:根据它们柱头和花药的相对位置,它们几乎都是自花授粉的,因此其中 4 株天然地结了不下于 180 个蒴果。霍尔伍德先生从中选了 8 个好蒴果供播种之用,由此求得的数据为每果平均种子数 54.8,单果最高种子数 72。他随便取了另外 30 个蒴果给我,其中 27 个含有好种子,每果平均种子数为 35.5,单果最高种子数为 70;但若将含种子 13 粒以下的 6 个劣等蒴果除外,则每果平均种子数就升到 42.5。这些数字比任何一种特性显著的类型在自花授粉时所能够结的种子都要多;而这种高度的能稔性同下述观点是一致的,即:雄蕊器官属于一种类型,而雌性器官部分地属于另一类型,所以在等长花柱变种的自花授粉的配合实际上就是一组合法配合。

用上述 17 棵自花授粉的等长花柱植株的种子育成了 16 棵植株,全都证明是等长花柱的,并在上面所列举的各点都和它们的双亲相似。然而,有一棵植株的雄蕊在花冠筒中的位置比真正长花柱类型的雄蕊更高;另一棵植株的全部花药几乎都是雄蕊萎缩的。这 16 棵植株是那 4 棵原始植株的第三代,原始植株是等长花柱的,所以这种反常的状态大概通过三代、肯定通过两代被忠实地传递下来了。对这些第三代之一的能稔性仔细地做了观察:它有 6 朵花是自花授粉的,结出 6 个蒴果,每果平均含 68 粒种子,单果最高种子数 82,最低种子数 40。天然自花授粉的 13 个蒴果平均结了 53.2 粒种子,单果最高种子数为 97,数目之多令人惊异。在合法配合中,我还没有看到过这样高的或近于这样高的平均数——68 粒种子,也没有看到过这样高的单果最高种子数——82 和 97 粒。因此这些植株不仅失去了它们固有的花柱异长的结构和特殊的功能力量,而且获得了一种非凡程度的能稔性——老实说，除非用柱头恰好在最有利的时期从围绕它的花药授了粉这一情况，它的高度能稔性就无法得到说明。

关于表 36 引用的达克先生的那批植株，种子是从单独一棵植株留下来的，但没有观察它属于什么类型，由此育成了 9 棵等长花柱植株和 20 棵长花柱植株。这种等长花柱类型在一切方面都和前面所描述的相似；其中自花授粉的 8 个蒴果平均含 44.4 粒种子，单果最高种子数为 61，最低种子数 23。至于那 20 棵长花柱植株，一些花的雌蕊并不像正常长花柱类型的雌蕊那样伸得过高；柱头虽相当地伸长了，但表面光滑，因而在这里，我们看到了其结构稍微接近短花柱类型雌蕊的趋势。这等长花柱植株有些在功能上也同等长花柱类型接近；因为其中有一棵植株由天然自花授粉所结的蒴果不下 15 个，其中 8 个平均含 31.7 粒种子，单果最高种子数为 61。这个平均数对一棵人工自花授粉的长花柱植株来说是偏低的，但对一棵天然自花授粉的植株来说就偏高了。例如，一棵天然自花授粉的长花柱植株的异型花配合的第三代所结的 34 个蒴果平均只含 9.1 粒种子，单果最高种子数为 46。由前面 29 棵等长花柱植株和长花柱植株不加选择地留下来的一些种子育成了 16 株实生苗，即达克先生的原始亲本的第三代，它们包含 14 棵等长花柱植株和两棵长花柱植株。我之所以提到这一事实，是因为它可以作为等长花柱变种传递的一个补充例子。

表中的第三批植株，也就是巴斯顿的植株，是需要最后提一提的。这些长花柱植株和短花柱植株以及 15 棵等长花柱植株是从两个不同祖先传下来的。这两个祖先是从单独一个植株产生的，园丁肯定后者绝不是长花柱的，因此它可能是等长花柱的。所有这 15 棵植株的花药占据的位置就像长花柱类型的花药那样，紧紧围绕着柱头，柱头稍微伸长的仅见一个事例。尽管柱头处于这样位置，但这些花正如园丁向我证实的那样，并没有结出很多种子；这个情况不同于上述那些事例，也许因为花粉是坏的，南安普敦的一些等长花柱植株的花粉就是如此。

关于藏报春的等长花柱变种的结论　这是一种变异，而不是第三种类型或不同的类型。这一点是清楚的,千屈菜属和酢浆草属等三型的属就是如此。因为在一批同型花配合的长花柱植株中的一棵植株上我们见过这种变异的最初出现,并且因为在达克先生的实生苗事例中,稍微偏离正常状态的长花柱植株以及等长花柱植株都是从同一个自花授粉的亲本产生出来的。它们的雄蕊位于花冠筒下部的固有部位,加上花粉粒的小形,这就表明:第一,等长花柱变种是长花柱类型的一种诱发变异;第二,雌蕊是变异最大的部分,的确许多植物的情况明显如此。这种变异经常发生,一旦出现,就会强烈地遗传下去。倘若这仅仅是一种构造上的变化,无论如何它所包含的利益并不大,不过这种变化却伴随着能稔性的变异。这种变异的发生显然和亲本植株的异型花出身密切相关。关于这整个问题,我还要在以后提到。

耳报春

我虽然对这个物种的同型花配合的后代没有做过试验,我之所以要提到它有两点理由:

第一,因为我曾见过两棵等长花柱植株的雌蕊在一切方面都和长花柱类型的相似,而且雄蕊就像短花柱类型的雄蕊那样地伸长,所以柱头差不多被花药包围起来了。可是,伸长的雄蕊的花粉粒都却是小形的,就像长花柱类型所固有的较短雄蕊的花粉粒那样。因此,这些植株是由于雄蕊长度增加而变成等长花柱的,而不像藏报春那样,是由于雌蕊长度的缩小。J. 斯科特先生观察了同一状态的另 5 棵植株,他指出①其中一株在自花授粉时要比一株正常的长花柱或短花柱类型在相似授粉情况下可以结出更多种子,可是在进行异型花杂交时,它的能稔性却比后面的任何一种类型都低得多。因此,等长花柱变种的雄性器官和雌性器官似乎以某种特殊方式发生了变化,这不仅是结构方面的变化,而且也是功能力量方面的变化。这一点被下述独特事实

---

① 《林奈学会会报》,第 8 卷,1864 年,91 页。

进一步阐明了，即：不论长花柱植株或短花柱植株当用等长花柱变种的花粉进行授粉时，所结的种子平均数要比这两种类型用自己的花粉进行授粉时所结的种子平均数为低。

值得注意的第二点是养花人总是把长花柱植株抛弃而专门保留短花柱类型的种子。虽然如此，但据苏格兰一个大量培育这个物种的人告诉斯科特先生说，约有四分之一的实生苗还是长花柱的，所以耳报春的短花柱类型在用自身花粉进行授粉时并不像藏报春那样可以繁殖出很大部分同一类型的后代。我们可进一步推断，短花柱类型并没有经过用同类型花粉进行授粉的长期过程而使它成为不稔的；但是，由于总会存在和其他类型偶然杂交的某种倾向，因此我们无法说出自花授粉究竟持续了多久。

粉报春

斯科特先生说[1]这个花柱异长的物种经常出现等长花柱植株。从花粉粒大小来判断，这些等长花柱植株的结构是由于长花柱类型雄蕊的异常伸长所致，在耳报春的场合中就是如此。同这一观点相一致的是，它们和长花柱类型杂交比和短花柱类型杂交所结的种子较少。但它们和耳报春的等长花柱植株异常不同，由于它们用自己花粉进行授粉时是极端不稔的。

较高报春

根据布赖腾巴哈先生（Herr Breitenbach）的权威材料，第一章已阐明这个物种在自然状态下不时出现等长花柱的花；但对我来说，这是我所知道的这一类现象的唯一例子，除了等长花柱的较高报春（oxlips）——黄花九轮草和欧报春之间的杂种——的一些野生植物是例外。布赖腾

---

[1] 《林奈学会会报》，第 8 卷，1864 年，115 页。

巴哈先生的事例在另一方面也是值得注意的;因为有两个事例表明在开长花柱和短花柱两种花的植株上出现了等长花柱的花。在每一个别的事例中,不同植株产生了这两种类型以及等长花柱的变种。

欧报春(《大英植物志》)

林奈的无茎变种以及雅克的无茎报春(P. acaulis)

红花变种(var. *rubra*)——斯科特先生说[①],在爱丁堡植物园生长的这个变种当用普通报春花以及同一物种的白花变种的花粉进行授粉时,都是完全不稔的,但有些植株当由其自己的花粉进行人工授粉时,可以结出相当数量的种子。蒙他盛情赠给我这些自花授粉的种子,我从其中育成了即将加以描述的一些植株。我要先谈一下,我对于这些实生苗的大量试验结果同斯科特先生的亲本植株的试验结果不相一致。

第一,关于类型和颜色的传递。亲本植株是长花柱的呈深紫色。由自花授粉的种子育成了23棵植株;其中18株的花呈不同色调的紫色,内有两株具有少许黄色条痕和斑点,因而显示了一种返祖的倾向;还有5株的花是黄色的,但其橙色的中心一般比野花的鲜明些。全部这些植株的花都是盛开的。

第二,所有都是长花柱的。但即使在同一棵植株上,雌蕊的长度也变化很大,比起正常的长花柱类型,有略短些的,或有明显长得多的,柱头形状也同样变异了。因此,经过仔细寻找,大概可以发现报春的一个等长花柱变种,而我的确收到了两份关于明显处于这种状态的植株的报道。这种植株的雄蕊总是占据花冠下部的固有位置;小形花粉粒是长花柱类型所固有的,但同许多小而皱缩的花粉粒混杂一起了。这第一代的黄花植株和紫花植株在一张网下用它们自己的花粉进行授粉,并把所得到的种子分别播入土中。由前者育成了22棵植

---

① 《林奈学会会报》,第8卷,1864年,98页。

株,全都是黄色和长花柱的。由后者或紫花植株成了 24 棵长花柱植株,内有 17 株是紫花的,7 株是黄花的。在后面这个场合中我们看到了一个颜色返祖的事例,它返归了祖代亲本或更远的祖先,而不可能是任何杂交所致。总共育成了 23 棵第一代植株和 46 棵第二代植株,全部这 69 棵异型花配合的植株都是长花柱的!

对同型花配合的第一代 8 棵紫花植株和两棵黄花植株用它们自己的花粉并且用普通报春的花粉以各种各样的方式进行了授粉,分别计算所获得的种子。但由于我在紫花变种和黄花变种之间无法看出能稳性的区别,因此统计的结果混合记载于表 37 中。

表 37　欧报春

试验植物的性质,和配合的种类	授花粉朵数	所结蒴果数	每果平均种子数	单果最高种子数	单果最低种子数
紫花和黄花的同型花配合的长花柱植株由同一植株的花粉进行同型花授粉……	72	11	11.5	26	5
紫花和黄花的同型花配合的长花柱植株由长花柱的普通报春花的花粉进行同型花的授粉……	72	39	31.4	62	3
或者,如果把含有 15 粒种子以下的 10 个最劣蒴果不计算在内,我们得到的结果……	72	29	40.6	62	18
紫花和黄花的同型花配合的长花柱植株由普通短花柱报春的花粉进行异型花的授粉……	26	18	36.4	60	9
或者,如果把含有 15 粒种子以下的 2 个最劣蒴果不计算在内,我们得到的结果……	26	16	41.2	60	15
普通报春的长花柱类型由长花柱的同型花配合的紫花植株和黄花植株的花粉进行同型花授粉……	20	14	15.4	46	1
或者,如果把最劣的 3 个蒴果不计算在内,我们得到的结果……	20	11	18.9	46	8
普通报春的短花柱类型由长花柱的同型花配合的紫花植株和黄花植株的花粉进行异型花的授粉……	10	6	30.5	61	6

如果我们把表37中的数据和第一章所阐明的普通报春花的正常能稔性的数据加以比较,我们将会看到同型花配合的紫花变种和黄花变种都是非常不稔性的。举例来说,有72朵花是用自己的花粉进行授粉的,只结了11个好蒴果。但按照标准它们本应结48个蒴果,并且每个蒴果本应平均含52.2粒种子,而不是只含11.5粒种子。当这些植株用普通报春的花粉进行异型花和同型花的授粉时,每果平均种子数有所增加,但仍远远达不到正常标准。当普通报春的两个类型用这些同型花配合的植株花粉进行授粉时,情况也是如此;这就说明它们的雄性器官以及雌性器官都处于退化状态。这些植株的不稔性还显示在另一方面,即:当所有昆虫(蓟马之类的小昆虫除外)的接近受到阻止时它们就不结任何蒴果,因为普通长花柱报春在这等条件下是可以结出相当数量的蒴果,因此毫无疑问这等植株的能稔性是大大被损害了。能稔性的损失和花的颜色不相关联,为了确定这一点我做过很多试验。由于斯科特先生发现的那棵在爱丁堡生长的亲本植株是高度不稔的,所以它可能把这种相似的倾向遗传给后代了,这同它们的同型花配合的出身无关。可是我仍倾向于认为它们受到了同型花配合的遗传的某些影响,这是根据从其他事例的类推,尤其是根据以下的事实,即:当这些植株用普通报春的花粉进行异型花授粉时,如表所示,每果平均种子数只比用同样花粉进行同型花授粉时多出5粒。现在我们知道这是藏报春的同型花配合的后代的突出特性,即:它们当进行异型花授粉时比由本类型花粉进行授粉时所结的种子多不了多少。

黄花九轮草(《大英植物志》)

林奈的药用变种,雅克的药用报春(P. officinalis)

黄花九轮草(cowslip)的短花柱类型由同类型花粉进行授粉后所

结的种子发芽很差，以致我在连续三次播种中只育成了 14 棵植株，其中包括 9 棵短花柱的和 5 棵长花柱的植株。因此黄花九轮草的短花柱类型在自花授粉时，几乎不像藏报春那样忠实地把同一类型传递下去。从总是自花授粉的长花柱类型，我在第一代育成了三棵长花柱植株——由第一代的种子育成了 53 棵长花柱的第二代——由第二代的种子育成了 4 棵长花柱的第三代——由第三代的种子育成了 20 棵长花柱的第四代——最后，由第四代的种子又育成了 8 棵长花柱和 2 棵短花柱的第五代。在这 6 代过程中，短花柱植株首次出现于最后的第六代——由同一类型另一植株的花粉进行授粉的长花柱亲本算作始代。短花柱类型的出现可以归因于返祖性。由自花授粉的另两棵长花柱植株育成了 72 棵植株，其中包括 68 株长花柱的和 4 株短花柱的。所以，由异型花授粉的长花柱黄花九轮草总共育成了 162 棵植株，其中包括 156 棵长花柱的和 6 棵短花柱的植株。

现在我们要转来谈同型花配合的植株所具有的能稔性和生长力。从一棵由其本类型花粉进行授粉的短花柱植株，最初育成了一棵短花柱植株和两棵长花柱植株，还有由同样授粉的一棵长花柱植株最初育成了 3 棵长花柱植株。这 6 棵同型花配合的植株的能稔性受到了仔细观察。但我必须先说一下，就有关的种子数量来说，我还无法提供任何满意的比较标准，因为我虽然计算了经过异型花授粉和同型花授粉的许多棵异型花配合的植株的种子，但在相继季节里其数量的变化如此之大，以致无一标准可以适用于不同季节里所形成的同型花配合。进一步说，同一蒴果里的种子大小也往往有如此重大的差别，以致几乎无法确定何者应算作好种子。剩下作为最佳比较标准的就是能结出含有任何种子的蒴果的授粉花的比例数。

首先，谈一谈一棵同型花配合的短花柱植株。在 3 个季节的过程中有 27 朵花由这同一植株的花粉进行了同型花授粉，它们仅仅结了一个蒴果，可是对于这种性质的配合来说，它们的种子数量颇大，即 23 粒。作为比较的标准，我可引述如下事实，即：在相同的 3 个季节里，对异型花配合的短花柱植株开放的 44 朵花进行了自花授粉,结出 26 个蒴果;因此这一同型花配合的植株上的 27 朵花只结了一个蒴果的事实证明它是多么地不稔。为了说明生活条件是有利的,我可补充指出,报春的这个物种以及其他物种全都结实累累,而它们就生长在现在讨论的和后面要提到的这些植株近旁的同一块土壤上。上述同型花配合的短花柱植株的不稔性决定于雄性器官和雌性器官全都处于一种退化状态。花粉的情况显然就是这样,因为许多花药都是皱缩的或雄蕊萎缩的。尽管这样,还有些花药含有花粉,我用这些花粉成功地对同型花配合的长花柱植株上的一些花进行了授粉,马上就要谈到这一点。这同一棵短花柱植株上有 4 朵花由下述长花柱植株之一的花粉进行异型花授粉,但只结了一个蒴果,含有 26 粒种子。对一个异型花配合来说,这是一个很低的数目。

　　关于从上述自花授粉的短花柱和长花柱亲本育成的第一代 5 棵同型花配合的长花柱植株,对它们的能稔性在相同的 3 年时间里进行了观察。这 5 棵植株当自花授粉时,在能稔性的程度上彼此差异显著,其情况就像千屈菜非法配合的长花柱植株那样;而且它们的能稔性在不同季节里变异很大。我要先说一下,作为比较的一个标准,同龄的和生长在同一土壤上的一些异型配合的长花柱植株上有 56 朵花在同样的年份内进行了自花授粉,结出 27 个蒴果;也就是 48%。在这 5 棵植株中有一棵同型花配合的长花柱植株上的 36 朵花,对它们进行了自花授粉,连一个蒴果也不结。这棵植株上的许多花药是雄蕊萎缩的;但有些似乎含有健全的花粉。雌性器官也并不是完全不起作用的,因为我从一个异型花杂交中获得了一个含有好种子的蒴果。第二棵同型花配合的长花柱植株上有 44 朵花在相同的年份里进行了自花授粉,但仅仅结了一个蒴果,第三棵和第四棵植株稍微多产。第五棵也是最后一棵植株无疑具有更高的能稔性;因其 42 朵自花授粉的花结了 11 个蒴果,在 3 年过程中这 5 棵同型花配合的长花柱植株上总共有不下 160 朵花进行了自花授粉,但只结了 22 个蒴果。根据上面提出的标准，它们本应结出 80 个蒴果。

这 22 个蒴果平均含 15.1 粒种子。我相信，对以下一个问题，若不详加说明就容易发生疑问，即：对异型花配合的植株来说，从一个这种性质的配合获得的每果平均种子数会超过 20 粒。在这 5 棵同型花配合的长花柱植株上有 24 朵花由上述同型花配合的短花柱植株的花粉进行异型花授粉，只结出 9 个蒴果，对一个同型花的配合来说，这是个极小的数目。可是这 9 个蒴果平均含 38 粒明显好的种子，异型花配合的植株有时也会产出这样多的种子。但这个高平均数几乎可以肯定是虚假的，我之所以提出这个事例就在于说明获得一个合理的结果是困难的。因为这个平均数主要是依据两个分别含有 75 粒和 56 粒这种反常种子数的蒴果求得的，可是尽管我竟应对这些种子加以统计，但质量很差，根据在其他场合中试验来判断，我认为不会有一粒萌发的，因此理应不把它们包括在内。最后，有 20 朵花由一棵异型花配合的植株进行了异型花授粉，这就提高了它们的能稳性，因为它们结了 10 个蒴果。然而对一个异型花配合来说这只不过是很小的比率。

因此，毫无疑问，同型花配合第一代的这 5 棵长花柱植株和一棵短花柱植株都是极其不稳的。它们的不稳性就像在杂种场合那样，是从另一方而显示出来的，也就是从花的盛开、特别是从花的持久等方面显示出来的。例如，我对这些植株的许多花进行了授粉，15 天后（也就是在 3 月 22 日）我对附近生长的普通黄花九轮草的大量长花柱和短花柱的花进行了授粉。后面这些花在 4 月 8 日凋谢了，同时大多数同型花配合的花在以后几天内仍保持十分鲜艳；所以有些这等同型花配合的植株在授粉后，它们的花可以盛开一个多月。

现在我们要转来谈谈 53 棵同型花配合的长花柱第二代，这些第二代植株是从长花柱植株传下来的，而这些长花柱植株最初是自花授粉的。其中两棵植株的大量花粉粒是小形的和皱缩的。可是它们并不是非常不稳的，因为有 25 朵花在自花授粉后结出了 15 个蒴果，平均含 16.3 粒种子。如上所述，关于异型花配合的植株的这种性质的配合,可能的每果平均种子数略高于 20 粒。这些植株被养在温室的盆内,条件极其适宜,始终十分苗壮,欣欣向荣,这样的处理大大提高了黄花九轮草的能稔性。当同样的这些植株在第二年(然而是不利的一年)种在室外的肥沃土壤上时,20 朵自花授粉的花只结出 5 个蒴果,含有极少量品质低劣的种子。

由自花授粉的第三代育成了 4 株长花柱的第四代,养在相同的极适宜的温室条件下,对它们的 10 朵花进行自花授粉,结出高比率的 6 个蒴果,每果平均含 18.7 粒种子。从这些种子育成 20 株长花柱第五代,它们同样被养在温室内。对它们的 30 朵花进行了自花授粉,结出 17 个蒴果,每果平均含有的种子不少于 32 粒,大多数是好的种子。因此,同型花配合的第四代植株只要养在极适宜的条件下,其能稔性看来始终没有削弱过,倒是稍微提高了一些。然而,一旦把它们种在室外的肥沃土壤上时,这个结果就大不一样了,在那里其他黄花九轮草倒是长得很旺盛并且完全能稔;因为这些同型花配合的植株高度大大地变矮了,而且变得极度不稔,尽管昆虫可以任意来光顾,从而必定由周围异型花配合的植株进行了异型花授粉。同型花配合的第四代这一整行的植株就这样自由开放并进行异型花授粉,但只结了 3 个蒴果,每果平均只含 17 粒种子。在随后的冬季里,这些植株几乎全部死光,少数幸存者也不健壮,长得很蹩脚,同时周围的异型花配合的植株却一点也没有受到伤害。

第四代的种子播下后,育成了同型花配合第五代的 8 棵长花柱植株和 2 棵短花柱植株。这些植株还在温室里的时候,同一些与之生长竞争的异型花配合的植株相比,所产生的叶片要小些而且花托要短些;但应看到后者系和一个精力充沛的祖先进行杂交后的产物——这一条件本身就会大大提高它们的活力[1]。一旦这些同型花配合的植株移植到室外相当肥沃的土壤上,它们在随后两年里,就变矮了很多并

---

　　[1]　有关这一试验的全部细节,请参阅我的《植物界异花受精和自花受精》一书,1876 年,220 页。

产生极少的花茎;虽然它们也必定靠昆虫进行过异型花授粉,但它们结出的蒴果数,和周围的异型花配合的植株的蒴果数相比,比率只有5∶100!因此可以肯定在相继的几代内连续进行同型花授粉对黄花九轮草的生长力和能稔性的影响会达到异常的程度;特别是当这些植株暴露在正常的生活条件下,而不是保护在温室内的时候,情况尤其如此。

黄花九轮草的红花等长花柱变种　斯科特先生描述过[①]一棵生长在爱丁堡植物园内的这类植株。他说,尽管昆虫受到排除,它还具有自花授粉的高度能稔性:他用以下的现象阐明了这一事实,即:首先,花药和柱头紧密毗邻,雄蕊的长度、位置及其花粉粒的大小和短花柱类型的相似,同时雌蕊的长度和柱头的结构却和长花柱类型的相似。因此这个变种的自花配合实际上就是异型花配合,因而是高度能稔的。斯科特先生进一步说,这个变种或被长花柱或被短花柱的普通黄花九轮草进行授粉后,只产生很少量种子,此外,后面这两种类型在由等长花柱变种进行授粉时,也同样只产生很少量种子。但他关于黄花九轮草的试验并不多,我的试验结果没有证实他的试验,而且毫无一致之处。

我由斯科特先生送给我的自花授粉的种子育成了 20 棵植株,它们开的全是红花,但色彩稍有变异。其中有两株在结构和功能两方面都属于典型的长花柱类型;因为通过和普通黄花几轮草两种类型的杂交对它们的生殖力进行过检验。有 6 棵是等长花柱的;但在同一植株上雌蕊的长度在不同季节变异很大。据斯科特先生说,亲本植株的情况同样也是如此。最后,有 12 棵植株在外观上是短花柱的;但它们的雌蕊在长度上的变异比普通短花柱黄花九轮草大得多,它们在生殖能力方面也和后者差异很大。它们的雌蕊在结构上已变为短花柱的,同时在功能上还保留着长花柱的。一旦把昆虫隔离开来,短花柱黄花九

---

① 《林奈学会会报》,第 8 卷,1864 年,105 页。

轮草就成为极度不稔:例如,有一次6棵优良植株只结了50粒左右的种子(也就是少于两个好蒴果的产量),另有一次连一个蒴果也不结。现在,当上述12棵明显是短花柱实生苗受到相似处理时,就几乎全部结了累累蒴果,内含大量可以萌发的好种子。此外,其中3棵植株在第一年具有十分短的雌蕊,在下一年则产生非常长的雌蕊。因此,大多数短花柱植株在功能上是无法和等长花柱变种相区别的。这6棵等长花柱植株12棵明显的短花柱植株的花药都位于花冠的上部,就像真正的短花柱黄花九轮草那样,而花粉粒之大也和同类型的情况相似,不过杂有少量皱缩的花粉粒。在功能上,这种花粉和短花柱黄花九轮草的花粉是一致的:因为普通黄花九轮草的10朵长花柱花由一棵真正等长花柱变种的花粉进行授粉,结出6个蒴果,每果平均含有34.4粒种子;同时,一棵短花柱黄花九轮草由等长花柱变种的花粉进行同型花授粉,结出7个蒴果,每果平均只产14.5粒种子。

　　由于这种等长花柱植株的生殖能力彼此不同,并鉴于这是一个重要课题,因此我对其中5株的情况要稍微详加介绍。

　　第一,一棵和昆虫隔绝的等长花柱植株(对所有下列事例都进行了这样处理,不过有一个例外)自发地产生了大量蒴果,其中5个平均含44.8粒种子,单果最高种子数为57。但有6个蒴果是由一棵短花柱黄花九轮草授粉的产物(这是一异型花配合),平均含28.5粒种子,单果最高种子数为49;这是一个比预期低得多的平均数。

　　第二,另一棵不和昆虫隔绝的,但大概是自花授粉的等长花柱植株结了9个蒴果,平均含45.2粒种子,单果最高种子数为58粒。

　　第三,另一棵植株在1865年具有很短的雌蕊,它自发地产生了许多蒴果,其中6个平均含33.9粒种子,单果最高种子数为38。这同一棵植株在1866年生长一个非常长的雌蕊,它高高地伸出于花药之上,其雄蕊也和长花柱类型的相似。在这种情况下,这棵植株自发地产生了大量的好蒴果,其中6个平均所含的种子数几乎和前面的一样多,即34.3粒,单果最高种子数为38粒。这棵植株上的4朵花由一棵短花柱黄花九轮草的花粉进行异型花授粉,所结蒴果平均含有 30.2 粒种子。

　　第四,另一棵短花柱植株在 1865 年自发地结了大量蒴果,其中 10 个平均含有 35.6 粒种子,单果最高种子数为 54。这同一棵植株 1866 年在所有方面都变成了长花柱类型,其 10 个蒴果的平均种子数几乎和前面的一样多,即 35.1 粒,单果最高种子数为 47。这棵植株上的 8 朵花由一棵短花柱黄花九轮草的花粉进行异型花的授粉,结出 6 个蒴果,每果平均种子数很高,为 53 粒,单果最高种子数高达 67 粒。有 8 朵花也由一棵长花柱黄花九轮草的花粉进行授粉(这是一个同型花配合),结出 7 个蒴果,平均含 24.4 粒种子,单果最高种子数为 32。

　　第五也是最后一棵植株,在两年里都保持在相同的条件下,它的雌蕊比真正短花柱类型的稍长,其柱头光滑,和这种类型应有的情况一样,但形状异常,像一个大大伸长的倒圆锥体。它自发地结了许多蒴果,其中 5 个,在 1865 年结的种子数平均为 15.6 粒;在 1866 年 10 个蒴果所结的平均种子数仅仅稍微高一些,即 22.1 粒,单果最高种子数为 30 粒。有 16 朵花由一棵长花柱黄花九轮草的花粉进行授粉,结出 12 个蒴果,每果平均种子数为 24.9 粒,单果最高种子数为 42 粒。有 8 朵花由一棵短花柱黄花九轮草的花粉进行授粉,结了两个蒴果,各含 18 和 23 粒种子。因此这棵植株在机能和部分构造上,几乎都处于长花柱类型和短花柱类型之间的中间状态,但倾向于短花柱类型。这就是当它自发地自花授粉时所产生的每果平均种子数何以不高的原因。

　　因此上面 5 棵植株在能稔性的性质上彼此大不相同。其中两个个体的雌蕊长度在相继两年里的差异很大,但其种子的数目并无差别。全部这 5 棵植株具有短花柱类型的完善状态的雄性器官以及长花柱类型的或多或少完善状态的雌性器官,所以它们自发产生了惊人数量的蒴果,这些蒴果一般含有显著优良的种子,平均数很高。关于异型花授粉的普通黄花九轮草,我有一次从栽培于温室的植株上获得的种子平均数很高,7 个蒴果平均含有 58.7 粒种子,单果最高种子数为 87 粒。但从室外的植株上我获得的每果平均种子数从未高于 41

粒。现在两棵长在室外的并自发地进行自花授粉的等长花柱植株,其每果平均种子数分别为 44 粒和 45 粒;但这种高度能稔性也许部分归因于柱头正好在适当的时期从周围花药接受了花粉。其中两棵植株由一棵短花柱黄花九轮草的花粉进行授粉(事实上这是一个异型花配合),所结的每果平均种子数比自花授粉时为低。另一方面,另一棵植株由一棵黄花九轮草进行相似授粉,产生了 53 粒种子,这是异常高的每果平均种子数,单果最高种子数为 67 粒。最后,正如我们刚见到的那样,其中一棵植株的雌性器官几乎处于长花柱和短花柱类型之间的中间状态,因而,在自花授粉时,就产生了较低的每果平均种子数。如果把我对等长花柱植株所做的全部试验加在一起来看,41 个自发自花授粉所结的蒴果(昆虫被隔离开来)结出的每果平均种子数为 34 粒,这正好和亲本植株在爱丁堡产生的平均种子数相同。有 34 朵花由这棵短花柱黄花九轮草的花粉进行授粉(这是一个类似的配合),结出 17 个蒴果,平均含 33.8 粒种子。下面是一个我无法说明的颇为奇特的情况,即:有一次以相同植株的花粉给 20 朵花进行了人工授粉,只结了 10 个蒴果,每果平均种子数很低,只有 26.7 粒。

　　至于在遗传性方面,还可以补充一点:72 棵实生苗是由一棵红花的、典型等长花柱的、自花授粉的植株(培育出来的),这棵植株是由具有相似特性的爱丁堡植株传下来的。因此,这 72 棵植株是爱丁堡植株的第三代,而且它们和第一代一样全都开红花,只有一棵植株是例外,它在花色方面返归了普通黄花九轮草。关于结构方面,有 9 棵植株是真正长花柱的,它们的雄蕊位于花冠下部的适当位置;剩下的 63 棵植株是等长花柱的,虽然其中约有 12 棵植株的柱头位置略低于花药。因此,我们看到雄蕊器官和雌性器官在同一朵花中的异常配合被强有力地遗传了,而这两种器官是属于两种不同类型的。36 棵实生苗还由长花柱的和短花柱的普通黄花九轮草育成了,这些黄花九轮草是和等长花柱变种的花粉相杂交的。其中只有一棵是等长花柱的,20 棵是短花柱的,但内有 3 棵的雌蕊略嫌太长,剩下来的 15 棵则是长花柱的。在这个事例中,关于简单遗传和优先遗传之间的差异,我们看到了一项说明;因为等长花柱变种在自花授粉时,有力地把其性状遗传下去了,正如我们刚才见到的那样,可是一旦和普通黄花九轮草杂交就顶不住后者的更大传递能力了。

肺草属

关于这个属我要说的不多。我从一个花园里获得了药用肺草的种子,那里只生长长花柱类型,育成了 11 棵实生苗,全是长花柱的。这些植株由胡克博士(Dr. Hooker)为我定名。如上所述,它们同德国的这个物种的那些植株不同,希尔德布兰德曾对它们做过试验①;因为他发现对这等长花柱类型进行自花授粉是绝对不稔的,而我的长花柱实生苗和亲本植株当自花授粉时都结了相当数量的种子。窄叶肺草的长花柱类型植株进行自花授粉时也是绝对不稔的,其情况就像希尔德布兰德的植株那样,所以我从来没得到过它们的一粒种子。另一方面,这个物种的短花柱植株和药用肺草的短花柱植株有所不同,它进行自花授粉时是能稔的,对一种花柱异长植物来说,这样的能稔性之高是非常显著的。我由经过仔细进行自花授粉的种子育成了 18 棵植株,其中有 13 棵证明是短花柱的,5 棵是长花柱的。

荞麦

用同株的花粉给长花柱植株上的花进行同型花授粉,育成了 49 棵实生苗,其中包含 45 棵长花柱的,4 棵短花柱的。用同株的花粉给短花柱植株上的花进行同型花授粉,育成了 33 棵实生苗,其中包含 20 棵短花柱的,13 棵长花柱的。因而同型花授粉的长花柱植株比短花柱植株更具有繁殖其本类型的倾向,这一普通的规律在这里也适用。从

---

① 《植物学报》,1865 年,13 页。

两种类型培育出来的这些同型花配合的植株比异型花配合的植株开
花迟,前者和后者的株高之比为 69:100。但由于这些同型花配合的
植株是由自花授粉的亲本传下来的,而异型花配合的植株是由同型花
授粉的亲本传下来的,所以不可能知道它们在株高及开花期方面的差
异有多少是由于这一组实生苗来自同型花配合,有多少是由于另一组
实生苗是不同植株间的杂交产物。

结束语:关于花柱异长的三型植物
和二型植物的非法配合的后代

　　同一个花柱异长物种的两种或三种类型之间的非法配合以及它
们的非法配合的后代,和不同物种间的杂交配合以及它们的杂种后代
在许多方面多么密切相似,这是值得注意的。在这两种场合中,我们
都遇到了各种程度的不稔性,从很轻微削弱的能稔性到绝对的不稔
性,这时甚至连一个含籽的蒴果也不结。在这两种场合中第一次配合
的顺利实现都受到植物周围条件的很大影响①。对杂种和非法配合的
植株来说,由同一母本育成的植株其固有的必不稔性程度变异非常之
大。在这两种场合中,雄性器官受到的影响比雌性器官更加显著,我
们常常发现在雄蕊萎缩的花药里包含着皱缩的和完全无生命力的花
粉粒。那些不稔性更高的杂种,正如马克斯·威丘拉清楚阐明过的那
样②,有时株高非常矮化,而且其体质如此衰弱,以致易于夭折。我们
在千屈菜属和报春花属的非法配合的实生苗中看到了相同的事例。
许多杂种开的花很多,花期也最持久,有些非法配合的植株也是这样。
众所周知,当一个杂种同任何一个纯种的亲本类型杂交时,其能稔性
比杂种同另一杂种杂交时要高得多;当一棵非法配合的植株由一棵非

---

　　① 许多作过有关影响物种间杂交试验的学者评论过这一点,关于异型花配合,我在第一章
提供了一个黄花九轮草方面的显著例证。

　　② 《植物的异花授粉》(*Die Bastardbefruchtung im Pflanzenreich*),1865 年。

法配合的植株授粉时,情况也是这样,其能稔性比由其他非法配合的植株进行授粉时为高。当两个物种杂交并产生大量种子时,按照一般规律我们可以预料它们的杂种后代将有中等程度的能稔性;可是如果亲本物种只结极少量种子,则我们可以预料这些杂种将是非常不稔的。不过关于这等规律也有显著的例外,如格特纳所阐明过那样。非法配合以及非法配合的后代也是如此。例如千屈菜的中花柱类型,当由短花柱类型最长雄蕊的花粉进行非法授粉时,产生出异常多的种子,它们的非法配合的后代完全不是或几乎完全不是不稔的。另一方面,长花柱类型的非法配合的后代由同类型最短雄蕊的花粉进行授粉时,只结少量种子,这样育成的非法配合的后代也是非常不稔的;但它们的不稔性比预料的还要高,这是和完成亲本性因子配合的困难有关。关于物种间的杂交,没有比它们不对等的正反交更值得注意的了。例如物种 A 能极其容易地使物种 B 授粉,但物种 B 经过上百次的尝试也不能使物种 A 授粉。在非法配合方面我们看到了完全一样的情况:因为中花柱的千屈菜容易由短花柱类型最长雄蕊的花粉进行授粉:并结出许多种子;但后一类型由中花柱类型的最长雄蕊进行授粉时,却连一粒种子也不结。

　　另一个重要问题是优先遗传。格特纳曾阐明,当一个物种由另一个物种的花粉进行授粉后,如果再用其自己的花粉或用同一物种的花粉进行授粉,则这种花粉对外来花粉占有很大优势,以致后者虽然置于柱头上的时间较早,但其作用被完全破坏了。一个花柱异长物种的两种类型也出现了这种情况。例如黄花九轮草的几朵长花柱花由另一棵植株的同类型花粉进行同型花授粉,过 24 小时后又由黄花九轮草的一个变种——一棵短花柱的暗红色西洋樱草的花粉进行异型花授粉。其结果是:这样育成的 30 棵实生苗所开的花全部都多少带有红色,这清楚地显示出短花柱植株异型花配合的花粉在遗传优势方面如何超过了长花柱植株同型花配合的花粉。

　　关于上述各点,非法授粉和杂交授粉彼此在效果方而存在着非常密切的平行现象。因而认定一棵异型花授粉的花柱异长植株所育成的实生苗就是在同一个物种范围内形成的杂种，几乎一点也不夸张。这个结论是重要的，因为这样我们便可懂得两个有机体的性结合是困难的，而且它们的后代是不稔的，这对所谓的物种区别提不出安全的标准。如果有人使千屈菜属或报春花属的同一类型的两个变种进行杂交，以便断定它们的是否是不同的物种，并且他发现，只有克服了一些困难后才能使它们配合，它们的后代是极度不稔的，它们的亲本和后代在整个一系列关系上同杂交物种和它们的杂种后代相类似，那么他会坚持认为他的变种已被证明是完好而真正的物种了，但他可能因此而完全上当了。其次，由于同一个三型的或二型的花柱异长物种的诸类型在一般结构上都是明显相同的，只有生殖器官是例外，又由于它们在一般体质上都是相同的（因为它们生活在完全相同的条件下），所以其同型花配合以及同型花配合的后代的不稔性必定完全决定于性因子的性质和性因子在特殊方式下的配合的不相容性。又由于我们刚才见到的不同物种进行杂交时在整个一系列关系上都和同一个物种的诸类型进行同型花配合时的情况相似，这就引导我们做出如下结论：前者的不稔性也必定完全决定于它们性因子的互不相容的性质，而不是决定于体质或结构上的任何一般差异。某些物种可以非常容易地进行杂交，而另外一些密切近似的物种就不能杂交，或者只能极其困难地进行杂交，要探明这种差异是不可能的，的确这会引导我们做出同样的结论。两个物种的正反交是否容易常常有重大差异，这一点更有力地引导我们做出这个结论：因为这种情形明显是由于这一结果必定是决定于性因子的性质，一个物种的雄性因子可以自由地对另一个物种的雌性因子发生作用，而反过来就不能如此。现在我们看到，对三型的和二型的花柱异长植株的非法配合的考察，可以独立地得出同一个结论，而且被有力地加强了。

杂交是一个非常复杂而难解的问题，关于这方面的明确结论尚无丝毫进展，即：我们必须完全把性因子的功能差异作为第一次杂交及其杂种后代的不稔性的原因。正是这个考虑引导我做了许多本章所记载的观察，而且我认为这些观察是值得发表的。

达尔文的手迹

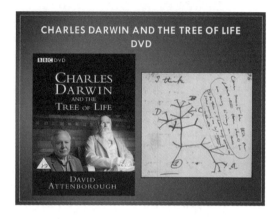

↑ 在中国，达尔文是知名度最高的外国科学家之一。在几代中国人的小学自然课、中学生物课的课本上，达尔文的进化论都是非常重要的内容。而且，达尔文的进化理论曾深刻地影响了100年前的中国社会。2009年，中央电视台拍摄了7集纪录片《达尔文——自然之子》，这也是中央电视台首次为外国著名人物拍摄原创性的传记纪录片。

↓ 对于纪录片爱好者来说，观看BBC（英国广播公司）制作精良的纪录片是人生一大乐事。

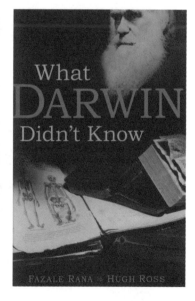

↑ 关于达尔文的纪录片很多，读者通过纪录片也能更深切地体会到，达尔文的感召力是跨越时代和国界的，也正因为达尔文人格的伟大和其理论的深远影响，达尔文本人和他的进化论是属于全人类的。

2009年是达尔文诞辰 200周年，也是《物种起源》发表 150周年。全世界的许多机构都在以展览、节庆、戏剧、电影、讨论、峰会、会议等各种形式纪念达尔文。英国举办了 300多项庆祝活动，将达尔文的头像制作成面额 10英镑的钞票。无独有偶，澳大利亚也发行了一种特殊的纪念银币。2月，达尔文的故乡——什鲁斯伯里，为达尔文举办了为期一个月的庆祝节。8月，在加拉帕戈斯群岛，举办了关于达尔文进化论的世界峰会。

世界各地的艺术家们常常以达尔文为主题进行绘画、设计作品、拍摄照片和纪录片。

CHARLES DARWIN

Charles Darwin 1859

达尔文富有创造的思想，跨越了学科领域，也跨越了时代，至今仍对世界科学的发展产生着深刻而深远的影响。2018 年诺贝尔化学奖颁发给阿诺德、史密斯和温特，就是因为他们运用进化论的思想，用细菌和噬菌体生产高效的蛋白酶，造福了人类。

⬇ 2015 年 2 月 12 日，为纪念达尔文 206 周年诞辰而创作的画作。

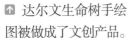

↑ 达尔文生命树手绘
图被做成了文创产品。

↑ 斯坦福大学开设了"达
尔文的遗产"的课程。共
有 31 位专家参与设计和
讲授，面向本科生、研
究生和继续教育的学生。

⬅ 印有达尔文肖像的
T 恤衫。

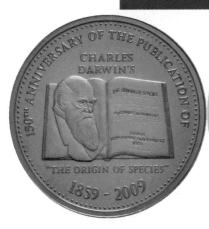

↑ 2009 年，英国政府在纪念达尔文诞辰 200 周年
时发行的纪念币。

第六章　关于花柱异长植物的结束语

· Concluding Remarks on Heterostyled Plants ·

花柱异长植物的基本性状——同型花授粉和异型花授粉的植物在能稔性方面差异的摘要——不同类型的花粉粒直径，花药大小和柱头结构——含有花柱异长物种的属的亲和性——花柱异长状态所带来的优点的性质——植物赖以变成花柱异长的途径——类型的传递——花柱异长植物的花柱等长变种——结束语

Pl. 38.

1

2

Painted by Syd. Edwards.　　　London Published Apr. 2 1806 by G.Kearsley Fleet Street　　　Engraved by F. Sansom

1 *Nelumbium speciosum*
  Chinese Water Lily

2 *Nolana prostrata*
  Trailing Nolana

在前面几章里已对我所知道的全部花柱异长植物作了或多或少的充分描述。若干别的事例,已有人(特别是阿萨·格雷和库恩教授)对此做过说明①。这些事例指出同一个物种的诸个体的雄蕊和雌蕊长度是不同的,但由于孤立地看待这种性状常常使我上当,因此在我看来更慎重的方针是不要先把任何物种列为花柱异长的,除非我们在诸类型之间掌握了更重要的差异证据,诸如花粉粒直径或柱头结构上的差异。许多正常的雌雄同体植物的个体经常相互授粉,这是由于它们的雄性器官和雌性器官在不同时期成熟,或者是由于各部分的结构,要不就是由于自花不稔性,等等。许多雌雄同体动物也是如此,例如蜗牛或蚯蚓,但在所有这些事例中,任何一个个体都能使同一物种的其他个体充分授粉,或由其他个体充分授粉。对于花柱异长植物来说,情况就不如此:一棵长花柱的、中花柱或短花柱的植株不能使任何别的个体充分授粉或由别的个体充分授粉,而只能使另一个类型的个体充分授粉或由另一个类型的个体充分授粉。因此属于花柱异长这一类植物的基本性状就是它们的个体分为两个或三个本体,像雌雄异株植物的雄株和雌株或高级动物的雄性和雌性那样,它们存在的数目大致相等并适于相互授粉。因此,诸个体分为两个或三个本体,彼此在上述比较重要的性状上相互不同,这一点本身就提供了良好的证据来表明这个物种是花柱异长的。但绝对结论性的证据只能来自实验,并来自以下的情况,即花粉必须由一种类型授予另一种类型来保证完全的能稔性。

为了说明各种类型在由别的类型的花粉进行异型花授粉时(或在三型物种的场合中,由其他两个类型之一的特有花粉进行授粉),其能

◀ *南美旋花*(*Nolana prostrata*)(图中 2)

---

① 阿萨·格雷,《美国科学杂志》,1865 年,101 页以及在别处提到的;库恩,《植物学报》,1867 年,67 页。

同种植物的不同花型

稳性比由本类型花粉进行同型花授粉时高出多少，我将在附表 38 中列出迄今已肯定的所有事例的结果摘要。诸配合的能稳性可根据两个标准来判断，即：按两种方法进行授粉时能结蒴果的花的比率，以及每果的平均种子数。在表 38 中第二栏内出现破折号时，即意味着没有把能结蒴果的花的比率记录下来。

表 38　全部异型花配合的能稳性和全部同型花配合的能稳性比较

（异型花配合的能稳性作为 100，按两个标准来判断）

种　　名	同型花配合	
	能结果的花所占的比率	每果平均种子数
黄花九轮草	69	65
较高报春	27	75
欧报春	60	54
藏报春	84	63
藏报春（第二次实验）	0	0
藏报春（希尔德布兰德）	100	42
耳报春（斯科特）	80	15
锡金报春（斯科特）	95	31
假报春状樱草（斯科特）	74	36
总苞报春（斯科特）	72	48
粉报春（斯科特）	71	44
报春花属 9 个物种的平均	88.4	69
赫顿草（H. 米勒）	—	61
大花亚麻（差异可能是大得多）	—	69
宿根亚麻	—	20
宿根亚麻（希尔德布兰德）	0	0
药用肺草（德国种，希尔德布兰德）	0	0
窄叶肺草	35	32
蔓虎刺	20	47
丰花草（巴西种）	—	0
荞麦	—	46
千屈菜	33	46
智利酢浆草（希尔德布兰德）	2	34
巴西酢浆草（希尔德布兰德）	0	0
美丽酢浆草（希尔德布兰德）	15	49

　　同一个花柱异长物种的两种或三种类型在一般习性或叶子方面彼此并无差异，有时雌雄异株植物的两种性别会出现这种情况，但不多见。花萼也无差异，但花冠形状有时略有不同，这是由于花药的不同位置所致。丰花草属（Borreria）花冠筒内的茸毛位置在长花柱和短花柱类型中有所不同。肺草属的花冠大小略有差异，而海寿花属的花冠颜色稍有差异。更重要和大得多的差异是在繁殖器官方面：一种类型的雄蕊长度可能完全一样，而另一种类型的雄蕊长度则逐渐变化，或长短交替。花丝的颜色和粗细可能不同，而且有时一种类型的花丝长度几乎为另一种类型的 3 倍。它们黏附于花冠上的比例长度也很不一样。两种类型的花药有时大小很不相同。由于花丝的旋转，花药成熟时，对于二型花粉法拉米亚草属（Faramea）的一种类型来说是朝着花的周围开裂，对于另一种类型来说是朝着花的中央开裂。花粉粒的颜色有时明显不同，直径的差别也往往达到某种异乎寻常的程度。它们的形状也有点不同，由于它们的不透明程度并不相等，其内含物显然也不同：二型花粉法拉米亚草属的短花柱类型的花粉粒上面布满了尖点，以便随时互相黏合或黏附于某只昆虫的身上，而长花柱类型的较小花粉粒却十分光滑。

　　关于雌蕊，一种类型的花柱长度差不多是另一种类型者的 3 倍。酢浆草属 3 种类型的雌蕊茸毛有时不一样。亚麻属的雌蕊是分叉的并从花丝间穿出，或者几乎直立并与花丝平行。两种类型的柱头在大小和形状方面往往不同，尤其是乳头状突起的长度和厚度差异更大，所以它们的表面可能是粗糙的或十分光滑的。由于花柱的旋转，柱头的这种乳头表面在宿根亚麻的一种类型中是转向外侧；而在另一种类型中则是转向内侧的。在黄花九轮草的同龄花中，长花柱类型的胚珠比短花柱类型的为大。由这两种或三种类型产生的种子在数量上往往不同，有时种子的大小和重量也不同。例如，千屈菜长花柱类型的 5 粒种子和中花柱类型的 6 粒种子以及短花柱类型的 7 粒种子在重量上是相等的。最后，药用肺草的短花柱植株开的花在数量上较大，结的果实在比例数上也较大，可是每果平均种子数却比长花柱植株的为少。关于花柱异长植物，我们看到了同一个确定的物种的诸类型有多少性状和多么重要的性状往往彼此有所不同——对普通植物来说，用这些性状大概足可以把同一属的物种互相区分开来。

属于同一个属的正常物种的花粉粒在一切方面一般彼此相似，因此值得在表39列出45个事例所证实的同一个花柱异长物种的两种或三种类型的花粉粒直径的差异，但应注意这些测量只是近似精确，因为所测量的只有少量花粉粒。还有，在若干事例中花粉粒是干的，因而要用水加以浸泡。每当它们的形状伸长时，量得的直径是较长的。短花柱植株的花粉粒和长花柱植株的花粉粒如果有任何差异的话，总是短花柱植株的较大。短花柱植株的直径在表39中表示为100。

表 39　同一个花柱异长物种的诸类型花粉粒的相对直径

（以短花柱类型花粉粒的相对直径为 100）

二型物种

来自长花柱类型		来自长花柱类型	
黄花九轮草	67	连翘	94
欧报春	71	破布木属（该属的一种）	100
藏报春（希尔德布兰德）	57	美丽吉利草	100
耳报春	71	小花吉利草	81
赫顿草（H. 米勒）	61	尖叶塞思草	83
赫顿草（自花）	64	古柯属（该属的一种？）	93
大花亚麻	100	美丽黄牛木	86
宿根亚麻（直径易变）	100(?)	匍匐蔓虎刺，长花柱类型的花粉粒略小	
金黄亚麻	100	丰花草属（该属的一种？）	92
药用肺草	78	二型花粉法拉米亚草属	67
窄叶肺草	91	九节木属（种？）(F. 米勒)	75
荞麦	82	天蓝色豪斯托尼亚草	72
伯内特斐济香	99	耳草（种？）	78
南美马鞭草	62	二叶葎属（种？）	88
睡菜	84	球连萼瘦果草（种？）(F. 米勒)	100
金银莲花	100	巴西缺孔草（种？）	80
荇菜属（种？）	75	小花金鸡纳树（种？）	91

三型物种

表示 3 种类型两组花药的花粉粒直径的最大差异比率		同一类型两组花药的花粉粒直径的比率	
千屈菜	60	玫瑰红花酢浆草,长花柱类型(希尔德布兰德)	83
轮生尼赛千屈菜	65	扁酢浆草,短花柱类型	83
智利酢浆草(希尔德布兰德)	71	海寿花属(种?),短花柱类型	87
巴西酢浆草	78	海寿花属的另一物种,中花柱类型	86
美丽酢浆草	69		
感应酢浆草	84		
海寿花属(该属的一种?)	55		

　　我们在这里看到在 45 个事例中除去 7 个或 8 个例外,其余都是一种类型的花粉粒比同一物种另一种类型的花粉粒较大。最大差异是 100︰55 之比,我们应该记住球状体的直径差异如达到这样程度,则其内含物的差异就是 6︰1 之比。关于花粉粒直径有差异的全部物种,下述规律无一例外,即:短花柱类型的花药的花粉粒比其他类型的为大,其花粉管必须穿入长花柱类型的较长雌蕊。这种奇特的关系使德尔皮诺[①]相信(像过去也使我这样相信过),在短花柱花中花粉粒之所以比较大是同它们的较长花粉管的发育所需要的较多物质供应有关。但在亚麻属的场合中,两种类型的花粉粒大小相等,而一种类型的雌蕊约为另一种类型的两倍长,这第一次使我对这一观点产生了怀疑。我的怀疑以后又被金银莲花属和球连萼瘦果草属所加深,它们的两种类型的花粉粒大小相等;而前一个属的一种类型的雌蕊和后一个属的一种类型的雌蕊几乎分别为另一种类型的 3 倍长和 2 倍长。在两种类型的花粉粒大小不相等的物种中,花粉粒大小不相等的程度和它们的雌蕊长短之间并没有密切的关系。例如药用肺草和古柯属的长花柱类型的雌蕊长度约为另一个类型者的 2 倍,而前一个物种的长花柱类型的花粉粒直径与另一种类型之比为 100︰78,而后一个物种的长花柱类型的花粉粒直径与另一种类型的花粉粒直径之比为 100︰93。九节木属两种类型的雌蕊长度仅有一点差别,而两种类型

---

　　① ‘Sull’Opera,la Distribuzione dei Sessi nelle Piante,& C.,1867,p.17.

花粉粒直径之比则为 100∶75。这些事例似乎证明了两种类型的花粉粒大小的差异并非由雌蕊长度来决定的,而花粉管势必伸到雌蕊下部。因而对一般植物来说,花粉粒的大小和雌蕊的长度显然没有密切的关系。举例来说,我发现木本曼陀罗(*Datura arborea*)膨胀的花粉粒直径为 0.00243 英寸,而雌蕊的长度不少于 9.25 英寸;那么,荞麦小花中的雌蕊极短,可是其短花柱植株的较大花粉粒和曼陀罗的花粉粒在直径上正好相等,而曼陀罗属的雌蕊却是非常之长的。

尽管有若干这样考虑,仍难于完全放弃以下的信念,即:花柱异长植物的较长雄蕊的花粉粒之所以变得较大,是由于让较长的花粉管得到发育;上述相反的事实可能按照下述方式得到统一。最初花粉管是由花粉粒所包含的物质发育起来的,因为它们在花粉粒接触柱头以前有时已伸出到相当的长度;但植物学家们相信,它们以后是从雌蕊的输导组织中吸取营养的。几乎无法怀疑像曼陀罗属的花粉一定会发生这种情况,在曼陀罗属中,花粉管势必沿着雌蕊的整个长度往下延伸,因此其下伸长度是花粉粒直径的 3806 倍(即 0.00243 英寸),花粉管就是从花粉粒伸出来的。我可以在这里说,我曾看到一棵柳树的花粉粒浸没于很稀的蜂蜜溶液中,它们在 12 小时过程中伸出的花粉管长度为花粉粒直径的 13 倍。现在,如果我们假设,在有些花柱异长的物种中,花粉管是全部或几乎全部依赖花粉粒的内含物质发育起来的,而在其他物种中,则依赖雌蕊所产生的物质发育起来的;那么,我们就能在前一种场合中看到,两种类型的花粉粒同花粉管势必穿入其中的雌蕊的长度相对应,在大小上应有所差异。但在后一种场合中,花粉粒的大小就不应有这样的差异。这种解释是否能令人满意,目前还必须持怀疑态度。

在几个花柱异长物种的诸类型之间还有另一种显著的差异,即:含有较大花粉粒的短花柱花的花药比长花柱花的花药较长。赫顿草的情况正是这样,二者长度之比为 100∶83。关于金银莲花,二者长度之比为 100∶70。至于亲缘关系密切的睡菜属,其短花柱类型的花药比长花柱类型的稍微大一点;而在岩菜属(*Villarsia*)中,其短花柱类型的花药则比长花柱类型的明显大得多。至于窄叶肺草,其花药的大小变异很大,但从每类 7 次测量平均数得出的比率为 100∶91。在茜草科的 6 个属中存在某种类似的差异,或程度轻微或很显著。最后,在三型的海寿花属中,这个比率为 100∶88,这就是它的短花柱类型最长雄蕊的花药和长花柱类型最短雄蕊的花药在大小方面的比率。另一方面,连翘和金黄亚麻的两种类型的雄蕊在长度方面存在某种相似的而且很显著的差异。但在这两个事例中,短花柱花的花药比长花柱花的花药较短。关于其他花柱异长植物的两种类型,对花药的相对大小没有加以特别注意,但我相信它们一般是相等的,像普通报春和黄花九轮草的情况肯定就是这样。

　　每种花柱异长植物的两种类型的雌蕊长度彼此不同,而且虽然类似的差异在雄蕊方面也很普遍,但在大花亚麻和破布木属的两种类型中,雄蕊的长度还是相等的。几乎无可怀疑的是,这些器官的相对长度是对昆虫将花粉安全地由一种类型运往另一种类型的一种适应。在例外的场合中两种类型的这些器官并不完全位于一个水平,此等例外情况也许可以用昆虫在这种花上采粉的方式加以解释。就大多数物种来说,如果两种类型的柱头大小有任何差异的话,那么长花柱的柱头不管其形状如何总比短花柱的柱头大。但关于这个规律还有一些例外,因为伯内特斐济香的短花柱类型的柱头比长花柱的柱头较长而且窄得多。两种类型的柱头长度之比为 100∶60。在 3 个具有茜草科性质的属,二型花粉法拉米亚草、豪斯托亚尼草和二叶葎中,短花柱类型的柱头,都同样稍微长些和窄些;而在感应酢浆草的 3 种类型中,这种差异极其显著,因为若把长花柱雌蕊的两个柱头长度作为 100,则中花柱类型和短花柱类型的相对数字将分别为 141 和 164。在所有这些事例中,由于短花柱雌蕊的柱头都是位于或多或少呈管状的花冠下部,因此它们变得长而窄,大概就能更好地适应于把花粉从一只昆虫的插过花粉管的喙上刷落。

　　关于许多花柱异长植物,两种类型柱头的粗糙程度不同,当情况如此时,还没有发现过下述规律有例外,即:长花柱类型柱头上的乳头状突起比短花柱柱头上的较长而且往往较厚。例如赫顿草的长花柱柱头上的乳头状突起比其他类型柱头上的乳状突起长两倍以上。这个规律即使对天蓝色豪斯托尼亚草来说也适用,它的长花柱柱头比短花柱类型的柱头短得多而且粗得多,因为前者的乳头状突起在长度上与后者的乳头状突起相比为100:58。大花亚麻长花柱类型雌蕊的长度变异很大,柱头的乳头状突起也发生相应程度的变化。根据这个事实我最初推测,在所有事例中两种类型的柱头乳头状突起之间在长度上的差异,仅仅是相关生长的一种;但这几乎不能成为真正的或普遍的解释。因豪氏托尼亚草长花柱类型的较短柱头具有较长的乳头状突起。比较可能的看法是:乳头突起使各式各样的物种的长花柱类型的柱头变得粗糙了,这是为了把昆虫从短花柱类型携带来的大粒花粉有效地粘住,从而保证异型花授粉。这个看法受到了下列事实的支持,即表39所列的8个物种的两种类型花粉粒在直径上几乎没有差别,它们柱头上的乳头状突起在长度上也没有不同。

目前已确实知道或差不多确实知道的花柱异长物种是属于遍布全世界的38个属,如表40所示。这些属属于14个科,其中大多数彼此很不相同,因为它们属于若干大系中的9个大系,本瑟姆和胡克曾把显花植物纳入其中。

表 40　含有花柱异长物种的各属名单

双子叶植物		双子叶植物	
黄牛木属	金丝桃科	蔓虎刺属	茜草科
古柯属	古柯科	路边草属	茜草科
塞思草属	古柯科	丰花草属	茜草科
亚麻属	牻牛儿苗科	斯珀马科切属	茜草科
酢浆草属	牻牛儿苗科	报春花属	报春花科
千屈菜属	千屈菜科	赫顿草属	报春花科
尼赛千屈菜属	千屈菜科	点地梅属	报春花科
金鸡纳树属	茜草科	连翘属	木犀科
寒丁子属	茜草科	睡菜属	龙胆科
马内蒂亚草属	茜草科	金银莲花属	龙胆科

续表

双子叶植物		双子叶植物	
耳草属	茜草科	岩菜属	龙胆科
二叶葎属	茜草科	吉利草属	花葱科
豪斯托尼亚草属	茜草科	破布木属	破布木科
球连萼瘦果草属	茜草科	肺草属	紫草科
巴西缺孔草属	茜草科	南美马鞭草属	马鞭草科
红芽大戟属	茜草科	蓼属	蓼科
二型花粉法拉米亚草属	茜草科	瑞香属①	瑞香科
吐根属②	茜草科		
异柱茜草属	茜草科	**单子叶植物**	
九节木属	茜草科	海寿花属	雨久花科

　　在某些这等科中，花柱异长的状态必定是在一个遥远的时期获得的。这样，3个近亲的属，睡菜属（*Menyanthes*）、金银莲花属（*Limnanthemum*）*和岩菜属（*Villarsia*）便分别生长于欧洲、印度及南美。耳草属（*Hedyotis*）的花柱异长物种发现于北美的温带地区及南美的热带地区。酢浆草属的三型物种生长于南美科迪耶拉的两侧和好望角。在这些以及其他一些事例中，每个物种不可能独立于近亲之外而单独获得其花柱异长结构的。如果是这样，那么睡菜属的3个近亲的属和酢浆草属的若干三型物种必定是从一个共同祖先遗传了它们的结构。但是，在所有这等事例中，一个共同祖先的变异了的后代从单独一个中心传播到如此广阔遥远和分离的地区大概需要经过漫长的时间。茜草科这一科含有的花柱异长属的数目和所有其他13个科总共含有的差不多少；今后无疑还要发现茜草科的另外一些属是花柱异长的，尽管该科绝大多数的属已经是花柱同长的。这个科几个亲缘密切接近的属的花柱异长结构大概要归因于共同的遗传；但是，由于具有这种特性的属分布在不下于8个族中，这8个族都被本瑟姆和胡克分在这一科中，因此几乎可以肯定的是，其中的几个属必定是彼此独立地

---

　　① 瑞香属（*Thymelea*）即 *Daphnc*。——译者注
　　② 吐根属（*Psychotria*）现与九节木属并成一个属。——译者注
　　* 即 *Nympkoides*（荇菜属），龙胆科。——译者注

变为花柱异长的。这一科成员的体质和构造中究竟有什么因素有利于它们变为花柱异长的,我无法加以猜测。一些体积相当大的科,诸如紫草科和马鞭草科,就目前所知,只含有一个花柱异长的属、蓼属在它的那一科中也是唯一的花柱异长属;虽然它是一个很大的属,但除荞麦之外没有别的物种具有这种特性。我们可能要怀疑它是在比较近期内变成花柱异长的,因为它在功能上似乎远不如任何其他属的物种那样强烈,因为两种类型都能产生相当数量的自发自花授粉的种子。蓼属只具有唯一的一个花柱异长物种是一个极端的事例;但是,每个含有一些花柱异长物种的大体积的其他属同样含有花柱同长的物种。千屈菜属就含有三型的、二型的以及花柱同长的物种。

乔木、灌木和草本植物,大的和小的,开单瓣花的,开密集穗状花序的花或头状花序的花的,都有变为花柱异长的。生长于高山和低地、干旱地、沼泽地和水中的植物也有这种情况①。

当我第一次开始做花柱异长植物的试验时,带有一种印象,认为它们有变成雌雄异株的倾向。但很快我就被迫放弃了这种想法,因为报春花属的长花柱植株由于具有较长的雌蕊、较大的柱头、含较小花粉粒的较短雄蕊,似乎是两种类型中雌性特征较强的一种,但它比在上述方面显得更富于雄性特征的短花柱植株产生较少的种子。此外,三型植物显然和二型植物处于同一范畴,而不能认为前者有变成雌雄异株的倾向。然而对千屈菜来说,我们却有这种奇异而独特的事例,

---

① 在已知的含有花柱异长物种的 38 个属中,约有 8 个或 21% 或多或少具有水生的习性。这一事实最初打动了我,因为我当时还不知道生长在这等地点的正常植物占有多大比例。花柱异长植物在某种意义上可以说是性别的分离,因为其诸类型必定彼此互相授粉。因此,似乎值得确定的是在林奈命名的雌雄同株纲(Monoecia)、雌雄异株纲(Dioecia)以及杂性纲(Polygamia)中有多少属含有生长于"水中、沼泽地、泥塘或潮湿地方"的物种。在 W. J. 胡克爵士编的《不列颠植物志》(第 4 版,1838)中,提到这 3 个林奈命名的纲包括 40 个属,其中 17 个属(即 43%)含有生长于上述地点的物种。所以,这些性别分离的不列颠植物有 43% 或多或少具有水生的习性,而花柱异长植物只有 21% 具有这样的习性。我可以作如下补充,即:雌雄同株的纲,包括从单雄蕊(Monandria)到合蕊(Gynandia),含有 447 个属,其中有 113 个属在上述意义上是水生的,或只占 25%。因此,就这种不完整的数据来判断,看来在植物的性别分离和其产地的潮湿性质之间有着某些关联。然而这对花柱异长的物种并不适用。

即：其中花柱类型比其他两种类型的雌性更强或雄性更弱。这一点可用以下事实来阐明，即：它无论用什么样的方式来授粉都产生大量种子，还有，当把它的花粉（其花粉粒比其他两种类型的相应雄蕊的花粉粒较小）在任何类型的柱头上进行授粉时，所产生的种子比正常数量较少。如果我们假设中花柱类型的雄性器官继续退化的话，其最终结果就是某种雌性植株的产生，那时千屈菜就会包含两种花柱异长的雌雄同体类型和一种雌株。据了解，这样的事例还不存在；但这是一种可能的情况，因为同一个物种的雌雄同体和雌株类型并不罕见。尽管没有理由认为花柱异长植物有规律地变成雌雄异株，然而它们为这样的转变提供了特殊的便利。这一点以后还要加以说明，而这样的转变看来也不时出现。

我们确实可以肯定植物变为花柱异长是为了保证异花授粉，因为现在我们知道同一个物种不同个体间的杂交对后代的生活力和能稔性是非常重要的。通过雌雄异熟或同一朵花的生殖因子在不同时期成熟的途径——通过雌雄异株化（dioeciousness）的途径——通过自花不稔性的途径——通过另一个体的花粉对本植株花粉的优势——最后，通过与昆虫采粉有关的花朵结构的途径，也可以获得同样的结果。在这个事例以及许多其他事例中，获得这同一结果的途径是多种多样的，这种多样性决定于这个物种所经历的一切以往变化的性质，并且取决于各个部分对周围环境条件的连续适应性是或多或少可以完全遗传的。有些植物的花朵结构已经十分适应异花授粉，这样的授粉是在昆虫的帮助下进行的，这等植物往往具有不规则的花冠，这种结构的塑成同昆虫的采粉有关：对这样的植物来说，变成花柱异长的用处就不大或者毫无用处，因此我们就能理解何以在豆科、唇形科、玄参科、兰科等这样具有不规则花冠的大科中连一个花柱异长的物种也没有。然而，每一种已知的花柱异长植物是靠昆虫而不是靠风力来授粉的，所以只有海寿花属一个属具有不规则的花冠这一事实是颇令人惊奇的。

❦ 同种植物的不同花型 ❦

为什么有些物种适应于异花授粉,而同一个属内其他物种却不如此,或者如果它们一次曾经是这样,但从那以后即行失去这样的适应性并从而成为目前通常的自花授粉,这又是为什么,对此我在别处曾试图给予一定限度的说明[①]。假如进一步追问,为什么有些物种凭借花柱异长而不是凭借上面所举出的任何一种途径来适应这个目的,其答案也许就在于花柱异长发生途径的本身——对这个问题立刻就要进行讨论。可是,花柱异长物种比雌雄异熟物种占有优势,这是因为同一棵花柱异长植株上的全部花都属于同一类型,所以当在昆虫帮助下进行同型花授粉时,两个不同的个体确实就杂交了。另一方面,关于雌雄异熟植物,同一个体上早开的或迟开的花可以进行杂交,而这种杂交几乎没有或完全没有好处。每当产生大量种子对某一个物种有利时,显然这是一种非常普通的情况,花柱异长植物就会比雌雄异株植物占有优势,因为前者的全部个体都是雌性的,可以产生种子,而后者只有一半是雌性的,可以产生种子。另一方面,就有关异花授粉问题来说,花柱异长植物比那些自花不稔的植物似乎不占什么优势。它们确实处于某种稍微不利的形势,因为如果两棵自花不稔的植株相近地生长在一起并远离同一个物种的所有其他植株,则它们彼此就会相互地并完全地授粉,而花柱异长的二型植物的情况就不是这样,除非它们碰巧属于相对的类型。

还可以补充一点:三型物种比二型物种占有一种轻微的优势,因为如果一个二型物种只有两个个体碰巧在一个孤立地点相近生长在一起,则双方属于同一种类型的机会将是对等的。在这种情况下,它们将不会产生数量充足的强壮而能稔的实生苗,此外,所有这些实生苗都强烈地表现出属于相同类型的倾向,就像它们的双亲那样;另一方面,如果同一个三型物种的两棵植株碰巧生长在一个孤立地点,则它们不属于同一种类型的机会是 2∶1。在这种情况下,它们将互相进行异型花授粉并产生数量充足的强壮后代。

[①] 《植物界异花受精和自花受精》,1876 年,441 页。

植物赖以变为花柱异长的途径

这是一个很难解的问题,我只能稍微加以阐明,不过这是一个值得探讨的问题。前面已经说明,在 14 个自然科中都发生了花柱异长植物,它遍布整个植物界,即使在茜草科中,它们也分布在 8 个族中。因此我们可以做出结论:这种不同植物获得的结构同某个共同祖先的遗传并无关联,而且获得这种结构一点也不困难——也就是,不需要环境条件的任何极不寻常的配合。

某一个物种变为花柱异长的第一步大概是雌蕊和雄蕊长度的重大变异,或只是雌蕊长度的重大变异。这样的变异并不太罕见:关于琴颈草和南美旋花(*Nolana prostrata*),不同个体的这等器官的长度差异如此之大,以致在对它们进行试验之前,我一直认为这两个物种都是花柱异长的,悬垂格斯内里亚(*Gesneria pendulina*)的柱头有时伸得很长,有时位于花药之下;白花酢浆草以及多种别的植物就是如此。我也曾注意到,黄花九轮草和欧报春的栽培变种的雌蕊在长度上差异非常之大。

由于大多数植物至少在昆虫的帮助下会进行异花授粉,因此我们可以设想,我们假设的正在变异中的植物的情况就是如此。但是,如果它更有规律地进行异花授粉,那对它是有利的。我们应该记住,已经证明异花授粉对许多植物是多么重要的一种利益,虽然这种利益表现在不同的程度和不同的方面。这就会顺利地出现下述情况,即:我们假设的物种在功能上并不按照正规的方式进行变异,以变成雌雄异熟的或完全自花不稔的,或在结构上发生变异以保证异花授粉。如果变异是这样的,它就永远不会变为花柱异长的,因为这种状态这时就会是多余的了。但是,英国几种现存的花柱异长植物的亲本物种可能曾经是或者大概是(根据它们目前的结构来判断)在某种程度上自花不稔的,这就使有规律的异花授粉成为更加合乎需要的了。

现在让我们看看一个高度变异的物种,它的有些个体的大多数或者全部花药都伸出花冠之外,其他个体的花药则位于花冠下部,其柱头位置也发生类似的变异。昆虫光顾这样的花,就会在它们身体的不同部位粘上花粉,昆虫能否把花粉置于它光顾的下一朵花的柱头上,这是唯一的机会。如果所有植株的全部花药都位于同一水平,那么大量的花粉就会附着于在花间飞来飞去的昆虫身体的同一部位;如果所有花的柱头也同样位于同一个不变的水平上,那么昆虫此后就会无误地把花粉置于柱头之上。但是,由于雄蕊和雌蕊是假设在长度上已发生了很大变异并仍在变异之中,因而就十分可能出现下述情况,即:雄蕊和雌蕊通过自然选择在不同个体中变为不同长度的两个部分,而不是在全部个体中变得长度相同并位于同一水平,前一情况比后一情况容易得多。无数事例表明,同一物种的两种性别及其子代都不相同,我们从这些事例得知,形成两组或两组以上的个体遗传有不同的性状并无困难。在我们所举的事例中,补偿或平衡法则(为许多植物学家所承认)会发生作用,它致使在雄蕊非常发育的个体中,雌蕊缩短了,并且在雄蕊只有轻微发育的个体中雌蕊长度增加了。

现在如果在我们变异着的物种中有一大批个体的较长雄蕊的长度近乎均等化,其雌蕊就会跟着或多或少地缩短;而另一批个体的较短雄蕊长度也相似地均等化,其雌蕊就会跟着或多或少地增长,那么这就可以保证异花授粉而不致损失多少花粉。这种变化对这个物种如此高度有利,以致不难相信这一结果可以通过自然选择来完成。这时我们的植物在结构上就会非常接近一个花柱异长的二型物种或一个三型物种,如果同一朵花的雄蕊变为两种长度,分别和另两种类型上的雌蕊长度相对应的话。但是,在理解花柱异长物种是怎样发生的这一点,到目前为止我们甚至还没有接触到主要的困难。一棵完全自花不稔的植株或一棵雌雄异熟的植株能够给同一个物种的任何其他个体授粉或由它们授粉;而一棵花柱异长植物的基本特性则是，某一种类型的一个个体不能给同一类型其他个体充分授粉或由它们授粉，而只能由另一类型的个体授粉。

H. 米勒曾提出[①]正常的或花柱等长的植物可能是通过习性的作用才变为花柱异长的。每当一组花药的花粉经常地施于一个变异着的物种的特有长度的雌蕊时，他认为任何其他授粉方式的可能性最终就会差不多或者完全地消失。他经过观察双翅类昆虫才得到这一观点的，双翅类昆虫经常把赫顿草属（*Hottonia*）的长花柱花的花粉带到同一类型的柱头上，而且这组异型花配合几乎不像其他花柱异长物种的相应配合那么不稔。但这个结论同一些其他事例直接相矛盾，例如大花亚麻的事例。因为在这里长花柱类型由其本类型的花粉来授粉是完全不稔的，尽管这种花粉总是从花药的位置上授给柱头的。关于花柱异长的二型植物，它的两个雌性器官和两个雄性器官的功能显然是不同的：因为如果把同类花粉放到这两种类型的柱头上，并且如果再把这两类花粉放到同一种类型的柱头上，则在每一种场合中其结果就大不相同。我们还不能知道，仅仅由于每一种花粉经常地被置于某一个柱头上，就会完成两个雌性器官和两个雄性器官的分化。

另一种观点最初一看似乎是可能的，即：花柱异长植物专门获得了一种特性，它不能按照某些方式进行授粉。我们可以假设，我们变异着的物种对自己雄蕊的花粉多少有点不稔（情况往往如此），不管这些雄蕊是长的还是短的，并且这种不稔性遗传给具有等长的雌蕊和雄蕊的一切个体，所以这些个体变得不能自由杂交了，但是，在具有异长雌蕊和雄蕊的诸个体中这种不稔性就消失了。然而如此特殊的相互不稔形式会被专门获得是难于置信的，除非它对于这个物种非常有利；虽然它对一棵自花不稔的个体植株来说可能有利，这样就保证了异花授粉，但就一棵对其半数的兄弟，也就是对同一类型的所有个体都不稔的植株来说，怎么能有任何利益呢？此

---

① 《花的受精》，352 页。

外，如果同一类型植株间的配合的不稳性是专门获得的，那么我们就可以预料，长花柱类型由长花柱类型授粉和短花柱类型由短花柱类型授粉会有相同程度的不稳性。但情况几乎从来不是这样。相反，像窄叶肺草和赫顿草的两个同型花配合之间的情况那样，在这方面有时有极其广泛的差异。

一种更可能的观点是：两组个体的雄性器官和雌性器官通过某些途径特别适于相互的作用，而且同一组或同一种类型的个体之间的不稳性是某种伴随的和无意义的结果。"伴随的"这个词的含义可以用不同物种的两棵植株在芽接或嫁接时所遇到的或大或小的困难加以说明。因为，由于这种能力对双方的利益都十分不重要，所以不能被专门获得，而必定是它们营养系统有所差异的伴随结果。但是，花柱异长植物的性因子如何变得不同于这个物种在花柱等长时的性因子，并且它们如何在两组个体中变得相互适应，这些都是难解的问题。我们知道，在现存的花柱异长植物的两种类型中雌蕊长度总是有差异的，雄蕊长度一般也是有差异的，柱头结构、花药大小以及花粉粒直径也无不如此。因此，乍一看来，在这样一些重要方面彼此不同的器官大概只能按照某种它们已特别适应的方式相互作用。这一观点的可能性得到了下述奇妙规律的支持，即：在千屈菜属和酢浆草属的三型物种中雌蕊长度和雄蕊长度的差异越大（雌雄蕊的产物是要为繁殖而结合的），它们配合的不稳性也越大。同一规律也适用于一些二型物种的，即欧报春和窄叶肺草的两组异型花配合；但在其他场合如赫顿草和大花亚麻，这个规律就完全失效了。然而，我们通过对大花亚麻事例的考察，就会彻底了解在弄清花柱异长植物的两种类型生殖器官之间相互适应的性质和起源是多么困难：这种大花亚麻植物的两种类型唯一的不同之点，就我们所能知道的来说，就是它们的雌蕊长度——在长花柱类型中雄蕊和雌蕊是等长的，但其花粉对雌蕊的作用并不比无机的尘埃好多少，而这种花粉却可以给另一种类型的短雌蕊进行充分的授粉。现在，几乎不可置信的是，雌蕊仅仅在长度上的这点差异就能导致受粉能力的巨大差异。我们对这一点所能相信的程度由于下述原因就更少了，因为有些植物，例如奇观阿姆辛恰，其雌蕊的长度变化很大，却不影响杂交个体的能稔性。再者，我看到黄花九轮草和欧报春的一些相同的植株在连续季节里其雌蕊长度的差异达到了异常的程度。尽管如此，当把它们置于网下任其自发地进行自花授粉时，它们在这些季节里所结的平均种子数还是相等的。

　　因此，我们必须在一个变异着的物种诸个体中观察内部或潜在结构的差异现象，还有某一组的雄性因子只能有效地作用于另一组的雌性因子，我们也要观察这种现象的性质。我们毋须怀疑一棵植株的生殖系统的结构发生变异的可能性，因为我们知道有些物种变异了，以便成为完全自花不稔的或完全自花能稔的。这种变异或者按照显然的自发方式，或者由于生活条件的轻微变化而发生的。格特纳也曾阐明过①，同一个物种诸个体植株的性能力发生了这样一种的变异，即某一个体和一个不同的物种相结合比它和另一个物种相结合要容易得多。但同一个变异物种的各个组群或类型之间，或不同的物种之间，其内在结构的差异可能是什么性质，还是一个完全不清楚的问题。因此，那个已变成花柱异长的物种似乎最先变异，所以形成了两组或三组在雌蕊长度和雄蕊长度以及其他相互适应的特性都不相同的个体，而且不能生殖的能力差不多也在同时发生了这样的变异，即：一组个体的性因子适应了对另一组个体的性因子发生作用。结果同一组个体或类型的这些因子也伴随地变得不适应于彼此发生相互作用了，在不同物种的场合中就是如此。我在别处曾阐明②，物种在第一次杂交时的不育性以及杂种后代的不稔性也必须被看作是一种伴随的结果，

---

　　①　格特纳，《植物的杂交繁殖》（*Bastarderzengung im Pflanzenreich*），1849 年，165 页。

　　②　《物种起源》，第 6 版，247 页；《动物和植物在家养下的变异》，第 2 版，第 2 卷，169 页；《植物界异花受精和自花受精》，463 页。这里最好谈谈下述情况：根据生活条件的突然变化对大多数有机体的生殖系统所发生的强烈作用来判断，可以知道，在同一个花柱异常物种的两种类型中，或者在同一个正常物种的一切个体中，雄性因子对雌性因子的密切适应性只能在长期连续的近乎一致的生活条件下才能获得。

这种结果是随着同一个物种的性因子的特殊相互适应而产生的。因此,我们就能理解花柱异长植物同型花配合的效果和不同物种杂交的效果之间所存在的那种显著相似性,这种相似性已在上面被阐述过了。在同型花授粉时不同的花柱异长物种之间的不稔性,以及在同样授粉时同一物种的两种类型之间的不稔性,其程度是非常不同的,这种情况和以下观点相符合,即:这种结果是伴随发生的,它的发生是由于在它们的生殖系统中逐渐完成了变化,以便不同类型的性因子可以完善地彼此发生作用。

花柱异长植物所遗传的两种类型　　关于花柱异长植物所遗传的两种类型,上一章已举出许多事实,这一情况今后对它们的发育方式或可提出一些说明。希尔德布兰德观察到藏报春的长花柱类型由同类型花粉授粉后而育成的实生苗绝大部分是长花柱的,从那以后我也观察到了许多类似的事例。所有已知的事例均列入下列两个表中(表41和表42)。

我们在这两个表中看到,一种类型被同类型另一棵植株的花粉进行同型花授粉后所育成的后代,除少数例外,都属于像它们亲本那样的同一类型。例如,黄花九轮草的长花柱植株在五代中按照这样授粉方式育成的 162 棵实生苗有 156 棵是长花柱的,只有 6 棵是短花柱的。欧报春按照同样方式育成的 69 棵实生苗全是长花柱的。关于三型的千屈菜长花柱类型的 56 棵实生苗和玫瑰红花酢浆草长花柱类型的大量实生苗,情况也都如此。二型植物的短花柱类型所育成的后代和三型植物的中花柱和短花柱类型所育成的后代也有同样的倾向,即属于像亲本那样的同一种类型,但程度不如长花柱类型的情况那么明显。在表 42 中列出的 3 个事例分别是:千屈菜属的一个类型被另一类型的花粉进行同型花授粉,其中两个事例的全部后代属于像它们亲本那样的二个相同类型,而第三个事例则表明它们属于所有 3 种类型。

表 41　同型花授粉的二型植物所育成的后代的性质

—		长花柱实生苗数	短花柱实生苗数
黄花九轮草	由本类型花粉授粉的长花柱类型在连续五代里产生	156	6
黄花九轮草	由本类型花粉授粉的短花柱类型产生	5	9
欧报春	由本类型花粉授粉的长花柱类型在连续两代里产生	69	0
耳报春	由本类型花粉授粉的短花柱类型据说在连续的世代里所产生的后代大致如下述比例	25	75
藏报春	由本类型花粉授粉的长花柱类型在连续两代里产生	52	0
藏报春	由本类型花粉授粉的长花柱类型(希尔德布兰德)产生	14	3
藏报春	由本类型花粉授粉的短花柱类型产生	1	24
药用肺草	由本类型花粉授粉的长花柱类型产生	11	0
荞麦	由本类型花粉授粉的长花柱类型产生	45	4
荞麦	由本类型花粉授粉的短花柱类型产生	13	20

表 42　非法授粉的三型植物所育成的后代的性质

—		长花柱后代数	中等长花柱后代数	短花柱后代数
千屈菜	由本类型花粉授粉的长花柱类型产生	56	0	0
千屈菜	由本类型花粉授粉的短花柱类型产生	1	0	8
千屈菜	由长花柱类型的中等长雄蕊花粉授粉的短花柱类型产生	4	0	8
千屈菜	由本类型花粉授粉的中花柱类型产生	1	3	0

续表

—	长花柱后代数	中等长花柱后代数	短花柱后代数
千屈菜 { 由长花柱类型的最短雄蕊花粉授粉的中花柱类型产生 }	17	8	0
千屈菜 { 由短花柱类型的最长雄蕊花粉授粉的中花柱类型产生 }	14	8	18
玫瑰红花酢浆草 { 由本类型花粉授粉的长花柱类型在几代里所产后代的比例为 }	100	0	0
岩黄蓍状酢浆草 { 由本类型花粉授粉的中花柱类型产生 }	0	17	0

到目前为止所举出的事例都和同型花配合有关,但希尔德布兰德,弗里茨·米勒,和我自己都发现酢浆草属三型物种的任何两种类型之间的合法配合所育成的大部分后代或全部后代都属于相同的两种类型。因此,相似的规律适用于充分能稔的配合,也适用于那些非法的配合,它们或多或少是不稔的。花柱异长植株所产生的某些实生苗属于和其亲本不同的某一种类型时,希尔德布兰德就用返祖来说明这种事实。例如,表41表明:黄花九轮草在5代里生产了162棵同型花配合的实生苗,这一亲本植株无疑是由一棵长花柱和一棵短花柱亲本的配合所育成的;6棵短花柱实生苗可能要归因于返归其短花柱的祖先。在这一事例中以及在其他相似的事例中这是一个令人吃惊的事实,即这样返祖的后代数目不是很大的。在黄花九轮草的那个特殊事例中,这一事实就更加奇怪了,因为培育到4代或5代的长花柱植株还没有返祖发生。从这两个表可以看到:当长花柱类型和短花柱类型都由本类型花粉进行授粉时,前者比后者能够更忠实地遗传其本类型。至于为什么会如此,就难于推测了,除非大多数花柱异长物种的原始亲本类型的雌蕊长度显著超过它的雄蕊[①]。我仅补充一点:在

———————

[①] 根据同报春花属相似的各属的雌蕊长度来判断,可以怀疑报春花属就是如此(见 J. 斯科特先生的文章,《林奈植物学会杂志》,第 8 卷,1864 年,85 页)。布赖腾巴哈先生发现较高报春的许多标本在自然状况下生长时,同一棵植株上有一部分花是长花柱的,另一部分是短花柱的,还有另一部分是等长花柱的;而长花柱类型在数量上占有巨大优势。三者之比是长花柱花为61,对短花柱花为9,等长花柱花为 15 个。

自然状况下三型物种的任何植株无疑都会产生所有三种类型；这一点根据下述可能得到说明，即它的若干花分别由另两种类型进行授粉，如希尔德布兰德所设想的那样；或者，另两种类型的花粉由昆虫置于同一朵花的柱头上。

等长花柱的变种　报春花属的二型物种产生等长花柱变种的倾向值得注意。如上一章所阐明的，在不少于 6 个物种中，我们观察了这等事例，这 6 个物种依次为黄花九轮草、欧报春、藏报春、耳报春、粉报春和较高报春。在黄花九轮草的事例中，雄蕊在长度、位置及其花粉粒的大小等方面都和短花柱类型相似；而雌蕊则和长花柱类型的密切相似，但由于它在长度上变异很大，因而短花柱类型所固有的雌蕊似乎变长了，并且同时呈现了长花柱雌蕊的功能。结果，这种花便能够进行异型花自发的自花授粉，并结出充分数量的种子，甚至比异型花授粉的普通花所产生的种子还要多。另一方面，关于藏报春，雄蕊在所有方面都和长花柱类型所固有的较短雄蕊相类似，而雌蕊则和短花柱类型的密切接近，但是，由于它的长度发生了变异，因而它好像是长花柱的雌蕊缩短了，并且功能改变了。在这一事例中，和在上述的事例一样，那些花是能够自发地进行合法授粉的，比普通花进行合法授粉的产量稍微高些。至于耳报春和粉报春，其雄蕊的长度和短花柱类型的相类似，但其花粉粒的大小则和长花柱类型的相类似；它们的雌蕊也和长花柱类型的相似，因此，虽然雄蕊和雌蕊差不多是等长的，因而花粉粒会自发地落在柱头上，可是这种花并不是进行同型花授粉，所以结出的种子数量是适中的。因此我们看到：第一，花柱等长的变种是通过各种各样的途径发生的；第二，两种类型在同一朵花里结合的完善程度是不同的。关于较高报春，同一棵植株上有些花变为花柱等长的了，而不是像别的物种那样，全部花都变为花柱等长的。

斯科特先生认为,花柱等长的变种是通过返归这个属以前的花柱同长状态而发生的。花柱等长的变异一旦出现后就会非常忠实地遗传下去,这一情况支持了上述观点。我在《动物和植物在家养下的变异》一书的第八章中已经阐明,干扰体质的任何因素都有诱发返祖的倾向,报春花属栽培物种变为花柱等长的主要原因就在于此。非正常授粉是一种反常的过程,它同样是某种刺激因素。关于藏报春异型花授粉所遗传下来的长花柱植株,我曾观察到这种变异的第一次出现以及此后连续的诸阶段。至于来源相似的藏报春的一些其他植株,它们的花似乎返归到原始的野生状态。再者,黄花九轮草和欧报春间的一些杂种是严格花柱等长的,其他杂种也变得接近于这种结构。全部这些事实都支持下述观点,即:在这个物种变为花柱异常的之前,这种变异结果,至少部分地由于返归这个属的原始状态所致。另一方面,如前所述,有些考察表明报春花属的原始亲本类型的雌蕊超出了雄蕊的长度。花柱等长变种的能稔性多少有所改变,有时大于或小于一组合理配合的能稔性。然而,关于花柱等长变种的起源,可以持另一种观点,并且它们的外观可以和性别彻底分离了的动物中雌雄同体的外观相比较:因为两种性别在畸形的雌雄同体中相结合,就像两种性别类型在一个花柱异长物种的花柱等长变种的同一朵花上相结合差不多是一样的。

结束语

变为花柱异长的植物的存在是一种非常值得注意的现象,因为同一个确定的物种的两个或三个类型不仅在重要的结构方面而且也在生殖能力的性质方面有所不同。就结构来说,许多动物和有些植物的两种性别之间的差异程度是极其大的:在动物界和植物界这两方面,同一个物种可以包含雄性、雌性以及雌雄同体。某些雌雄同体的蔓脚类动物（cirripede）在其生殖过程中得到了一整群我称之为补雄（complemental male）的帮助，补雄和正常的雌雄同体类型的差异是可惊的。关于蚂蚁，我们有雄性和雌性，以及两个或三个等级的不育雌蚁或工蚁。关于白蚁，正如弗里茨·米勒所阐明过的，除工蚁外，有带翅的和不带翅的两种雄蚁和雌蚁。在这些事例中没有任何理由来相信，同一物种的若干雌性和若干雄性在性能力方面有所差异，但社会性昆虫的职虫的生殖器官的衰退状态需除外。许多雌雄同体动物为了生殖一定要交配，但这样配合所需要的显然仅仅决定于它们的结构。另一方面，关于花柱异长的二型物种，则有 2 个雌性和 2 组雄性；关于三型物种，则有 3 个雌性和 3 组雄性，它们的差异主要在于性能力。通过下述的说明，我们也许会最清楚地看出，三型植物在交配安排上的复杂性及其异常的性质。让我们假设，同一个蚂蚁种的个体一向是在三重的群落中生活的：在其中的一个群落里，一只大体型的蚂蚁（在其他特性上也与众不同），同 6 只中等体型的及 6 只小体型的雄蚁生活在一起；在第二个群落中，一只中等体型的雌蚁同 6 只大体型及 6 只小体型的雄蚁生活在一起；还有，在第三个群落中，一只小体型雌蚁同 6 只大体型及 6 只中等体型的雄蚁生活在一起。这 3 只雌蚁个个虽都有交配能力，但同她自己的那两组雄蚁交配大概是几乎不育的；同样地，同另两个群落中体型与其本群落雄蚁相等的雄蚁进行交配大概也是几乎不育的，但她和一只大小同她相等的雄蚁交配，大概就充分能育了。因此这 36 只雄蚁，按 12 只之数分布在 3 个群落中，大概可以分成 3 组，每组 12 只；这些组的雄蚁以及那 3 只雌蚁，在生殖能力上大概相互不同，其情况就和同属的不同物种的差异完全一样。但是，还有一个更值得注意的事实，即：3 只雌蚁中的任何一只如果由一只不同大小的雄蚁来进行不正常的授精，她所产生的幼蚁在整个一系列关系上都和两个不同的蚂蚁种杂交所产生的杂种后代相似。

它们在性质上大概矮化了,并且或多或少地甚至完全地成为不育的了。同两种性别有关的结构的巨大多样性,博物学家们对此已司空见惯了,以致他们对几乎任何差异量都不会感到惊奇,但性别性质的差异已被认为是区分物种的试金石。我们现在看到这样的性别差异——或大或小的授粉能力和被授粉能力——可以构成同一个物种的共存的诸个体的特性,其情况正如构成被我们分类为和命名为不同物种的诸个体的特性并使之保持界限分明一样,而这群个体就是在岁月流逝的过程中产生的。

第七章　杂性的、雌雄异株的及雌全异株的植物

· Polygamous, Dicecious, and Gyno-dicecious Plants ·

雌雄同体植物转变为雌雄异株植物的不同途径——花柱异长植物变为雌雄异株的植物——茜草科——马鞭草科——杂性的及亚雌雄异株的植物——卫矛属——草莓属——鼠李属和岩梨属两种性别的两种亚类型——冬青属——雌全异株植物——百里香属，其雌雄同体株与雌株个体在能稔性上的差别——塔花属——两种类型发生的可能方式——山萝卜属以及其他雌全异株植物——杂性的、雌雄异株的和雌全异株的植物的诸类型在花冠大小上的差异

V, 1. 84. Celastraceae.

328.

Evonymus europaeus L. Europäisches Pfaffenhütchen.

第七章 杂性的、雌雄异株的及雌全异株的植物

在几个类群的植物中,全部物种都是雌雄异株的。此等植物在某一种性别的器官上不会显示另一种性别所固有的退化器官。关于这种植物的起源,尚一无所知。它们可能是古老的体制低等的类型的后裔,这些古老的类型从一开始就是性别分离的;所以它们从来没有作为雌雄同体存在过。可是,有许多其他物种的类群和单独植株,根据它们在各方面和雌雄同体相似,并且根据在雌花中显示明显退化的雄性器官;反过来在雄花中显示退化的雌性器官,我们可以确实感到它们是从两种性别早已结合于同一朵花中的植物传下来的。这种雌雄同体怎样并且为什么变成两性的,还是一个奇妙而难解的问题。

如果在一个物种的一些个体中,只是雄蕊败育了,留下来的大概是雌株和雌雄同体株,许多这样的事例发生过;如果雌雄同体株的雌性器官以后又退化了,其结果大概就是一种雌雄异株的植物。反之,如果我们设想有些个体只是雌性器官败育了,留下来的大概是雄株和雌雄同体株,而且雌雄同体株以后可能会转变成雌株。

在其他事例中,如在绪论里提到的普通梣树的事例中,有些个体的雄蕊处于不发育状态,而另一些个体是雌蕊处于不发育状态,其他一些个体则还保留着雌雄同体状态。就我们根据雌蕊和雄蕊的同等状态所能做的判断而言,这两组器官的改变看来是同时发生的。如果雌雄同体被性别分离的个体所取代,并且如果这些个体的数量相等,那么一个严格雌雄异株的物种大概就形成了。

为什么总是雌雄同体株变为雌雄异株,要理解这个问题有很多困难。如果不是昆虫或风力已经有规律地把花粉从一个个体带到另一个个体,大概就不会有这样的转变过程。因为这样转变了走向雌雄异株的每一步,都会导致不稔性的发生。由于我们必须假定某一种雌雄

◀ 欧洲卫矛(*Euonymus curopaea*)

同体植物在能转变为一种雌雄异株植物以前，首先要有异花授粉的保证，因此我们可以断言，这一转变并不是为了从异花授粉中得到巨大利益而发生的。可是，我们可以知道，如果一个物种由于同其他植物进行严酷斗争，或者由于任何其他原因，而处于不利的条件，则同一个个体要兼顾雄性因子和雌性因子的生产以及胚珠的成熟，就会在能力上负担过重，这时性别的分离就是极其有利的了。可是，这一过程只是在下述偶然的情况下才发生的，即单由雌株产生的种子数量减少了，但还足以维持其种族的延续。

还有另一个方法来考察这个问题，它部分消除了最初看来似乎是无法克服的一个困难，即雌雄同体植物在向雌雄异株植物的转变过程中，有些个体的雄性器官一定退化了，而另一些个体退化的一定是雌性器官。由于所有个体都处于相同条件下，所以可以预料变异的个体有按照相同方式进行变异的倾向。按照一般规律，一个物种只有少数个体同时在相同的方式下进行变异；下述的假设并不是不可能的，即少数一些个体产生的种子大于平均大小并且存有更多的营养物质，如果产生这样的种子对一个物种极其有利，关于这一点是毫无疑问的[1]，那么具有大种子的变种就有增加的倾向。但是，按照补偿的法则，我们可以预料到，产生大种子的个体如果生活在严酷条件下，则产生的花粉就会越来越少，因而它们的雄蕊大概会缩小，最终变为不发育的。我发现这个观点是由于读了 J. E. 史密斯爵士的一段叙述[2]：染色麻花头（*Serratula tinctoria*）有雌株和雌雄同体株，而且前者的种子大于雌雄同体株的种子。也值得花时间回忆一下千屈菜中花柱类型的情况，它比别的类型产生的种子数量较大，并含有体积多少小一点的花粉粒，这些花粉粒在授粉能力上比另两种类型的对应雄蕊的花粉粒较小。但是，究竟数量较大的种子成为削弱花粉能力的间接原因呢，还

---

[1] 见《植物界异花受精与自花受精》，353 页中所举出的事实。
[2] 《林奈学会会报》，第 8 卷，600 页。

是因果正好相反？我不清楚。一旦有一定数量的个体的花药在刚才提出的方式下，或者由于任何别的原因而变小了，那么其他个体就会产生较大数量的花粉；而这种发育的增长通过补偿法则就会使雌性器官缩小，以致最终使它们处于一种不发育状态。这时这个物种就变成雌雄异株的了。

我们可以假设不是雌性器官最先发生的变化，而是雄性器官首先变异，那么有些个体就会产生较大数量的花粉。在某些条件下这大概是有利的，譬如说，采集花粉的昆虫在性质上发生了改变，或者它们变得更富于风媒性，这种风媒植物是需要巨大数量的花粉的。雄性器官作用的增强通过补偿法则就会影响同一朵花的雌性器官，最终结果大概是这个物种就会包含雄株和雌雄同体株。但考察这一事例以及其他类似事例是没有什么用处的，因为正如在绪论中所说的，雄株和雌雄同体株共存的现象是极其罕见的。

上述观点认为实现这种性质的变化过程是极其缓慢的，反对这一观点是毫无根据的，因为我们现在即将看到，有充分的理由可以相信，已经变成或正在变成雌雄异株的各种各样雌雄同体植物都是经历了许多而且极小的步骤。在以雄株、雌株和雌雄同体株存在的杂性物种的事例中，当这个物种变成严格的雌雄异株以前，其雌雄同体株大概就要先被取代；但是由于性别的完全分离常常在某些方面显得是有利的，所以雌雄同体株的消灭大概不会有什么困难。雄株和雌株在数量上大概也要均等化，或者按某种合适的比例生成，以完成对雌株的有效授粉。

毫无疑问，有许多未知的法则支配着雌雄同体植物中的雄性器官或雌性器官受到抑制，这和它们变成雌雄同株、雌雄异株或杂性株的任何倾向完全无关的。我们在那些雌雄同体株中看到了这一点，根据现在依然明显存在的残留物来看，这等雌雄同体株一度有过比现在更多的雄蕊和雌蕊——其雌蕊和雄蕊被抑制的甚至往往有两整轮之多。

罗勃特·布朗(Robert Brown)说[1]，"在任何自然科中，雄蕊缩小或败育的顺序，是可以有几分把握进行预测的"。通过观察这个科其他成员的花药开裂顺序就可办到，这个科具有完整数量的雄蕊，因为某个器官的减弱一般是和其完善程度的削弱相关联的。他正是根据发育的优先顺序来判断器官的完善程度。他还指出，每当具有简单穗状花序的雌雄同株植物的性别出现分离时，总是雌花首先张开。他把这一点同样归因于雌性是两性中更完善的一方，但为什么要这评价雌性，他并没有说明。

植物在栽培条件下、即在生活条件的改变下，经常变成不稔的；而且雄性器官比雌性器官更常受到影响，虽然有时却是雌性器官单独受到影响。雄蕊的不稔性一般伴随着它们体积的缩小。我们按照广泛的类推，确实可以认识到，如果雄性器官和雌性器官完全不能执行其正当的功能，它们就会在许多代的过程中变为不发育的。按照格特纳的见解[2]，如果一棵植物的花药是雄蕊萎缩的(这种情况出现的时间总是在其生长的极早期)，那么其雌性器官的发育有时就是早熟的。我之所以提到这个事例，是因为它似乎是一种补偿作用。还有一个众所周知的事实，即：大部分靠匍匐茎或其他这类手段来繁殖的植物，往往是完全不稔的，它们的花粉粒有很大一部分处于毫无价值的状态。

希尔德布兰德曾阐明，关于雄蕊普遍先开放的雌雄同体植物，先开的花的雄蕊有时会退化；而这似乎是由于它们毫无用处所致，因为这时并无雌蕊随时可供授粉。反之，后开的花中雌蕊有时会败育，因为当它们随时可供授粉时，全部花粉都已脱落了。他通过菊科中一系列的级进变化进一步阐明[3]，由于刚才详细说明的那些原因，产生雄性

---

[1] 《林奈学会会报》，第 7 卷，98 页。或《综合性论文集》(*Miscellaneous Works*)，第 2 卷，278—281 页。

[2] 《对知识的贡献》(*Beiträge zur Kenntniss*)，117 页及以后各页。由种种原因所引起的植物不稔性这整个问题在我的《动物和植物在家养下的变异》，第 2 版，第 2 卷，第 18 章，146—156 页曾加以讨论。

[3] 《菊科的生殖器官》(*Über die Geschlechtsver-hältnisse bei den Compositen*)，1869 年，89 页。

小花或者产生雌性小花的那种倾向，有时扩展至同一花序的所有小花，有时甚至会扩展到整个植株。在后面这种场合中，这个物种就变为雌雄异株的了。在绪论中所提到的那些罕见的事例中，雌雄同株和雌雄同体植物的有些个体是雄蕊先开放的，别的个体则是雌蕊先开放的，它们转变为雌雄异株的状态大概就容易得多，因它们已包含了具有两群个体，在生殖功能上有着一定程度的差异。

　　二型的花柱异长植物更容易变为雌雄异株的，因为它们同样包含两群个体，二者数量几乎相等；而且，大概更重要的是，其两种类型的雄性器官和雌性器官不仅在结构上而且也在功能上互不相同，其方式和同一个属两个不同物种的生殖器官差不多是一样的。那么，如果两个物种处于改变了的外界条件下，这等外界条件虽然性质相同，但众所周知，它们往往受到的影响很不相同，因此，例如在花柱异长植物的一种类型中，雄性器官所受到的那些导致退化的未知因素的影响不同于另一种类型的同源的但不同功能的器官所受到的影响；反之，雌性器官也是如此。因此，在没有涉及下述原因之前，这个问题的重大难点大大受到了轻视，即：究竟是什么原因能同时导致一个物种的一半个体的雄性器官和另一半个体的雌性器官缩小并完全受到抑制，而所有这些个体都处于完全一样的生活条件下。

　　在一些花柱异长植物中发生过这样的缩小或受到抑制几乎是确定无疑的。茜草科比任何别的科包含更多花柱异长的属，从它们的广泛分布来看，我们可以推断，它们当中有许多是在某个遥远时期变为花柱异长的，因此，有些物种此后有充足的时间变为雌雄异株。阿萨·格雷告诉我说：便嗅草属（*Coprosma*）是雌雄异株的，而且它通过薄柱草属（*Nertera*）和蔓虎刺属（*Mitchella*）密切近似。我们知道蔓虎刺属是花柱异长的二型物种。在便嗅花属的雄花中雄蕊是突出的，而在雌花中柱头是突出的，因此，根据上述 3 个属的亲缘关系来判断，似乎可能的是，具有长雄蕊、大花药和大花粉粒的古老短花柱类型（如茜草科的几个属的情况）转变成雄性便嗅花属植物：具有短雄蕊、小花

药和小花粉粒的古老长花柱类型转变成雌性类型。但按照米汉先生[①]
的见解，蔓虎刺属本身在一些地区就是雌雄异株的：因为他说有一种
类型具有小的无柄花药，没有花粉的痕迹，而其雌蕊则是完善的，同时
另一类型的雄蕊是完善的，而雌蕊则是不发育的。他补充说，在秋天
可以看到生产大量浆果的植株和不结一粒浆果的其他植株。如果这
些描述得到证实，蔓虎刺属将被证明在某一地区是花柱异长的，而在
另一个地区是雌雄异株的。

车叶草属（Asperula）同样是茜草科的一个属。根据已发表的关
于生长在塔斯马尼亚的扫帚车叶草（A. scoparia）的两种类型的描述，
我不怀疑它是花柱异长的，但检查了胡克博士送给我的一些花，证明
它们是雌雄异株的。雄花具有大花药和一个很小的子房，其顶部仅仅
有一个柱头的残迹，但没有花柱；同时雌花具有一个大子房，但花药是
不发育的，而且显然完全缺乏花粉。鉴于茜草科的许多属都是花柱异
长的，有理由推测这个车叶草属乃是从一个花柱异长祖先传下来的；
但在这一点上我们应该谨慎，因为完全有可能由某种花柱等长的茜草
科植物变为雌雄异株的。此外，在一种同源的植物、十字猪殃殃（Ga-
lium cruciatum）中，大多数下部花的雌性器官已受到抑制，同时上部
花还保留雌雄同体。在这里我们看到了性器官的变异同花柱异长并
没有任何关联。

思韦茨先生告诉我说，在锡兰有各种各样的茜草科植物是花柱异
长的，但在狗骨柴属（Discospermum）的场合中，两种类型之一总是不
稔的，子房在每室内约含有两个退化胚珠；同时在另一个类型中，子房
的每一室都含有几个完善的胚珠，所以这个物种看来是严格雌雄异
株的。

马鞭草科的一个成员，南美马鞭草属（Aegiphila）的大多数物种
明显是花柱异长的。弗里茨·米勒和我自己都认为这正是顽固南美

---

① 《费城科学院学报》（*Proc. Acad. of Sciences of Philadelphia*），1868 年 7 月 28 日，183
页。

马鞭草的情况,它的花和花柱异长物种的花非常相似。但在检查它们的花时,发现长花柱类型的花药完全缺乏花粉,花药的大小不及另一类型的一半,而雌蕊则是发育完善的。另一方面,短花柱类型的柱头缩小到其固有长度的一半,还具有反常的外表;而雄蕊则是完善的,因此这种植物是雌雄异株的。我想,我们可以断言,某个短花柱的祖先,具有突出于花冠之外的长雄蕊,转变成雄株;而某个长花柱祖先,具有充分发育的柱头,则转变成雌株。

窄叶肺草(*Pulmonaria angustifolia*)的长花柱类型具有短雄蕊和小花药。根据它的劣质花粉粒的数量来看,我们可以推测这个类型有变成雌株的倾向,但这并不意味着另一个类型或短花柱类型正在变得更富于雄性。某些表面现象支持了下述信念:认为丛生福禄考的生殖系统同样是在进行某种变化的。

我现在已举出我所知道的少数事例,说明花柱异长植物变成雌雄异株有很大程度可能性。我们不应期待发现许多这类事例,因为花柱异长物种的数目一点也不大,至少在欧洲是如此,它们在那里几乎不能逃过人们的注意。因此,从花柱异常植物为这种转变所提供的便利来看,由花柱异长植物转变为雌雄异株种的数目大概不会像预期的那样大。

在寻找像上述那些事例时,我被引导去检查一些雌雄异株或亚雌雄异株植物,这些植物是值得描述的,主要因为它们阐明了通过何等细小的级进变化雌雄同株可以变成杂性的或雌雄异株的物种。

杂性的、雌雄异株的和亚雌雄异株的植物

欧洲卫矛[*Euonymus europoeus* (Celastrineae),卫矛科] 在我参阅的所有植物学著作中这种欧洲卫矛都是作为雌雄同株加以描述的。阿萨·格雷提到美洲种的花是完全花,而有亲缘关系的南蛇藤属(*Celastrus*)的花据说是"杂性异株的"。如果检查一下英国欧洲卫矛

的一些灌木，可以发现约有半数的雄蕊和雌蕊的长度相等，具有发育

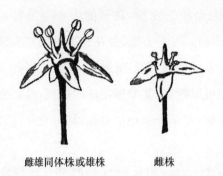

良好的花药，其雌蕊在所有外表上同样是发育良好的。另一半具有完善的雌蕊，但雄蕊短，具有不发育的花药，缺少花粉，所以这些灌木都是雌株。同一棵植株上的所有花都呈现相同的结构。雌株的花冠比在产生花粉的灌木的花冠较小。这两种类型如图12所示。

雌雄同体株或雄株　　　雌株

图 12　欧洲卫矛

最初我并不怀疑这个物种是以雌雄同体株和雌株的形态存在的，但我们即将看到，一些似乎是雌雄同株的灌木却从来不结果，因而实际上这些就是雄株。因此，这个物种按照我所措辞的意义来说，是杂性的和单全异株*的物种。许多双翅目昆虫和一些膜翅目小昆虫为了花盘所分泌的花蜜常常光顾这些花，但我没有看到过蜜蜂在工作。尽管如此，别的昆虫还是完全能够有效地向雌性灌木授粉，甚至这些灌木距离产生花粉的灌木 30 码远，也能如此。

雌花的短雄蕊所产生的小型花药，形状完好并正常地开裂，但我从来没有发现过它们有任何花粉粒。要比较两种类型的雌蕊长度似乎有点困难，因为它们在长度上多少有些变异，而且在花药成熟后仍继续生长。因此，一棵具有花粉的植株上的老花的雌蕊往往比一棵雌株上的幼花的雌蕊要长得很多。由于这个原因，把一样多的雌雄同体或雄性灌木的 5 朵花和 5 棵雌性灌木的花在花药开裂前进行比较，那时不发育的花药仍呈桃红色而且完全没有萎缩。这两组雌蕊在长度上并无差异，或者，如果有任何差异的话，那么就是具有花粉的花的雌蕊是最长的。一棵雌雄同体植株在三年内产生了极少而质劣的果实，它的雌蕊在长度上大大超过了雄蕊，这些雄蕊着生有完善的但仍然闭

---

　　* 单全异株就是雌花、雄花及两性花均为异株。——译者注

合的花药,而我从未在任何雌株上见过这种情况。这是一个令人感到奇怪的事实:因为雄花和半不稔的雌雄同体花*的雌蕊不能正常地或者完全不能完成其固有的功能,但其长度并没有缩小。这两种类型的柱头完全一样,在一些从不结任何果实的花具有花粉的植物中我发现柱头表面是黏的,所以花粉粒可以附着其上并伸出花粉管。两种类型的胚珠大小相等。因此最敏锐的植物学家,仅从结构来判断,绝不会怀疑有些这类灌木在功能上完全是雄性的。

在一排树篱中生长着彼此相接的 13 棵灌木,包含 8 棵完全缺乏花粉的雌株和 5 棵具有发育良好的花药的雌雄同体株。秋天这 8 棵雌株结满了果实,只有一棵例外,它结的果实数量仅仅中等。5 棵雌雄同体株中的一棵产生了一两打果实,而其余 4 棵灌木结的果实则有若干打之多;但它们的果实数量同雌性灌木的相比简直就微不足道了,因为雌株的一条长约两三英尺的分枝所结的果实,就比雌雄同体株中任何一棵所结的都多。两组灌木所结果实数量的差异格外显著,因为,根据上面所提出的大致情况,显然那些具有花粉的花的柱头几乎不可避免地要接受自己的花粉;而雌花的授粉则依赖蝇类和较小的膜翅目昆虫,这些昆虫远不如蜜蜂那样有效地携带花粉。

这时我决定在连续的季节里对约一英里外的另一地方的一些灌木进行更仔细的观察。由于雌性灌木是非常高产的,所以我只对其中两棵分别标以 A 和 B,并以 C 到 G 的字母分别作为那 5 棵具有花粉的灌木的标记。我要先提一下,1865 年对全部灌木的结实都是极其有利的,对具有花粉的灌木尤其是如此,除非在这样有利的条件下,有些具有花粉的灌木是完全不稔的。1864 年的季节是不利的。1863 年雌树 A 结出"一些果实";1864 年只结了 9 个果实;而在 1865 年则结了 97 个果实。雌树 B 在 1863 年"结满果实";在 1864 年结了 28 个果实;而在 1865 年结出"无数很小的果实"。我可以补充一点:有 3 棵长在近旁的雌树仅在 1863 年受到了观察,那时它们结实累累。至于具有花

---

　　* 雌雄同体花即两性花。——译者注

粉的灌木,C 株,在 1863 年和 1864 年连一个果实也不结,但在 1865 年
它结的果实不下 92 个,然而质量很低劣。我选择了最好的一个枝条,
上面结有 15 个果实,共含 20 粒种子,即每果平均含 1.33 粒种子。而
后我在相邻的雌性灌木上随机取得 15 个果实,这些果实含有 43 粒种
子,也就是每果平均种子数为前者 2 倍以上,即每果平均含 2.86 粒。
雌性灌木的果实有许多含有 4 粒种子,只有一个果实仅含一粒种子;
而那些具有花粉的灌木没有一个果实含有 4 粒种子。此外,把这两份
种子加以比较,显然雌性灌木的种子较大。第二棵产生花粉的灌木 D
在 1863 年结了两打左右的果实——在 1864 年只结了 3 个质量很差
的果实,每果仅含一粒种子——而在 1865 年,结了 20 个质量同样差
的果实。最后,那 3 棵具有花粉的灌木,E、F 和 G,在 1863 年,1864
年,和 1865 年这三年都没有结出一个果实。

　　因此我们知道,这些雌性灌木在能稔性的程度上互不相同,而具
有花粉的灌木在能稔性的程度上的差异尤为显著。我们看到了一个
完整的级进:从雌株 B,它在 1865 年结满了"无数果实"。通过雌株
A,它在同一年结了 97 个果实;通过产生花粉的灌木 C,它在这一年结
了 92 个果实,然而这些果实含有的小粒种子平均数很低;通过灌木
D,它只结了 20 个劣质果实;到 E、F 和 G 这 3 棵灌木,它们在这一年
或在前两年连一个果实也不结。如果后面这些灌木和能稔性较高的
雌性灌木取代了其他灌木,则欧卫矛大概就会像世界上任何雌雄异株
植物那样地在功能上是严格雌雄异株的。这个事例在我看来很有意
义,因为它阐明一种雌雄同体植物如何逐渐地转变成一种雌雄异
株植物[①]。

------

　　① 按照弗里茨·米勒的见解(《植物学报》,1870 年,151 页),巴西南部苋科的 *Chamissoa*
属和我们的卫矛属是几乎处于同一状态。它的两种类型的胚珠的发育是相等的。雌性类型的
雌蕊是完善的,而花药则完全缺乏花粉。产生花粉的类型的雌蕊短而且柱头从不分离,以致柱
头表面虽然布满了发育良好的乳头状突起,却不能给它们授粉。后面这些植物通常不结任何果
实,因此在机能上是雄性的。可是,有一次弗里茨·米勒发现了这类柱头是分离的花,它们还结
了一些果实。

　　由于几乎完全丧失功能的器官一般会缩小，因此下述情况值得注意：那些具有花粉的植株的雌蕊在长度上竟然等于或甚至超过高度能稔的雌性植物的雌蕊。这一事实以前曾引导我假设欧洲卫矛一度是花柱异长的，其雌雄同体株和雄株原先曾是长花柱的，其雌蕊以后变短了，但雄蕊还保留着以前的大小；而雌株原先曾是短花柱的，其雌蕊当时就是目前的状态，但雄蕊以后大大缩小并变为不发育的了。这种逆转过程至少是可能的，虽然这同某些茜草科的属和岩梨属所实际发生过情况正好相反，因为关于这些植物，短花柱类型变成雄株，长花柱类型变成雌株。然而，一种比较简单的看法是我们欧洲卫矛的雄性花和雌雄同体花的雌蕊还没有足够时间来缩小；虽然这一看法并没有说明何以具有花粉的花的雌蕊有时比雌花的雌蕊较长。

　　欧洲草莓（*Fragaria vesca*，**弗吉尼亚草莓** *F. virginiana*，**智利草莓** *F. chiloensis* **等**蔷薇科）　　栽培草莓性别分离的倾向在美国似乎比在欧洲更为强烈显著，看来这是气候对生殖器官直接作用的结果。我看过一篇最佳的文献[①]，其中提到了许多美国变种包含有 3 种类型，即：雌性类型，它产生大量果实；雌雄同体类型，它"除了产生极少量劣等的和不完善的浆果外难得结果"；还有雄性类型，它不结果实。最熟练的栽培者都种植"七行雌株，然后种一行雌雄同体植株，照此把田园种遍。"它的雄株产生大型花，雌雄同体株产生中型花，而雌株则产生小型花。雌株产生少量长匍茎，而另两种类型则产生许多长匍茎。结果正如在英国和美国所观察到的那样，花粉的类型增殖速度快，并有取代雌性类型的趋势。因此我们可以推论，产生胚珠和果实比产生花粉所消耗的生命力要多得多。还有一个物种叫作较高草莓（*F. elatior*），它是更严格的雌雄异株的，但林德利（Lindley）通过选择育成了一个雌雄同体的原种[②]。

---

　　① 　参阅伦纳德·雷先生（Mr. Leonard Wray）的文章，《园艺者纪事》，1861 年，716 页。
　　② 　关于这个问题的引证和进一步的报道，参阅《动物和植物在家养下的变异》，第 10 章，第 2 版，第 1 卷，375 页。

泻鼠李（*Rhamnus catharticus*，鼠李科）—众所周知，这种植物是雌雄异株的。我的儿子威廉在怀特岛上发现其两种性别的数目大致相等，他把标本连同观察材料一齐送给了我。每种性别包含两个亚类型。雄株两种类型的雌蕊互不相同：有些植株的雌蕊十分小，没有任何明显的柱头；另外一些植株的雌蕊的发育则强得多，它们的柱头表面具有中等大小的乳头状突起。雄株两种类型的胚珠都处于退化状态。当我把这种情形告诉卡斯帕利（Caspary）教授之后，他检查了柯尼斯堡植物园的几棵雄株，并给我送来了附图（图13）。在那个植物园里没有雌株。

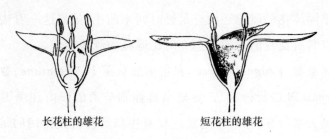

长花柱的雄花　　　　　　短花柱的雄花

图 13　泻鼠李（卡斯帕利提供的图）

英国这种植物的花瓣没有缩小到图13所表示的那么大。我的儿观察到那些生有发育中等良好的雌蕊的雄株开的花稍大，而且，很值得注意的是它们的花粉粒在直径上比那些雌蕊已大为缩小的雄株的花粉粒只超出一点点。这一事实同下述信念是相反的，即：现在的物种一度是花柱异长的，因为在这样场合中可以预料到短花柱植株会有较大的花粉粒。

它的雌株的雄蕊处于极其不发育的状态，比雄株的雌蕊尤甚。雌株的雌蕊在长度上变异相当之大，因此，按照雌蕊的长度可以分成两种亚类型。雌花的花瓣和萼片都比雄花的显著地小，而且不像雄花成熟时的萼片那样朝下。同一棵雄性灌木或同一棵雌性灌木上的全部花，虽然发生了一些变异，仍属于同一个亚类型；由于我的儿子在确定某种植物应被纳入那一纲时从未遇到过任何困难，因此他认为同一性别的两种亚类型并不彼此逐渐转化。我提不出令人满意的理论，来说明这种植物的 4 种类型是怎样产生的。

阿萨·格雷教授告诉我说，披针鼠李（*Rhamnus lanceolata*）在美国有两种雌雄同体类型。一个可以被称为短花柱类型，它的花是亚单生的（sub-solitary），其雌蕊只有另一个类型的三分之二左右或一半长，它的柱头也较短。两种类型的雄蕊在长度上是相等的；但短花柱类型的花药所含的花粉，就我根据少量干花所能做出的判断来看，数量相当少。我的儿子对这两种类型的花粉粒进行了比较，根据 10 次测量的平均，长花柱花的花粉粒直径和短花柱花的花粉粒直径之比为 10：9，所以这个物种的两种雌雄同体类型在这方面和泻鼠李的两种雄性类型是相似的。它的长花柱类型不像短花柱类型那么常见。阿萨·格雷说，短花柱类型是二者当中更为多产的一方，根据它产生的花粉较少和花粉粒较小来看，可以预料到这一点，因此它是二者当中雌性更强的一方。长花柱类型产生大量的花，簇生在一块，而不是亚单生的。它们结了一些果实，但如上述，这一类型比另一个类型低产，所以这种类型在二者当中似乎是更富于雄性的一方。假设在这里有一种雌雄同体植物正在变为雌雄异株，那么有两点值得注意：第一，初始的雄性类型的雌蕊长度是较大的。我们用卫矛属的雄性类型和雌雄同体类型同雌性类型进行比较时，也碰到过近似的情形。第二，更富于雄性的花的花粉粒是较大的，其原因也许是它们的花粉粒保持了正常大小；而初始的雌花的花粉粒则已经缩小了。披针鼠李的长花柱类型似乎同泻鼠李的雄株是一致的，后者的雌蕊较长、花粉粒较大。一旦弄清楚这两种类型花粉在两种柱头上的授粉能力时，该属诸类型的性质也许可以得到说明。鼠李属的其他几个物种据说是雌雄异株的[①]或亚雌雄异株的。另一方面，欧鼠李（*R. frangula*）是一种正常的雌雄同体，因为我的儿子发现许多这种灌木全部结出同等的丰盛果实。

匍匐岩梨（*Epigaea repens*，杜鹃花科） 这种植物看来同泻鼠李

---

① 列科克，《植物地理学》，第 5 卷，1856 年，420—426 页。

差不多处于相同状态。根据阿萨·格雷的描述[①]，它有 4 种类型：①

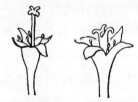

长花柱的雌花　　短花柱的雌花

图 14　泻鼠李

具有长的花柱，完善的柱头，和短的败育雄蕊。② 较短的花柱，但具有同等完善的柱头，短的败育雄蕊。这两种雌性类型合计占标本的 20%，这些标本是从缅因州的一个地方寄来的；但所有结果的标本都属于第一种类型。③ 长的花柱，像第一类型那样，但具有不完善的柱头，雄蕊是完善的。④ 花柱比上一类型较短，柱头不完善，雄蕊是完善的。后面这两种类型显然是雄性的。因此，照阿萨·格雷所说的，"这些花可分成两类，每一类具有两种变异。这两大类是以柱头的性质和完善程度以及雄蕊或多或少的败育为其特征的，它们的变异表现在花柱的长度上。"米汉先生描述过[②]，这种植物的花冠和花萼的极端变异性，并阐明它是雌雄异株的。我多么希望能对这两种雄性类型的花粉粒进行比较，并试验它们对两种雌性类型的受精能力。

枸骨叶冬青(*Ilex aquifolium*，冬青科)　　在我参阅过的几种著作中，只有一名作者[③]说，这种冬青是雌雄异株的。我在几年内检查过许多植株，但从未发现过一棵是真正雌雄同体的。我之所以要提到这个属，是因为雌花的雄蕊虽然完全缺乏花粉，但同雄花的完善雄蕊相比只不过稍短一些，有时甚至一点也不短。雄花的子房小而且雌蕊几乎是败育的。其完善雄蕊的花丝长出花瓣的程度比在雌花中为甚。雌花的花冠比雄花的稍微小一些。雄树开的花在数量上比雌树为大。阿萨·格雷告诉我说，美国一种普通冬青——美洲冬青(*Ilex opaca*)，根据干花来判断，似乎处于相似的状态。按照沃歇的说法，该属其他几个物种的情况也是如此，但非全部的物种都如此。

---

① 《美国科学杂志》，1876 年 7 月；另见《美国博物学家》，1876 年，490 页。
② 《匍匐岩梨中的变异》，见《费城科学院院报》，1868 年 5 月，153 页。
③ 沃歇，《欧洲植物自然科学史》，1841 年，第 2 卷，11 页。

雌全异株植物

到目前为止所描述的这种植物不是显出有变成雌雄异株的倾向，就是显然在最近时期已变成雌雄异株了。但是，现在要考察的这个物种包括有雌雄同体和雌株，而无雄株，从它们的现状以及从同一类群中不存在性别分离的物种来判断，这些物种很少有变为雌雄异株的任何倾向。属于目前这一类的物种被我称为雌全异株，在种种极不相同的科里都可以找到它们，不过在唇形科（Labiatae）中要比在任何其他类群中更加常见得多（正如植物学家们长期所注意到的那样）。我曾注意过北欧百里香（*Thymus serpyllum*）、百里香（*T. vulgaris*）、夏香薄荷（*Satureia hortensis*）、牛至（*Origanum vulgare*）以及硬毛薄荷（*Mentha hirsuta*）的情形；别人也注意过活血丹（*Nepeta glechoma*）、黑薄荷（*Mentha vulgaris*）和水生薄荷（*M. aquatica*）以及夏枯草（*Prunella vulgaris*）的情形。在后面这两个物种中，按照 H. 米勒的说法，雌性类型是不常见的。除了这些以外，还必须把摩尔达维亚青兰（*Dracocephalum moldavicum*）、香蜂花（*Melissa officinalis*）、风轮菜蜜蜂花（*M. clinopodium*），以及药用神香草（*Hyssopus officinalis*）补充进去[①]。在最后提到的这两种名称植物中雌性类型似乎也同样是罕见的，因我由二者曾育出许多实生苗，它们都是雌雄同体的。在绪论中早已说过，雌全异株的物种，大概可以这样称呼它们，或那些包含雌雄同体和雄株的物种，都是极其罕见的，或者几乎是不存在的。

北欧百里香（*Thymus berpyllum*） 其雌雄同体植物在生殖器官

---

① H. 米勒，《花的受精》，1873 年；《自然》，1873 年，161 页。沃歇，《欧洲的植物》，第 3 卷，611 页。关于青兰属，参阅席姆波尔（Schimper）的文章，布劳恩（Braun）引用，见《博物学纪事和杂志》（*Annals and Mag. of Nat. Hist.*）第 2 集，第 18 卷，1856 年，380 页。列科克，《欧洲植物地理学》，第 8 卷，33，38，44 页，等等。沃歇和列科克二人都错误地认为书中提到的几种植物是雌雄异株的。他们似乎设想到这个雌雄同体类型是雄株，他们也许被下述现象所蒙蔽，即：雌蕊在花药开裂后某些时候才充分发育并达到其固有长度。

状态方面无特殊表现，所有下述事例也无不如此。目前这个物种的雌株比雌雄同体株开的花少一些，花冠也小一些，所以在盛产这种植物的托尔奎(Torquay)附近，我稍为注意一下，就能在快步经过它们时把这两种类型区别开来。按照沃歇的说法，上述唇形科的大多数或全部雌株的花冠比较小是常见的。雌花的雌蕊虽然长度有些变异，但和雌雄同体的比较起来，一般都较短，柱头边缘较宽并由更多疏松组织组成。雌花的雄蕊长度变化非常之大，它们一般被包在花冠筒内，花药不含任何健全的花粉。但我经过长时间的寻找，发现只有一棵植株的雄蕊是适当突出的，它们的花药所含的饱满的花粉粒很少，但有大量空瘪的小花粉粒混在一起。某些雌花的雄蕊极短，它们的小花药虽也分为两个正常的室或腔，却毫无花粉痕迹；在另外一些雌花中花药直径没有超过支持它们的花丝，也不分成两个室。根据我自己见过的和别人描述过的来判断，不列颠、德国以及门通(Mentone)附近的这种植物均处于刚才描述的那种状态，而且我没有发现过一朵花具有败育的雌蕊。因此，照德尔皮诺的说法①，值得注意的是，佛罗伦萨附近这种植物一般是三型的，包括有败育雌蕊的雄株、败育的雄蕊的雌株和雌雄同体株。

我发现很难判断托尔奎的这两种类型的比例数。它们往往混在一起生长，但在大量小块土地上只含有一种类型。最初我想这两种类型的数目差不多是相等的；但我在一个约 200 码长、略微突出的干燥悬崖边上检查了每棵植株后，发现只有 12 棵雌株，余下的数百棵全部是雌雄同体的。此外，在某个缓坡的广阔河岸上，密布着这种植物，以致从半英里以外望去，那里就显出一片桃红色，从中我没能找到一棵雌株。因此雌雄同体株的数目必定大大超过雌株，至少在我检查过的地方是如此。一个很干旱的地点显然对雌性类型的出现是有利的。对上面提到的某些其他唇形科植物来说，土壤或气候的性质似乎同样

---

① "Sull Opera la Distribuzione dei", *Sessi nelle Piante* & C, 1867, p. 7；With respect to Germany, H. Müller, *Die Befruchtung*, & e., p. 327.

决定着某一种类型或两种类型的出现。例如，关于活血丹，哈特（Hart）先生 1873 年发现所有他在爱尔兰的基尔肯尼（Kilkenny）附近检查过的这种植物全是雌株，巴思（Bath）附近的所有植株都是雌雄同体的；而在哈福德附近，两种类型都存在，不过雌雄同体株占优势[1]。可是，如果设想类型是由环境条件的性质所决定而不受遗传性的支配，就可能错了，因我把在托基采集的北欧百里香雌株的种子播入同一块小苗床上，结果育出了大量的两种类型。根据在大量小块土地上含有同一种类型的事实来看，完全可以相信同一棵个体植株不管传播得多远，总是保持其相同的类型。在两个相距遥远的花园里我发现大量的柠檬味百里香（*T. citriodorus*，北欧百里香的一个变种），据说它们已在那里生长了许多年，每一朵花都是雌花。

　　关于这两种类型的能稔性，我在托尔奎给一棵大型雌雄同体植株和一棵大型雌株作了标记，两棵的大小几乎相等，当种子成熟时我把全部头状花序全部收集下来。这两堆头状花序的体积几乎完全相等，但雌株的头状花序数为 160，其种子重 8.7 格令[*]；同时雌雄同体株的头状花序数为 200，其种子仅重 4.9 格令。结果雌株的种子重量和雌雄同体株的种子重量之比为 100：56。如果把两种类型的等量头状花序的种子相对重量加以比较，则雌株类型和雌雄同体类型之比为100：45。

　　百里香　这种普通的栽培百里香在每个方面几乎都和北欧百里香相似。在两种类型的柱头之间也能看到相同的细微差异。雌花的雄蕊一般不像北欧百里香的雌花的雄蕊缩小得那么多。莫格里奇（Moggridge）先生从门通给我送来一些标本，还有一些附图（图 15），有些标本的雌花，其花药虽小但形成得很好，不过它们所含的花粉粒极小，并且连一粒健全的花粉粒也找不到。把买来的种子播入同一块小苗床，育成了 18 棵实生苗，其中 7 棵是雌雄同体株，11 棵是雌株。蜜

---

[1]　《自然》，1873 年 6 月，162 页。

[*]　格令（grain），英美最小的重量单位，1 格令＝0.064799 克。——译者注

蜂可以自由地光顾,无疑每朵雌花都被授了粉,因为在显微镜下检查了雌株的大量柱头,但查不出有哪个柱头没有黏附着百里香的花粉粒。从 11 棵雌株仔细地采集了种子,它们的重量为 98.7 格令,而 7 棵雌雄同体株的种子重量只有 36.5 格令。对于等量植株来说,上述的比率为 100 : 58。我们在这里正如在最后事例中所看到的那样,雌株在能稔性方面比雌雄同体株不知要高出多少。这两批种子分别播入两块相邻的苗床上,从雌雄同体亲本植株和雌性亲本植株所育成的实生苗都由两种类型组成。

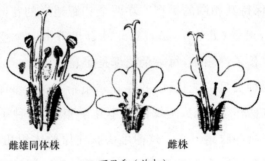

雌雄同体株　　　　　　　雌株

百里香（放大）

图 15　雌雄同体株

夏香薄荷　在一块温床的各个盆子里育成了 11 棵实生苗,以后便把它们养在温室中,它们包括 10 棵雌株和仅仅一棵雌雄同体株。它们所处的外界条件是否引起了雌株过剩,我还不清楚。雌花的雌蕊比雌雄同体花的雌蕊稍长,而它们的雄蕊则是残迹的,具有小的无色花药,花粉缺如。温室的窗户是敞开的,土蜂和蜜蜂不断地光顾它们的花。这 10 棵雌株虽然连一粒花粉也不产,但它们全被那棵雌雄同体株彻底完善地授了粉,这是一件有趣的事实。可以补充一点,在我的花园里再也没有这个物种的其他植株了。种子是从最佳雌株上采集来的,重 78 格令;同时那棵比雌株稍大的雌雄同体株的种子只重 33.2 格令,也就是 100 : 43。因此,这种雌性类型的能稔性比雌雄同体的能稔性要高很多,其情况就像最后那两个事例一样,但这棵雌雄同体株是必须自花授粉的,这大概削弱了它的能稔性。

我们现在大概考察一下唇形科的许多植物赖以分为两种类型的途径，以及大概由此得到了利益。H. 米勒[1]设想，最初一些个体发生了这种变异以便产生更多的显眼的花，并且昆虫习惯于最先光顾这些花，在粘上它们的花粉以后便光顾到较不显眼的花并授粉。后面这些植株的花粉生产因而就变为多余的了，它们的雄蕊败育以避免无意义的消耗，对这个物种应该是有利的。这样它们就变成雌株了。但也可以提出另一个观点：由于大量产生种子对许多植物来说显然都是高度重要的，又由于我们在上述 3 个事例中已看到雌株比雌雄同体株要产生多得多的种子，因此能稔性的提高在我看来是导致两种类型的形成和分离的更可能的原因。根据上述提出的数据可以得出以下比率，即北欧百里香的 10 棵植株若由一半雌雄同体株和一半雌株所组成，则其所产生的种子和 10 棵雌雄同体株所产生的种子之比为100∶72。在相似的环境条件下，对夏香薄荷来说（因雌雄同体株的自花授粉而引起了疑点），这个比率就会是 100∶60。目前还无法确定，这两种类型的起源究竟是来自某些变异的个体，它们产生的种子比平时为多，而且产生的花粉较少；还是来自某些个体的雄蕊由于未知的原因而有败育的倾向，因而产生更多的种子。但无论在哪种情况下，如果种子增加生产的倾向是稳定有利的话，其结果就会是雄性器官的彻底败育。关于雌株花冠较小的原因，我即将进行讨论。

田野蓝盆花（*Scabiosa arvensis*，川续断科）　H. 米勒说明这个物种在德国是以雌雄同体株和雌株的形式存在的[2]。在我邻近的地方（肯特）其雌株数量和雌雄同体株数量几乎不相等。雌花的雄蕊在败育程度上变异很大：有些植株的雄蕊十分短，也不产花粉；另一些植

---

① 《花的授粉》，319，326 页。

② 《花的授粉》，368 页。这两种类型不仅在德国有，在英国和法国也有。列科克（《植物地理学》，1857 年，第 6 卷，473，477 页）说，雄株和雌雄同体株以雌株共存；然而他可能会被以下现象蒙蔽了，即它们的雄蕊先熟性非常明显。根据列科克说的，多汁蓝盆花在法国似乎同样是以两种类型的形式出现的。

株的雄蕊则长达花冠口,但花药不及其固有大小的一半,从不开裂,只含少量花粉粒,这些花粉粒无色并且直径小。在雌雄同体株的花中雄蕊先熟性是强烈的。H. 米勒指出,当同一花序的全部柱头几乎在同一时间成熟时,雄蕊便一个接一个地开裂,所以有大量过剩的花粉可供给雌株授粉之用。由于某一组植株的花粉生产如此过剩,所以它们的雄性器官已多少败育了。如果今后可以证明这种雌株(可能是这样)比雌雄同体株产生更多的种子,我就倾向于把有关唇形科的观点扩展到这种植物。我也观察过我们地方性的多汁蓝盆花(*S. succisa*)和外来的紫盆花(*S. atropurpurea*),它们都有两种类型存在。紫盆花和田野蓝盆花的情形不同,前者的雌花,特别是四周较大的雌花比雌雄同体类型的较小。按照列科克的说法,多汁蓝盆花的雌性花序同样小于被他称为雄株的花序,不过后者大概是雌雄同体株。

蓝蓟(*Echium vulgare*,紫草科) 正常的雌雄同体类型似乎是雄蕊先熟的,关于它不需要再说什么。雌株的不同之处在于它具有小得多的花冠和较短的雌蕊,但有一个发育完善的柱头。其雄蕊短,花药不含任何健全的花粉粒,而是黄色疏松的细胞,它们在水中不膨胀。有些植株处于某种中间状态,即:有一两个或三个达到固有长度并生有完善花药的雄蕊,其余的雄蕊都是不发育的。有一棵这样的植株,它的一个花药有一半是绿色完善的花粉粒,而另一半则是黄绿色不完善的花粉粒。两种类型都结种子,但我没有注意数量是否相等。由于我曾认为花药的状态可能是由于一些真菌生长所造成的,因此在芽的状态和成熟的状态下都对它们进行了检查,但找不出有菌丝体的痕迹。1862 年有许多雌株被发现。1864 年在两处地方采集了 32 棵植株,正好一半是雌雄同体株,14 棵是雌株,还有两棵处于中间状态。1866 年,在另一处地方采集了 15 棵植株,其中有 4 棵雌雄同体株和11 棵雌株。我可以补充一点:这个季节是一个潮湿季节,这表明雄蕊的败育简直不能归因于植株生长在干旱的地方,有个时候我曾认为这是可能的。有一棵雌雄同体株的种子播在我的花园里,育成了 23 棵实生苗，其中有一棵属于中间类型，其余部分全是雌雄同体株，虽然其中有两三棵具有非常短的雄蕊。我曾参阅过若干植物学著作，但找不到任何记载表明这种植物发生了这里所描述的那种方式的变异。

长叶车前（*Plantago lanceolata*，车前科）　　德尔皮诺说，这种植物在意大利呈现 3 种类型，它们从风媒状况逐渐变为某种虫媒状况。据 H. 米勒说[①]，在德国只有两种类型，没有一种类型表现出特别适应于昆虫授粉，看来二者都是雌雄同体的。但我在英格兰的两处地方发现过雌株和雌雄同体株两种类型一起存在，别人也注意过同样的事实[②]。其雌株比雌雄同体株较不常见，它们的雄蕊短，花药在幼龄时的绿色比另一类型的花药更为鲜明，能正当开裂，然而不含花粉，或者只含少量大小不齐的不完善花粉粒。一棵植株上的所有花序均属于同一个类型。众所周知，这个物种是雌蕊强烈先熟的。我曾发现雌雄同体花和雌花的突出柱头都被花粉管穿入了，同时它们自身的花药则尚未成熟并未曾脱离萌芽状态。中车前（*Plantago media*）没有呈现两种类型。但据阿萨·格雷的描述[③]，4 个北美物种却呈现两种类型。这等植株的短雄蕊类型的花冠不能正当打开。

蓟属，*Cnicus*，麻花头属 *Serratula*，羊胡子属 *Eriophorum*　　J. E. 史密斯爵士说，在菊科中沼泽蓟和无茎蓟（*Cnicus palustris* 与 *C. acaulis*）都是以雌雄同体株和雌株两种类型存在的，前者更为常见。关于染色麻花头，从雌雄同体类型到雌株类型可以看到一种有规则的级进过程：有一棵雌株的雄蕊如此之高，以致其花药好像在雌雄同体上那样环抱着柱头，但它们只含少量花粉粒，并处于败育状态；另一方面，还有一棵雌株的花药大小比普通花药缩小很多。最后，迪基（Dickie）博士曾指出，关于窄叶羊胡子草（*Eriophorum angustifolium*，莎草科），

---

① 《花的授粉》，342 页。

② C. W. 克罗克（Crocker）先生，《园艺者纪事》，1864 年，294 页，W. 马歇尔先生从伊利（ElY）把相同的结果写信告诉了我。

③ 《美国北部植物手册》第 2 版，1856 年，269 页。还可参阅《美国科学杂志》，1862 年 11 月，419 页，及《美国科学院学报》，1862 年 10 月 14 日，53 页。

雌雄同体株和雌株两种类型存在于苏格兰和北极（Arictic）地区，这两种类型都结种子[①]。

这是一个奇妙的事实：在上述所有杂性的，雌雄异株的，和雌全异株的植物中，其两种或三种类型的花冠在大小方面所观察到的任何差异，都是雌花的花冠比雌雄同体花和雄花的较大，而且雌花的雄蕊多少是不发育的或者完全是不发育的。这一点对卫矛属、泻鼠李、冬青属、草莓属、前面提到的全部（至少大多数）唇形科、紫盆花以及蓝蓟均适用。按照冯·莫勒（Von Mohl）的说法，对苦碎米荠（*Cardamine amara*）、林生老鹳草（*Geranium sylvaticum*）、勿忘草属（*Myosotis*）和鼠尾草属（*Salvia*）也适用。另一方面，正如冯·莫勒所说的，当一种植物产生雌雄同体花以及别的花时，后者由于雌性器官多少完全败育而成为雄花，这等雄花的花冠在大小上完全不增加，或者像槭属（*Acer*）[②]那样，只例外地增加一点。看来大概是，上述诸事例中雌花花冠之所以缩小，是由于败育的倾向从雄蕊扩展到了花瓣之故。我们在重瓣花中看到这些器官的相关是何等密切，这些花中的雄蕊随时都可以转变为花瓣。有些植物学家确实认为，花瓣并不是由直接变态的叶片构成的，而是由变态的雄蕊构成的。在上述那个事例中，花冠的缩小在某种意义上是生殖器官变异的间接结果，下列事实支持了这种看法，即：不仅泻鼠李雌花的花瓣变小，而且其绿色的小形萼片也变小了；而且关于草莓的花，雄花最大，雌雄同体花大小居中，雌花最小。例如普通百里香的花冠在大小上的变异性——连同两种类型的花冠在大小上绝没有重大差异的事实——使我非常怀疑自然选择是否起了作用。也就是说，按照 H. 米勒的想法，产生花粉的花会最先引来昆虫的光顾，由此得到的利益是否足以导致雌花花冠的逐渐变小。我们

---

① J. E. 史密斯爵士，《林奈学会会报》第 13 卷，599 页。迪基博士，《林奈植物学会学报》第 9 卷，1865 年，161 页。

② 《植物学报》，1863 年，326 页。

应该记住，由于雌雄同体乃是正常的类型，因此它的花冠大概保持了原来的大小①。一种反对上述观点的见解不应被忽视：雌花的雄蕊的败育通过补偿法则本应使花冠增大；若非由于雄蕊败育所节省的消耗，系针对雌性生殖器官，以增加这个类型的能稔性。这一点也许是会发生的。

---

① 在我看来，在目前的事例中，不能接受柯纳（Kerner）的意见，《花粉的防护方法》（*Die Schutzmittel des Pollens*）。他认为雌雄同体株和雄株的花冠较大，以保护花粉免遭雨淋。例如在百里香属这个属中，雌株的败育花药比雌雄同体株的完善花药受到好得多的保护。

达尔文画像

第八章　闭花受精的花

·*Cleistogamic Flowers*·

闭花受精花的一般特性——产生这种花的诸属名单，它们在植物系列中的分布——董菜属，对几个物种的闭花受精花的描述，它们和完全花在能稔性上的比较——白花酢浆草——感应酢浆草，闭花受精花的 3 种类型——母草属——芒柄花属——凤仙花属——茅膏菜属——有关其他种种闭花受精植物的多方面观察——风媒物种产生闭花受精的花——假稻属，完全花极少发育——关于闭花受精花的摘要和结束语——从本书观察中所得的主要结论

XIII, 2.   58. Ranunculaceae.

241. Ranunculus repens L.

Kriechender Ranunkel

甚至在林奈时代以前就已知道某些植物开的花有两类，即正常开放的花和小而闭合的花；这一事实过去曾引起了对植物性征的热烈争论。库恩博士恰如其分地把这些闭合的花称为闭花受精的[①]。它们是以小型和从不开放而著称，所以和芽相似；它们的花瓣或完全败育；它们的雄蕊数量常常减少，花药很小，含少量花粉粒，花粉粒有很薄而透明的外膜，而且当它们还包在药室内时一般就把花粉管伸出来了；最后，雌蕊缩小得很多，在某些场合中，柱头几乎完全没有发育。这些花不分泌花蜜或散发任何气味；从它的体积小，以及从花冠不发育的情况来看，它们非常不显眼。结果昆虫不来光顾它们，即使光顾也找不到入口处。因此这种花不可避免要自花授粉，但它们却产生大量种子。在若干事例中，幼果埋入了地下，种子也就在那里成熟。这些花在完全花之前或之后，或同时发育的。它们的发育似乎受到植物的环境条件的重大支配，因为在某些季节或某些地方只产生闭花受精的花或只产生完全花。

库恩博士，在上面提到的那篇文章中，列出了 44 个属名单，它们含有产生这种花的物种。我在这个名单上增加了一些属，其根据见脚注。我略去了 3 个名称，所根据的理由同样见脚注。但在所有事例中要确定某些花应不应列为闭花授粉的，绝非易事。例如，本瑟姆先生告诉我说，在法国南部的葡萄树上有些花不完全开放，却结了果；我还听两位有经验的园丁说过，我们温室内的葡萄树就是如此；但是，由于这种花看来并非完全闭合，因而认为它们是闭花受精的就未免轻率了。有些水生和沼泽植物，如水毛茛（*Ranunculus aquatilis*）、飘浮泽泻（*Alisma natans*）、针叶草属（*Subularia*）、软花属（*Illecebrum*）、睡菜属（*Menyanthes*）和芡属（*Euryale*）的花[②]，在被淹没在水中时，总是保

◀水毛茛（*Ranunculus qquatilis*）

[①] 《植物学报》，1867 年，65 页。

[②] 德尔皮诺，'*Sull'opera La Distribuzione dei，Sessi nelle Piante*，& *C.*'1867 年，30 页。可是，针叶草属，有时在水下开出充分展开的花，参阅 J. E 史密斯爵士的《英国植物志》，第 3 卷，1825 年，157 页。至于睡菜属在俄国的表现，参阅吉利勃特（Gillibert）的文章，《圣彼得堡科学院院报》（*Act Acad. St. Petersb.*），1777 年，第二部，45 页以后。关于芡属，参阅《园艺者纪录》，1877 年，280 页。

持紧密闭合状态的,并且在这样条件下进行自花授粉。它们的这样表现,显然是对花粉的一种保护,而当它们一暴露在空气中就产生开放的花,因此,这些事例似乎和真正闭花授粉的花颇为不同,并且没有把它们包括在名单内。再者,有些植物在季节很早或很晚时期产生的花不完全开放,从而这些花也许应被视为原始是闭花受精的;但由于它们并不表现这类所固有的任何显著特性,并且因为我找不到有关这种事例的任何充分记录,因此也没有把它们列入名单内。可是,当有充分确凿的证据令人相信一种植物的花在其原产地的白天或夜晚任何时间都不开放,却能结出发芽的种子时,这些花就可公正地被视为闭花受精的,尽管它们在结构上没有表现出任何这种特性。现在把我所能收集到的含有闭花受精物种的全部属名列表如下(表43)。

表 43　含有闭花受精的物种的诸属名单(主要是依照库恩[①]的资料)

双子叶植物	
齿缘草属(*Eritrichium*,紫草科)	迷刺属(*Daedalacanthus*,爵床科)
菟丝子属(*Cuscuta*,旋花科)	菟葵属(*Dipteracanthus*,爵床科)

---

① 我从名单上略去了车轴草属(*Trifolium*)和落花生属(*Arachis*),因为冯·莫勒说(《植物学报》,1863 年,312 页),其花茎只是把花拉入地下,因而这个属并非真正闭花受精的,考瑞·得·梅洛(Correa de Mello)在巴西看到过落花生属植物,但从来没有找到过它的花(林奈植物学会学报,第 11 卷,1870 年,254 页)。车前属也被略去,因为就我所能发现的来说,它只产生雌雄同体的和雌性的头状花序,而不产生闭花受精的花。假繁缕属(*Krascheninikowia*)繁缕也被略去,因为根据马克西莫威奇(Maximowiey)的描述,其下部花是不是闭花受精的,还不能肯定,因为它们没有花瓣,或者花瓣很小,雄蕊不稔或缺如;其上部雌雄同体花据说从不结果,所以作为雄花发生作用。还有,巴宾顿教授说,在禾叶繁缕(*Stellaria graminea*)中,伴随着雄蕊和花蕾的不完善,花瓣有长有短。

我在名单上增加了以下事例:几种爵床科植物,参阅 J. 斯科特的文章,见《植物学杂志》(伦敦),新版,第 1 卷,1872 年,161 页。关于鼠尾草,参阅阿谢森博士(Dr. Ascherson)的文章,见《植物学报》,1871 年,555 页。关于北美紫茉莉属和夜紫茉莉属,参阅阿萨·格雷的文章,见《美国博物学家》,1873 年 11 月,692 页。根据托里博士对美洲赫顿草(*Hottonia inflata*)的描述(《托里植物学社汇报》,第 2 卷,1871 年 6 月),这种植物显然产生闭花受精的花。关于孔雀草属,参阅布歇(Bouché)的文章,见《自然科学协会报告》(*Sitzungsberichte d. Gesellsch. Natur. Freunde*),1874 年 10 月 20 日,90 页。我补充增加了始花兰属,因为菲茨杰拉德(Fitzgerald)在其巨著《澳大利亚的兰科植物》(*Australian Orchids*)中所作的描述,这种植物的花在其原产地似乎永不开放,但它们并不见得缩小。树兰属和抱柱兰属等的某些物种的花也从不开放(参阅我的《兰科植物的受精》,第 2 版,147 页),它们结的果实不多。因此,这等兰科植物是否应放在名单内是可怀疑的。迪瓦尔·儒弗(Duval Jouve)说,鼠尾粟属似乎产生闭花受精的花(《法国植物学会汇报》)。其他对名单的增补见本书。

续表

双子叶植物	
玄参属（*Scrophularia*，玄参科）	尖药草属（*Aechmanthera*，爵床科）
柳穿鱼属（*Linaria*，玄参科）	芦莉草属（*Ruellia*，爵床科）
母草属（*Vandellia*，玄参科）	野芝麻属（*Lamium*，唇形科）
隐刺花属（*Cryphiacanthus*，爵床科）	鼠尾草属（*Salvia*，唇形科）
爱春花属（*Eranthemum*，爵床科）	北美紫茉莉属（*Oxybaphus*，紫茉莉科）
夜紫茉莉属（*Nyctaginia*，紫茉莉科）	豹皮花属（*Stapelia*，萝藦科）
巢菜属（*Vicia*，豆科）	镜花属（*Specularia*，桔梗科）
香豌豆属（*Lathyrus*，豆科）	风铃草属（*Campanula*，桔梗科）
蝶豆属（*Martiusia* 或脉果豆属 Neurocarpum，豆科）	赫顿草属（*Hottonia*，报春花科）
无雄蕊花属（*Anandria*，菊科）	两型豆属（*Amphicarpaea*，豆科）
大豆属（*Glycine*，豆科）	胡枝子属（*Lespedeza*，豆科）
堇菜属（*Viola*，堇菜科）	乳豆属（*Gatactia*，豆科）
半日花属（*Helianthemum*，半日花科）	假落花生属（*Voandzeia*，豆科）
异型豆属（*Heterocarpaea*，豆科）	美洲半日花属（*Lechea*，半日花科）
茅膏菜属（*Drosera*，茅膏菜科）	孔雀草属（*Pavonia*，锦葵科）
高迪丘迪属（*Gaudichaudia*，金虎尾科）	盾果金虎尾属（*Aspicarpa*，金虎尾科）
南美卡马雷亚属（*Camarea*，金虎尾科）	朱那属（*Janusia*，金虎尾科）
远志属（*Polygala*，远志科）	凤仙花属（*Impatiens*，凤仙花科）
酢浆草属（*Oxalis*，牻牛儿苗科）	芒柄花属（*Ononis*，豆科）
金雀花属（*Parochetus*，豆科）	查普曼豆属（*Chapmannia*，豆科）
柱花豆属（*Stylosanthus*，豆科）	
单子叶植物	
假稻属（*Leersia*，禾本科）	灯芯草属（*Juncus*，灯芯草科）
大麦属（*Hordeum*，禾本科）	鼠尾粟属（*Crytostachys*，禾本科）
鸭跖草属（*Commelina*，鸭跖草科）	雨久花属（*Monochoria*，雨久花科）
熊保兰属（*Schomburgkia*，兰科）	抱柱兰属（*Cattleya*，兰科）
树兰属（*Epidendron*，兰科）	始花兰属（*Thelymitra*，兰科）

在考察这 55 个属的名单时，我们获得的第一个深刻印象是它们非常广泛地分布在植物界中。它们在豆科中比在任何其他科中更为普遍，其次按顺序是爵床科和金虎尾科。

某些属的大部分物种、而非全部物种既产生闭花受精的花也产生普通花酢浆草属和堇菜属就是这样。应注意的第二点是这些属中有相当多的一部分产生或多或少不整齐的花；55 个属中约有 32 个属是如此。但关于这个问题以后还要进行讨论。

我以前对闭花受精的花做过许多观察，但自从冯·莫勒（*Hugo von Mohl*）[①]的令人钦佩的论文发表之后，我的观察材料值得一提的就不多了，因为他的考察在某些方面要比我的全面得多。他的文章还包括有我们认识这一问题的有趣历史。

犬堇菜（*Viola canina*）　其闭花受精花的花萼同完全花的花萼没有什么区别。花瓣缩小为 5 片小鳞苞；代表下唇的下面那片鳞苞片比别的鳞苞大得多，但没有距状蜜腺的痕迹；其边缘平滑，而其他 4 片鳞苞状花瓣的边缘则是多疣的。据瑞典乌普萨拉的 D. 米勒说，在他观察的标本中花瓣是完全退化的[②]。其雄蕊很小，并且只有两个下部雄蕊才有花药，它们不像完全花那样地黏附在一起。花药很小，具有显著不同的两个室或囊；同完全花相比，它们含有的花粉很少。两室连接物扩大成盔状膜质护盾伸出药室之上，这两个下部雄蕊没有完全花的那种分泌花蜜的奇特附属物的痕迹。其他 3 个雄蕊则缺少花药，而花丝较宽，顶端的膜质扩展物较为扁平，即不如那两个具花药的雄蕊那样盔状。花粉粒具有明显的透明薄膜：当暴露在空气中时，很快就绉缩；置于水中则膨胀，这时直径为 $\frac{8\sim10}{7\,000}$ 英寸，因此比普通花粉受到相似处理时的直径 $\frac{13\sim14}{7\,000}$ 英寸要小。在闭花受精的花中，就我所能看到的来说，花粉粒从不自然地掉出药室外面，却从上端的孔中抽出花粉管。我可以看到花粉管从花粉粒向下伸到柱头的一些情况。雌蕊很短，花柱弯曲，所以它的末端朝下，末端稍扩大或呈漏斗状，相当于柱头，其上被产生花药的雄蕊的两张膜质扩展物所覆盖。值得注意的是，从扩大的漏斗状末端到子房内有一条通畅的通道；当轻微压力所形成的气泡由于某种偶然原因而被吸入其内，使气泡自由地从某一端

[①]　《植物学报》，1863 年，309—328 页。

[②]　同上书，1857 年，730 页。这篇论文有关于任何闭花受精花的第一手的、令人满意的充分说明。

移至另一端时，即可明显地看到这条通道。迈克勒特（Michalet）在白花堇菜（*V. alba*）中也看到过与此相似的通道。因此，其雌蕊和完全花的雌蕊显著不同，因完全花的雌蕊要长得多，而且除柱头成 90 度弯曲外花柱是笔直的，也没有一条通畅的通道穿过。

一些作者说，正常花或完全花绝不结蒴果，这是个错误，不过结蒴果的只有其中一小部分。这一点在某些情况下似乎决定于它们花药里一点花粉都没有，但更一般的是决定于蜜蜂不光顾这种花。我两次用网把一组花盖住，并将其中 12 朵尚未开放的花用线做了记号。这样预防是必要的，因为，虽然按照一般规律完全花的出现要明显早于闭花受精的花，但后者也有些会偶尔产生于季节的早期，于是它们结的蒴果就容易被误认为是完全花所结的。这 12 朵作过标记的完全花没有一朵结出蒴果，而在网下经人工授粉的其他花则结了 5 个蒴果，这些蒴果所含的平均种子数同网外经蜜蜂授粉的花所结的蒴果的平均种子数恰好相同。我反复见过长颊熊蜂（*Bombus hortorum*）、石熊蜂（*B. lapidarius*）及第三个物种，还有蜜蜂，都吸吮这种堇菜的花；我给 6 朵昆虫光顾过的花做了标记，其中 4 朵结出好的蒴果，另两朵被某些动物啃掉了。我对长颊熊蜂注视过相当长的时间，每当它来到一朵花上，但其着生的位置不便于吸吮时，它就把距状蜜腺咬破一个口。这类着生位置不好的花不会结任何种子或留下后代，生有这种花的植株通过自然选择将会这样而有被淘汰的倾向。

闭花受精的花和完全花所结的种子在外表或数量上并无差别。我有两次用其他个体的花粉给几朵完全花授了粉，随后给同一植株上的一些闭花受精的花作了标记。结果是：完全花所产的 14 个蒴果的平均种子数为 9.85，闭花受精的花所产 17 个蒴果的平均种子数为 9.64，二者的差异量毫无意义。值得注意的是，由闭花受精的花所结的蒴果在发育上比完全花的蒴果要快很多。例如，有若干完全花于 1863 年 4 月 14 日进行了异花受精，一个月后（5 月 15 日）给 8 朵闭花受精的幼花用线做了标记；当这样结出的两组蒴果于 6 月 3 日进行比较时，它们的大小几乎没有什么差别。

香堇菜（*Viola odorata*）（白花，单轮，栽培变种）　其花瓣仅仅是一些鳞片，这和上述物种是相同的。但和上述物种也有不同之处，即其全部 5 个雄蕊所具有的花药都是小型的。可以看到从 5 个花药中伸出小束花粉管插入距离不远的柱头内。这些花所结的蒴果自行埋入土中，若土壤够疏松的话，就会在土里成熟①。列科克说，只有后面这些蒴果具有弹性裂片；但我想这一定是印刷上的错误，因这种裂片对于埋在土中的蒴果显然不会有用处，但它对散布在空气中的蒴果种子却有用处，堇菜属的其他物种就是如此。值得注意的是，按照德尔皮诺的说法②，这种植物在利古里亚（Liguria）的一部分地区不产生闭花受精的花，而完全花在那里却是大量能稔的；另一方面，它在都灵附近则产生闭花受精的花。另一个事实作为相关发育的一个例子值得一提：我在一个紫色变种植株上发现它在产生了重瓣的完全花之后，并且在白色单瓣变种产生了闭花受精的花之后，有许多芽状物产生，从它们在植株上的位置来看，肯定具有闭花受精的性质。把它们平分两半之后可以看到，它们是由小鳞片构成的，彼此紧密地重叠在一起，具体而微地同一个甘蓝头完全相像。我无法找到任何雄蕊，在子房位置上有一个小的中心柱。完全花的重瓣性就这样传播给闭花受精的花，从而变为十分不稔的了。

硬毛堇菜（*Viola hirta*）　和上例一样，其闭花受精的花的 5 个雄蕊具有小型花药，花粉管从所有这些花药里伸至柱头。花瓣不像犬堇菜那样缩小得十分厉害，短雄蕊不呈钩状，而只弯成一个直角。我看到蜜蜂和熊蜂光顾几朵完全花，对其中 6 朵做了标记，但它们只结了两个蒴果，一些别的蒴果意外地受到了损伤。M. 莫尼尔（Monnier）因此认为完全花永远是凋谢和败育，他在这一事例就和在香堇菜场合中

---

①　沃歇说硬毛堇菜（*V. hirta*）和毛果堇菜（*V. collina*）同样把它们的蒴果埋入土中，《欧洲植物自然科学史》，第 3 卷，1844 年，309 页。还可参阅列科克在《植物地理学》，第 5 卷，1856 年，180 页上的论述。

②　'*Sull Opera*, *la Distribuzione dei Sessi nelle Piante*'，1867，p. 30.

所犯的错误一样。他说闭花受精的花的花梗向下弯曲,并把子房埋入土中①。我在这里可以补充一点:弗里茨·米勒在巴西南部山地里找到过堇菜属的一个白花物种,产生地下闭花受精的花,这是他的弟弟告诉我的。

矮堇菜(*Viola nana*) 这个印度物种是斯科特先生从锡金特拉伊(Sikkim Terai)给我送来的,我用它育成了许多植株,并在几个相继世代里由它们育出了其他实生苗。它们在每个夏季的整个季节里产生大量闭花受精的花,却从来没有产生过一朵完全花。斯科特先生写信告诉我说,他的植株在加尔各答也有类似的表现,但他的采集人却看见这个物种在原产地开花。这个事例之所以有价值,在于它说明了我们不应该推论一个物种在自然状况下不开完全花,因为它在栽培状况下只开闭花受精的花,而我们有时是这样推论的。这些花的花萼有时只由 3 个萼片形成,有两个萼片实际上是压在一起的,而不仅仅是和其他萼片黏附在一起。为了这个目的检查过 30 朵花,其中有 5 朵是这种情形:它们的花瓣由极小的鳞片所代表;在雄蕊中,有两个着生花药,其状况同上述物种相同,但是,就我所能判断的来说,两个药室只各含 20~25 粒脆弱而透明的花粉。它们按照通常的方式抽出花粉管。另外 3 个雄蕊具有不发育的极小花药,其中一个一般比其他两个大些,但没有一个含有任何花粉。然而,有一个事例表明那个不发育的较大花药的单独一个室含有一点花粉。花柱是由一条扁平的短管构成的,其顶端略张开,这就形成了通入子房的一个敞开管道,就像在犬堇菜场合中所描述的那样,它略向那两个能稔的花药弯曲。

罗氏堇菜(*Viola roxburghiana*) 这个物种在我的温室里两年以来产生了大量闭花受精的花,它们在一切方面都同前一个物种相似,但没有开过完全花。斯科特先生告诉我说:在印度它只在寒冷季节

---

① 这些叙述引自奥利弗(Oliver)教授的杰出文章,见《博物学评论》(*Nat. Hist. Review*),1862 年 7 月,238 页。关于这个属的完全花的假想不稔性,还可参阅梯巴尔·拉格列夫的文章,见《植物学报》(*Bot. Zeitung*),1854 年,772 页。

里才开完全花,而且它们是完全能稔的;在炎热的季节,特别是在雨季,它们产生大量闭花受精的花。

除现在描述的这 5 个物种外,还有许多别的物种也产生闭花受精的花。属于这种情形的,据 D. 米勒、迈克勒特、冯·莫勒和赫尔曼·米勒(Hermann Müllen)说,有较高堇菜(*V. elatior*)、披针堇菜(*V. lancifolia*)、林堇菜(*V. sylvatica*)、沼泽堇菜(*V. palustris*)、奇异堇菜(*V. mirabilis*)、二色堇(*V. bicolor*)、紫堇菜(*V. ionodium*)以及孪花堇菜(*V. biflora*)。但三色堇(*V. tricolor*)不产生闭花受精的花。

迈克勒特确言,沼泽堇菜在巴黎附近只开完全花,它们十分能稔;但当这种植物生长在山上时就产生闭花受精的花。孪花堇菜的情况也是如此。同一位作者说,他在白花堇菜中曾看到它的结构介于完全花和闭花受精的花之间。据 M. 鲍斯杜瓦尔说,一个意大利的物种——鲁氏堇菜(*V. ruppii*),在法国从不结果,"它们没有任何结果的迹象"。

看到上述几个物种的闭花受精的花中一些败育部分的级进变化是饶有兴趣的。根据 D. 米勒和冯·莫勒的叙述,看来奇异堇菜的花萼并不保持完全封闭,全部 5 个雄蕊都具有花药,一些花粉粒大概是从药室掉到柱头上的,而不是还在封闭时就抽出花粉管的,别的一些物种就是如此。在硬毛堇菜中所有 5 个雄蕊同样是具有花药的,并不像下述物种那样,其花瓣缩小得那么厉害,雌蕊变化得那么大。在矮堇菜和较高堇菜中只有两个雄蕊是真正具有花药的,不过有时其他雄蕊也有一个甚至两个具有花药。最后,在犬堇菜中,就我所看到的来说,具有花药的雄蕊从来没有多于两个,它的花瓣缩小的程度比茸毛堇菜的厉害得多,而且据 D. 米勒说,有时完全缺如。

白花酢浆草(*Oxalis acetosella*) 迈克勒特[1]发现在这种植物开闭花受精的花,冯·莫勒对它们作过充分描述,我对他的描述简直不能再作什么补充。在我的标本中,5 个长雄蕊的花药几乎和柱头位于一个水平面;而 5 个短雄蕊的小而不清楚的两瓣花药相应地位于柱头

---

① 《法国植物学会会报》(*Bull. Soc. Bot. de France*),第 7 卷,1860 年,465 页。

之下,所以它们的花粉管必须向上移行一定距离。据迈克勒特说,后面说的这些花药有时是完全退化的。在一个事例中,花粉管的末端非常之细,我看到这些花粉管正由下部的花药朝上向着柱头伸展,这时它们还没有达到柱头。我的植株长在花盆里,在完全花凋谢后很久,它们不仅产生闭花受精的花,而且还产生少量张开的小花,这种小花的情况是介于两类之间的。在从下部花药抽出的花粉管中有一根达到了柱头,尽管那朵花是张开的。这些闭花受精的花的花梗比完全花的短得多,而且如此向下弯曲,正如冯·莫勒所说的,以致它们有埋入地上苔藓和落叶中去的倾向。迈克勒特还说,它们往往是地下生的。为了查明这些花所产生的种子数,我给其中 8 朵花作了记号:有两个不成功,一个将种子撒到了四周,剩下的 5 朵花的每个蒴果平均含有种子 10.0 粒。这比完全花进行自花授粉所产生 11 个蒴果的平均种子数 9.2 粒略高,并明显高于完全花进行异花授粉所产蒴果的平均种子数 7.9 粒。不过我以为后面这个结果一定是意外的。

　　希尔德布兰德在寻找各种植物蜡叶标本(Herbaria)时,观察到酢浆草属除了白花酢浆草外,许多别的物种都产生闭花受精的花[1];而且我听他说过,好望角的花柱异长三型肉色酢浆草(*O. incarnata*)就是这样。

　　感应酢浆草[*Oxalis*(*Biophytum*)*sensitiva*]　许多植物学家把这种植物列为一个不同的属,但本瑟姆和胡克把它列为一个亚属。在我的温室里有一棵中花柱植株,其上有许多早期的花没有正当开放,这些花是在闭花受精的花和完全花之间的中间状态。它们的花瓣发生了变异,处于残迹状态,仅达固有的大小一半。尽管如此,它们还是产生了蒴果。我把这种状态归因于不利的环境条件,因在季节的晚期,它们的花充分开放到其固有大小的程度。但思韦茨先生后来从锡兰把保存在酒精中的一些长花柱、中花柱和短花柱的花梗送给了我,在这些相同的花梗上生有完全花,其中有些是充分张开的,而别的则仍

----

① 《柏林科学院月报》(*Monatsbericht der Akad. der Wiss. zu Berlin*),1866 年,369 页。

在芽的状态，那里有小芽状体，其中含有成熟花粉，但其花萼则是封闭的。这些闭花受精的花和相应类型的完全花在结构上差异不大，只有其花瓣缩得极小而成为只能看到的鳞片这个情况除外，这些鳞片牢固地附着在短雄蕊的圆形基部。柱头的多疣性要弱得多，并比完全花的柱头为小，量其横切面的两端约为 13～20 微米。其花柱有纵向的沟，被有简单的和表面粗糙的茸毛，但只有长花柱和中等长花柱类型所产生的闭花受精的花才如此。长雄蕊的花药比完全花的相应花药小些，二者大小之比约为 11∶14。它们正当地开裂，但似乎不含很多花粉。许多花粉粒被短花粉管附着于柱头之上；但许多别的花粉粒仍黏附于花药之上，它们的花粉管已抽出相当的长度，但还没能触及柱头。应对活植株进行检查，因为柱头至少是长花柱类型的柱头，伸出于花萼之外。而且如果有昆虫光顾（然而这是很不可能的），就会由一朵完全花的花粉进行授粉。关于眼前这个物种的最独特的事实是：长花柱闭花受精的花系产自长花柱植株，而中花柱和短花柱的闭花受精的花则产自其他两种类型，所以这一个物种就产生了 3 种闭花受精的花和 3 种完全花！酢浆草属的大多数花柱异长的物种多少都是不稔的，如果由它们本类型的花粉进行授粉时，有许多是绝对不稔的。因此闭花受精花的花粉在能力上大概已发生了变化，以对它们自身的柱头发生作用，因为它们产生了大量的种子。我们也许可能通过相关生长的原理说明闭花受精的花由 3 种类型构成的原因，根据这个原理，重瓣堇菜的闭花受精的花已表现为重瓣的了。

铜钱叶母草（*Vandellia nummularifolia*） 关于这个属的所有闭花受精的花，库恩博士收集了所有的介绍材料[①]，并根据干标本对一个阿比西尼亚物种所产生的闭花受精的花作了描述。斯科特先生从加尔各答给我送来一些上述普通印度杂草的种子，在几年内从这些种子相继育成了许多植株。其闭花受精的花很小，当充分成熟时其长度为

---

① 《植物学报》，1867 年，65 页。

$\frac{1}{20}$英寸。花萼不张开,在花萼内脆弱而透明的花冠紧紧地重叠于子房之上。只有两个花药,而不是通常有的 4 个,它们的花丝黏附于花冠上。花药室在其下端分叉很多,其较长的直径只有$\frac{5}{700}$英寸。它们只含有少量花粉粒,这些花粉粒仍然在花药内时就抽出花粉管。雌蕊很短,顶端具有一个分或两裂片的柱头。随着子房的生长,这两个花药和皱缩的花冠一齐撕裂并向上抬起成一小帽的形状,它们都附着有通向柱头的干花粉管。完全花一般出现在闭花受精的花之前,但有时和后者同时出现。有一个季节,大部分植株没有产生完全花。有人断言,完全花从不产生蒴果;但这是个错误,因为即使把昆虫排除在外,它们也会结果。在有利条件下生长的植株上从闭花受精的花结出 15 个蒴果,所含平均种子数为 64.2 粒,单果最高种子数为 87;同时在很密植条件下生长的植株结出 20 个蒴果,所含平均种子数仅 48 粒。完全花由其他植株的花粉进行人工杂交后所结出的 16 个蒴果含有平均种子数为 93 粒,单果最高种子数为 137。由自花授粉的完全花所结出的 13 个蒴果含有平均种子数为 62 粒,单果最高种子数为 135 粒。因此,由闭花受精的花结的蒴果所含的种子比完全花在异花授粉时所结得的种子为少,并比完全花在自花授粉时所结得的种子略多。

库恩博士认为阿比西尼亚的无柄花母草(*V. sessiflora*)同上述物种没有特别的差异。但是,它的闭花受精的花显然含有 4 个花药,而不像上述那样,含有两个花药。再者,无柄花母草的植株产生能结蒴果的地下纤匐茎;而我从未见过铜钱叶母草有这种纤匐茎,虽然许多植株都是栽培的。

假柳穿鱼(*Linaria spuria*)　迈克勒特说[1],由下部叶腋的芽发育成短的、细的、弯曲的枝条自行埋入土中,它们在土中产生的花在结构上没有什么特点,除了它们的花冠虽然正当地着有颜色,但变了形。

---

[1]《法国植物学会会报》,第 7 卷,1860 年,468 页。

这些花也许可以列为闭花受精的,因为它们不仅是伸入地下,而且是在那里发育的。

杵芒柄花(*Ononis columnae*)　从意大利北部给我送来一些这种植物的种子,由这些种子育成了一些植株。其闭花受精花的萼片是细长的并紧紧压在一起;花瓣缩小得很多,无色,并重叠于内部器官之上,10 个雄蕊的花丝连成一个管。据冯·莫勒说,其他豆科闭花受精的花并不如此。其中有 5 个雄蕊缺花药,并和 5 个有花药的雄蕊相间生长。花药的两个室很小,圆形,并由药隔组织把它们彼此分开;它们只含少量花粉粒,花粉粒具有极脆弱的外膜。雌蕊呈钩状,有一明显膨大的柱头,向下朝花药卷曲,因此它和完全花的花药差异很大。1867 年所产生的花没有完全花,但在随后年份里,就既有完全花,也有闭花受精的花了。

细微芒柄花(*Ononis minutissima*)　我的植株的花,既产生完全花也产生闭花受精花,但我对后者没有进行过检查。有一些完全花由一棵不同植株的花粉授粉,从而获得 6 个蒴果,每果平均种子数为3.66粒,单果最高种子数为 5 粒。对 12 朵完全花作了标记,它们在一张网下自发地进行自花授粉,结了 8 个蒴果,每果平均种子数为 2.38 粒,单果最高种子数为 3 粒。由闭花受精的花产生的 53 个蒴果含有平均种子数为 4.1 粒,所以它们是最高产的,它们的种子看起来比完全花杂交所结的种子甚至还要好。据本瑟姆先生说,小花芒柄花(*O. parviflora*)同样生有闭花授粉的花。他还告诉我,所有这三个物种在早春都产生闭花受精的花;而完全花在此后才出现,因此同堇菜属和酢浆草属相比,其顺序正好相反。有一些物种,如杵芒柄花,在秋天产生一批新的闭花受精的花。

尼索尔香豌豆(*Lathyrus nissolia*)　明显地提供了一个事例,说明产生闭花受精花的第一阶段,因为在自然状况下生长的植株上,有许多花从不开放,却仍然产生良好的荚果。有些芽如此之大,以致它们似乎正处于开放之时;别的芽则小得多,但无一小到像前面那些物种的真正闭花受精花那样的程度。由于我用线给这些芽作了标记，天天进行检查，所以关于它们不开放就结实，是不可能弄错的。

几种其他豆科的属也产生闭花受精的花，在表 43 中可以看到这种情况；不过对它们似乎了解得并不多。冯摩勒说，它们的花瓣通常是不发育的，它们的花药只有少数是发育的，花丝不连成一个管，雌蕊呈钩状。有 3 个属，即巢菜属（Vicia）、两型豆属（Amphicarpaea）和假落花生属（Voandzeia）的闭花受精花保产于地下茎上。假落花生属的一棵栽培植株的完全花据说从不结实[①]。但我们应该记住，人工栽培多么经常地影响能稔性。

黄褐凤仙（*Impatiens fulva*）　A. W. 贝内特（Bennett）先生对这种植物发表过一篇杰出的描述文章[②]，并附有绘图。他表明这种植物在生长的极早期，其闭花受精花和完全花的结构不同，因此前者的存在不能仅仅归因于后者的发育受到抑制，从前面大多数的描述中确实可以得出这个结论。贝内特先生在韦伊（Wey）的河岸上发现只产生闭花受精花的植株和产生完全花的植株之比为 20 对 1。但我们应该记住这个物种是一个驯化的物种，其完全花通常在英格兰是不稔的。但阿萨·格雷教授写信告诉我说在仲夏后的美国，它们当中的一些或者有许多产生蒴果。

水金凤（*Impatiens noli-me-tangere*）　对冯·莫勒的描述我不能作出任何重要的补充，除了以下一点，即其不发育的花瓣中有一片显示了一点蜜腺的痕迹，贝内特先生同样发现黄褐凤仙也是如此。像后面这个物种那样，所有 5 个雄蕊都产生一些花粉，尽管为数不多。据冯·莫勒说，单个花药所含的花粉粒不会超过 50 粒，而且当它们还包在花药以内时，就抽出了花粉管。完全花的花粉粒被丝状物缠在一起，但就我所能看到的情况来说，闭花受精的花则不然，而且这样的安

---

① 柯雷·得·梅洛（Correa de Mello）（《林奈植物学会学报》，第 11 卷，1870 年，254 页），特别注意过这种非洲植物的开花和结果情况，它们有时在巴西栽培。

② 《林奈植物学会学报》，第 13 卷，1872 年，147 页。

排在这里不会有什么用处，因为这些花粉粒这样就绝不会被昆虫运走了。熊蜂光顾过凤仙花（*I. balsamina*）的花[1]我几乎可以肯定水金凤的花也是如此。覆盖在一张网下的这个物种自发地进行了自花授粉，产生了 11 个蒴果，结出平均种子数为 3.45 粒。有些完全花的花药仍含有大量花粉，这些完全花由一棵不同植株的花粉进行授粉后，产生了 3 个蒴果，只分别含有 2、2 和 1 粒种子。因为凤仙花是雄蕊先熟的，所以眼下这个物种大概也是如此；如果是这样，那么我就过早地完成了异花授粉，这可能是导致其蒴果结的种子那么少的原因。

毛毡苔（*Drosera rotundifolia*） 在我的温室内有些植株最初抽出的枝条只产生闭花受精的花。繁殖器官上面的小花瓣永远保持闭合，但它们的白色尖端在几乎完全闭合的花萼之间可以刚刚见得到。其仍然包在花药内的花粉数量是稀少的，但不像堇菜属或酢浆草属那么贫乏，这时花粉管从花药内伸出并穿入柱头。随着子房的膨大，凋萎的小花冠被顶起来而形成帽状，这些闭花受精的花产生了大量种子。完全花在季节晚期出现了。关于自然状况下的植株，像沃利斯（Wallis）先生告诉我的那样，只在清晨开花，他对它们的开花时间特别注意。在英伦毛毡苔（*D. Anglica*）的场合中，我温室内一些植株的仍然重叠的花瓣开放到刚刚可以留一个小孔的程度，花药正当地开裂，但黏附着成团的花粉粒，于是从那里抽出花粉管，穿入柱头。因此，这些花朵是处于中间状态的，既不能称为完全花，也不能称为闭花受精的花。

关于一些其他物种还可补充少量片段的观察材料，以帮助对这个问题的理解。斯科特先生说[2]，可疑爱春花（*Eranthemum ambiguum*）开的花有三类，大的、五颜六色的、开放的花，是完全不稔的；其他中等大小的花，是开放的，中等能稔的；最后，还有小而闭合的花，或闭花受精的花，是完全能稔的。块茎芦莉草（*Ruellia tuberosa*），同样是爵床

---

① H. 米勒，《花的授粉》，170 页。
② 《植物学杂志》，伦敦，新辑，第 1 卷，1872 年，161—164 页。

科的一个成员,既产生开放的花,也产生闭花受精的花。后者结 18～24 粒种子,而前者只结 8～10 粒种子。这两类花同时产生,本科的几个其他成员的闭花受精花只在炎热季节才出现。按照托里和格雷的说法,半日花属(*Helianthemum*)的北美物种当生长在贫瘠土壤中时,只产生闭花受精的花。穿叶镜花(*Specularia perfoliata*)的闭花受精花是值得高度注意的,因为它们被一种鼓状物包着,这种鼓状物是由不发育的花冠形成的,而且它们没有任何开放的迹象。雄蕊的数目变化于 3～5 之间,萼片数也如此[①]。雌蕊上聚集的茸毛,在完全花授粉过程中起着很重要的作用,在这里则完全缺如。J. 胡克爵士与托姆森博士说[②],风铃草属(*Campanula*)的一些印度物种产生的花有两类:小型花,着生在长花序梗上,具有不同形状的萼片,并生有一个更圆的子房;还有一些花像镜花属那样被一个鼓状物包着。有一些植株两类花都有,其他植株只有一类花,二者都结出大量种子。奥利弗教授补充说,在有色风铃草(*C. colorata*)植株上他见过一些花处在闭花受精花和完全花之间的中间状态。

唯一由鸭舌草(*Monochoria vaginalis*)所产生的几乎无柄的闭花受精花所受到的保护同上述任何事例都不同,即:被保护在"由膜质佛焰苞所形成的一个短的袋内,没有任何开口或裂隙。"花中只有单独一个能稔的雄蕊;花柱几乎是退化的,3 个柱头的表面都对着一边。这种植物的完全花和闭花受精花都结种子[③]。

金虎尾科有些植株的闭花受精花所发生的变化似乎比上述任何属都更深刻。按照 A. de 朱西厄(Jussieu)的说法[④],它们的内部结构和完全花的有所不同,它们只含有单独一个雄蕊,而不是五六个,还有

---

① 冯·莫勒,《植物学报》,1863 年,314 和 323 页。布罗姆费尔德(Bromfield)博士[《植物学家》,第 3 卷,530 页]也说闭花受精的花萼通常只是三裂的,而完全花的花萼则多数是五裂的。

② 《林奈植物学会学报》,第 2 卷,1857 年,7 页。再参阅奥利弗教授的文章,《博物学评论》,1862 年,240 页。

③ 柯克博士(Dr. Kirk),《林奈植物学会学报》,第 8 卷,1864 年,147 页。

④ 《博物馆丛刊》(*Archives du Muséum*),第 3 卷,1843 年,35—38,82—86,589,598 页。

令人奇怪的事实,即:在同一个物种的完全花中,这种特殊的雄蕊并不发育。其花柱缺如或是不发育的有两个子房,而不是 3 个。这样,这些退化的花,像朱西厄说的,"嘲笑了我们的分类,因为这个纲,这个科,这个属,这个物种所固有的大量性状都消失了。"其完全花的花萼密布着腺体,而闭花受精花缺少它们也许可用弗里茨·米勒的一项观察来解释。蜂类会伏在那些没有腺体的花萼外面,咬开花萼偷食里面的花蜜,而花萼密布腺体大概就是为了防止这种偷盗行为。对于闭花受精花就没有这种防御的必要了。

因为据说萝摩科的豹皮花属(*Stapelia*)产生闭花受精花,所以下述事例也许值得一提。我从未听说过英国球兰(*Hoya carnosa*)的完全花结过种子,但在法勒(Farrer)先生的温室里却产生一些蓇果:园丁发现它们是细小的芽状体的产物,这种芽状体在完全花的同一个伞形花序上有时可以找到三四个。它们是完全闭合的,几乎不比花序梗粗。萼片没有表现任何特殊之处,不过内部有 5 个扁平的心状小乳头,和它们相间生长,像是花瓣的残留器官,但它的同源性质在本瑟姆先生和胡克博士看来是可疑的。无法找到雄蕊或花药的任何迹象。根据检查过许多闭花受精花的经验,我知道该寻找的是什么。有两个充满胚珠的子房,顶端全张开,边缘有花缘,但没有真正柱头的痕迹。所有这些花的两个子房中的一个凋萎了,并早在另一个之前就变黑了。送给我的一个完善蓇果,有 3.5 英寸长,同样是由一个单心皮发育而成的。这个蓇果含大量羽毛状的种子,其中有许多似乎十分健壮,但把它们播种在邱园植物园时却不发芽。因此,产生这种蓇果的芽状小花大概同我检查过的那些花一样是缺少花粉的。

小灯芯草(*Juncus bufonius*)**和大麦属**(*Hordeum*) 迄今所提到的全部产生闭花受精花的物种都是虫媒的,但灯心草属和禾本科的 7 个属则是风媒的。小灯芯草由于在俄国部分地方仅以产生闭花受精花而著称[①],它的花所含的花药是 3 个,而不像完全花那样地含有 6

---

① 参阅阿谢森博士的有趣的文章,见《植物学报》,1871 年,551 页,以及 1872 年,697 页。

个。德尔皮诺[①]曾指出,大麦属的多数花是闭花受精的;还有一些花是开放的,显然允许异花授粉。我听弗里茨·米勒说过,巴西南部有一种草,它的最顶端叶片的叶鞘有半米长,包住了整个圆锥花序,一直等到自花授粉的种子成熟以后这叶鞘才张开。有一些植株当其闭花受精的圆锥花序正在发育时在路边被人砍倒,这些植株以后产生了开完全花的开放的或不被包住的小型圆锥花序。

秕壳草(*Leersia oryzoides*) 长期以来就知道这种植物产生闭花受精的花,但首先对它进行详细描述的是 M. 迪瓦尔-儒弗(Duval-Joure)[②]。我从赖盖特(Reigate)附近的一条小河设法得到了一些植株,在我温室内栽培它们有几年之久。它的闭花受精花很小,而且种子通常在叶片的叶鞘内成熟。迪瓦尔-儒弗说,这些花充满了略带黏性的汁液。但我打开的几朵花并不如此,只在苞片的表皮之间有一层稀薄的汁液,当苞片受压时汁液就向周围流动,这就给人以假象,认为它的花的整个内部都充满了汁液。其柱头很小,花丝极短;花药的长度小于 0.02 英寸,或者,大约相当于完全花的花药长度的三分之一。3 个花药中有一个比其他两个先开裂。假稻属(*Leeria*)的一些其他物种只有两个雄蕊是充分发育的,上述情况与这一事实是否有关系[③]?它的花药把花粉散落在柱头上,至少有一个事例显然是这样的,而且花药是在水下裂开的,所以花粉粒容易分离。花粉粒在花药顶端成单行排列,到下面分成两三行,因而可以数清它的数量:每室约有 35 粒,或整个花药有 70 粒。对风媒植物来说,这个数目之小是很惊人的。花粉粒具有很脆弱的表皮,成球形,直径约为 $\dfrac{5}{7000}$ 英寸而完全花的花粉粒直径约为 $\dfrac{7}{7000}$ 英寸。

---

　　① 《农学会会报》(*Bollettini del Comizio agrario Parmense*),1871 年 4 月。《植物学报》,1871 年,537 页上载有这篇有价值文章的摘要。另参阅希尔德布兰德关于大麦属的论述,见《柏林科学院月报》,1872 年 10 月,第 760 页。

　　② 《法国植物学会会报》,第 10 卷,1863 年,194 页。

　　③ 阿萨·格雷,《美国植物手册》,1856 年,540 页。

迪瓦尔-儒弗说，它的圆锥花序很少从叶鞘中伸出，不过一旦出现这种情况，花就会张开并露出发育良好的子房和柱头，还有足够大小的花药，其中含有显著健全的花粉。尽管如此，这种花还是完全不稔的。施赖贝尔(Schreiber)早先就观察到，如果圆锥花序只伸出一半，那么这一半就是不稔的，而仍然包在叶鞘内的另一半则是能稔的。在我的温室内一大桶水中生长着一些这种植株，有一次它们表现得很不一样。它们伸出两个很大的多枝圆锥花序，但花序上的小花从不张开，尽管它们包含着充分发育的柱头和由长花丝所支持的雄蕊，还有正当开裂的大花药。如果这些小花在未被我察觉到的短时间内张开过并随即再闭合的话，那么留下的空花药就会悬挂在外面。然而它们在 8 月 17 日还是产生了大量成熟的好种子。于是，这是迄今所知道的唯一事例[1]，表明这种草在自然状况下(在德国)产生的完全花会结实累累。我把闭花受精花所结的种子送给加尔各答的斯科特先生，他用种种方法在那里栽培这种植物，但它们从不产生完全花。

在欧洲的秕壳草是这个属的唯一代表，迪瓦尔-儒弗检查了若干外来物种之后，发现它显然是唯一产生闭花受精花的物种。它分布在从波斯到北美的范围内，取自宾夕法尼亚的标本在其隐蔽的结实方式上同欧洲的标本是相似的。因此，毫无疑问，这种植物一般在广阔的区域内都是靠闭花受精的种子来自我增殖的，靠异花授粉几乎从来没有使它健壮过。在这方面它同那些现在分布广泛的植物相似，虽然后者的增殖完全是通过有性世代[2]。

关于闭花受精花的结束语 我们根据下述这样的事例：董菜属的下部不发育的花瓣比其他花瓣大，它们像就完全花的下部唇瓣——根据凤仙花属的闭花受精花有一距状痕迹——根据芒柄花属的 10 个雄蕊连成一条管——并且根据其他这类结构，可以推断闭花受精花的

---

① 阿谢森博士，《植物学报》，1864 年，350 页。

② 我在《动物和植物在家养下的变异》，第 18 章——第 2 版，第 2 卷，153 页，收集了若干这样的事例。

结构起初是因完全花的发育受到抑制而形成的。在有些事例中,根据同一棵植株上由闭花受精花到完全花的一系列级进变化也可做出相同的推论。但是前者的起源绝不全是由于发育受到抑制,因为各个部分均已发生了特别变化,以帮助花的自花受精和花粉的保护。例如堇菜属和一些其他属的钩状雌蕊,凭借这种雌蕊使柱头接近了能稔的花药;镜花属不发育的花冠变成了完全闭合的鼓状物,以及雨久花属(*Monochoria*)的叶鞘变成了闭合的袋——花粉粒的极薄的外膜。并不是所有花药都相等地败育了,以及其他这样的事例。此外,贝内特先生曾阐明,凤仙花属的闭花受精花和完全花的花芽在其生长的极早期就有所不同了。

在这些退化的花中,许多最重要器官的缩小、甚至全部消失的程度,是最显著的特点之一。这使我们想起了许多寄生动物的情况。在某些事例中只留下单独的一个花药,而且这个花药只含少量缩小了的花粉粒;在另外一些事例中,柱头消失了,留下一条具有简单开口的通道而通入子房。指出下述情况也是有趣的:某些部分的结构或功能中的不重要之点完全消失了,它们对完全花虽然有用,而对闭花受精花却毫无用处。例如,镜花属雌蕊上的聚集茸毛、全虎尾科花萼上的腺体、堇菜属下部雄蕊分泌花蜜的附属物、香堇菜分泌花蜜的其他部分,以及散发香甜味和土中蒴果瓣膜的显著弹性。在这里我们看到,任何部分或性状一旦成为多余的,它早晚要趋于消失,在整个自然界中都是如此。

这些花朵的另一特性是,花粉粒还包在花药之内时,一般就抽出花粉管来了。但是,当我们只知道马利筋属(*Asclepias*)的事例时,这一事实就不像以前所想的那么不寻常了[①]。然而当柱头和花药相距很

——————

① 布朗(R. Brown)描述了马利筋属的情况。贝伦(Baillon)断言(《猴面包属》(*Adansonia*),第2卷,1862年,58页),对许多植物来说,花粉粒抽出花粉管是在还没有同柱头接触的时候;而且可以看见花粉管穿过空间水平地伸向柱头。我在兰科的三个很不相同的属,即人唇兰(*Aceras*)、沼兰属(*Malaxis*)和鸟巢兰属(*Neottia*)当中,见过花粉团仍在花药内就抽出花粉管:参阅《兰科植物的受精》,第2版,258页。

近的时候，花粉管就直线伸向柱头，这真是一种奇妙的景象。当它们伸到柱头或进入子房通道的开口时，无疑会穿入其中，所凭借的方法和正常花的一样，不论这些方法是什么都会如此。我以为指引它们的应该是避光性：所以柳树的一些花粉粒就被浸入极稀的蜜液中，光线只有沿着一个方向进入导管，从侧面或下面或上面进入导管；但在各种情况下，长花粉管都向各个可能方向伸出。

由于闭花受精花是完全闭合的，因此它们必须自花授粉，对昆虫缺乏任何吸引力就更不在话下了：这样，它们和大多数正常花就大不相同了。德尔皮诺[①]认为，闭花受精花的发育是为了在妨碍完全花授粉的气候或其他条件下保证种子的生产。我不怀疑这一点在某种有限范围内是适用的，但以营养物质的低消耗或生命力的低耗费而获得种子的丰富产量大概是远为有效的一个动力，整个花都大大缩小了。但尤其重要的是，势必是生成的花粉是极少量的，因为通过昆虫或气候的作用没有一粒花粉会失掉，而花粉是含有很多氮和磷的。冯·莫勒估计，白花酢浆草的闭花受精花的单独一个药室含有 12～24 个花粉粒。我们就算它是 20，如果是这样，那么整个花最多能产生 400 粒花粉；关于凤仙花属，按照同样方法可估计出其总数为 250 粒；关于假稻属，应为 210 粒；关于矮堇菜，只有 100 粒。一朵肖蒲公英属（Leontoden）的花可产生 243600 粒花粉，一朵木槿属（Hibicus）的花可产生 4863 粒，一朵芍药花[②]可产生 3654000 粒花粉。这些数字同上述数字相比就非常之低了。因而我们看到，闭花受精的花是以非常低的花粉消耗来生产种子；并且按照一般规律，它们产生的种子和完全花所产的完全一样多。

产生大量种子对许多植物都是必要的或有利的，这一点已不需要任何论证了。在它们在即将发芽前，它们的保存当然也是如此，这是产生闭花受精花的植物的许多显著特点之一，大部分闭花受精花的植

---

① Sull Opera la Distribuzione dei Sessi nelle Piante，1867 年，30 页。

② 这些叙述的根据见我的《植物界异花受精与自花受精》，376 页。

物都把幼龄子房埋入土中，这是正常植物无法比拟的——可以设想，这种作用可以保护它们避免被鸟类或其他动物吞食掉。但同这种好处伴随而来的是广泛散布能力的消失。在本章开头的所列的表中，不少于 8 个属包含具有这种作用的物种。即堇菜属、酢浆草属、母草属、柳穿鱼属、鸭跖草属（Commelina）以及豆科的至少 3 个属的若干种类。还有假稻属的种子，虽不埋入土中，却最完善地藏于叶鞘内。闭花受精花由于体积小，尖形，闭合状态，和花冠的缺如而具有埋藏其幼龄子房或蒴果的巨大便利，因而我们就能理解它们为什么有这么多获得了这种奇特的习性。

　　已经阐明，在 67 个属中约有 33 个属的完全花是不整齐的，这意味着它们特别适应于昆虫的授粉。此外 3 个具有整齐花的属则以别的手段适应于这同一目的。具有这样结构的花在某些季节里，也就是当特有的昆虫如果稀少时，授粉就容易不完全，从而难于摆脱这样的见解，即认为闭花受精花——在所有条件下都可以保证种子的充足产量——的产生是由于完全花在授粉作用中容易失败这一点，至少是有所部分决定的。但是，如果这个决定的原因是确实的话，那么它也一定是一个次要的原因，因为表 43 中的 8 个属都是靠风力来授粉的，似乎没有理由来说明它们的完全花为什么比任何其他风媒的属的完全花更加常常不能授粉。和我们这里所看到的大部分完全花是不整齐的情况相反，在前几章中所描述的 38 个花柱异长的属中，只有一个属产生这种不整齐花，然而全部这些属的合法授粉都是绝对靠昆虫来完成的。在这两类中，产生整齐花和不整齐花的植株所占比例的差异，除用下述原因说明外，我不知道还该作何解释，这个原因就是：花柱异长的花由于雄蕊和雌蕊着生的位置及其两种或三种花粉在能力上的差异，已经很好地适应了异花授粉，因而任何补充的适应性，即通过使花成为不整齐的适应性，已变成多余的了。

　　闭花受精花虽然总会成功地产生大量种子，但具有这种花的植物却通常产生完全花，这或者是同时产生的，或者更普通是在不同时期产生的。这等植物适应于或者说容许异花授粉的。根据所列举的有关堇菜属的两个印度物种的事例，它们在那个地方有几年只产牛闭花授粉的花，并且根据母草属的众多植物以及芒柄花属的一些植物在整个一季里都产生闭花受精的花，就推论这些植物在其原产地不产生完全花未免失于轻率，就像闭花受精鼠尾草（*Salvia cleistogama*）在德国①有 5 年不产生完全花、盾果金虎尾属（*Aspicarpa*）的一种在巴黎有几年也不产生完全花。冯·莫勒和几位别的植物学家曾一再坚持闭花受精植物所产生的完全花照一般规律是不稳的，但已阐明若干物种的头状花序并非如此。堇菜属的完全花如果没有蜂类光顾确实是不稳的；不过一旦有蜂类光顾，它就会结出充分的种子。就我所能发现的来说，对于完全花不稳的规律只有一个绝对的例外，那就是假落花生属——我们应记住在这个事例中栽培条件往往对生殖器官产生有害的影响。虽然假稻属的完全花有时结籽，但这种情况极为罕见，就迄今所观察的来说，实际上它成了这个规律的第二个例外。

　　因为闭花受精花必定会被授粉，而且它们产生的数量又大，所以它们所产生的种子数量比同一棵植株上完全花的种子数量大得多，但后者偶尔是异花授粉的，这样，它们的后代就会变得健壮。我们根据广泛的类比法可以推断出这一点。但是，我拥有的关于这种生活力增强的直接证据为数还不多：让细微芒柄花（*Ononis minutissima*）的两棵杂种实生苗和两棵闭花受精花所育成的实生苗进行竞赛——最初它们的株高全相等，以后杂种实生苗稍落后；但到下一年杂种实生苗就显出了这一类的通常优势，它们和来源于闭花受精花的自花授粉植株相比，平均株高为 100：88。至于兰母草，其 20 棵杂种植株的株高只稍微超过 20 棵由闭花受精种子育成的植株，也就是，其比率为100：94。

---

① 阿谢森博士，《植物学报》，1871 年，555 页。

　　自然有人会提出这样的问题：属于大不相同的各种各样的科的如此众多植物，怎么会最初是因为花的发育受到了抑制，最终变成闭花受精的呢！在堇菜属、酢浆草属、感应草属（*Biophytum*）、风铃草属等属之中，同一棵植株上出现这两种状态之间的级进变化，有许多有记载的事例，它们可以阐明从一种状态过渡到另一种状态并非难事。堇菜属的若干物种，它们的花的各种部分也发生了程度很不相同的变异。有些花在其原产地达到或差不多达到充分的大小、但不开放，然而还能结果，这种植物可以容易地变为闭花受精的。尼索尔香豌豆似乎处于初始的转变状态，就像英伦毛毡苔所表现的那样，它的花还没有完全闭合。有可靠证据说明，由于处在不利的条件下，花有时不张开并有点变小，但还保持其能稔性不受损害。1753 年所做的观察表明，林奈由西班牙带来的种子生长在乌普萨拉，若干植株的花没有现出任何花冠，然而还是结了种子。阿萨·格雷看到外来植物的花在美国北部从不开放，然而还能结果。关于几乎全年都开花的某些英国植物，贝内特先生发现冬季开的花是在芽中授粉的；而其他物种则在固定的时间开花，但"它们曾被一个温暖的正月所刺激而长出少量的劣等花"，没有花粉从花药中释放出来，也没有种子形成。黄连花的花如果充分暴露在阳光下，就会正当地开放；而长在阴沟里的那些花，其花冠小，只开放一点点。这两种类型经过中间阶梯可以逐渐从一方过渡到另一方。布歇先生（Herr Bouche）的观察特别有趣，因为他阐明了温度和光量均可影响花冠的大小。他用测量结果证明了，有些植物因季节变化引起的寒冷加剧和黑夜加长而使花冠变小，同时别的植物却是因温度升高和光照时间加长而使花冠变小[①]。

　　[①] 林奈的叙述，见莫勒的文章，《植物学报》，1863 年，327 页。阿萨·格雷《美国科学杂志》第 2 集，第 39 卷，1865 年，105 页，贝内特《自然》，1869 年 11 月，11 页。G. 亨斯洛牧师也说到（《园艺者纪事》，1877 年，271 页；《自然》，1876 年，10 月 9 日，543 页），"当秋天临近以及惯常在冬天开花的那些野花在这个季节，"进行自花授粉。关于珍珠菜属（*Lysimachia*），H. 米勒《自然》，1873 年 9 月，433 页。鲍哈，《自然研究协会会报》（*Sitzungsbericht der Gesell. Naturforsch. Freunde*），1874 年 10 月，90 页。

　　有人认为使花朵变为闭花受精的第一步应归因于它们所处的条件。这种看法得到了下述事实的支持，即：属于这一类的各种植物或者在某些条件下不产生闭花受精花，或者相反地完全产生闭花受精花，而不产生完全花。例如，堇菜属的有些物种当生长在低地或某些地区时不产生闭花受精花。其他植物当栽培以及就在若干相继年份里不产生完全花，小灯芯草在原产地俄国就是如此。有些物种在季节晚期产生闭花受精花，而其他物种则在季节早期产生闭花受精花。这同那种认为导致它们这样发育的第一步应归因于气候的观点是一致的，虽然以后这两类花出现的时期界限变得大不相同，也是如此。我们还不清楚温度的过高或过低或光量是否直接地影响了花冠的大小，或者间接地通过最先受到影响的雄性器官。无论是哪一种情况，如果一种植物或在季节早期或在季节晚期不能充分开放它的花冠，并有些变小，但没有丧失自花授粉的能力，那么自然选择这时就会很好地完成它的工作，使它变为严格闭花受精的。由于在一个完全闭合的花内所隶属的特殊条件，也由于相关生长的原理，并且由于所有缩小的器官最终趋于消失，所以各种器官大概也会发生变异。其结果就会像我们现在见到的那样，是闭花受精花的产生，而这些花非常适于以极小的代价换取种子的大量生产。

　　根据本书中所列举的观察，似乎得出了一些结论，现在我把其中主要的加以总结。如上所述，闭花受精花，以少量的消耗提供了大量的种子；我们几乎无法怀疑，为了这一专门目的，它们的结构变异了，而且退化了；完全花仍然几乎永远要产生的，以容许偶尔的异花授粉。雌雄同体植物常常变成雌雄同株、雌雄异株或杂性的。但是，如果没有风媒或虫媒经常地把花粉从一朵花输往另一朵花，性别的分离就是有害的，因此我们可以假设，为了从异花授粉得到利益的这一分离过程就不会开始，而且不会完成。在我看来，导致性别分离的唯一动因就在于：在改变了的生活条件下大量产生种子，对一种植物已是不必要的了;在一切有机体都要服从的生存斗争中,如果这同一朵花或同一个体不因既产生花粉又产生种子而费尽其生命力的话,那么对它来说这大概是高度有利的。关于那些属于雌全异株亚纲的植物,或那些作为雌雄同体株和雌株而共存的植物,已经证明它们所产生的种子比它们全都保持雌雄同体状态时所产生的种子在数量上要大得多。根据许多植物产生大量种子的情况,我们肯定可以晓得这样的产量往往是必要的或有利的。因此,为了这一特殊目的,这一亚纲的这两种类型大概分离了,或发展了。

　　各种各样的雌雄同体植物已变成花柱异长的,并且目前以两种或三种类型存在。我们可以确信,这种现象的发生是为了保证异花授粉。为了充分的和异型花授粉,一种类型的花粉必需用于另一种类型的柱头上。如果属于同一类型的性因子相结合,则是一种同型花的结合,而且或多或少是不稔的。关于二型性物种,可能有 2 种同型花配合;而关于三型物种,则可能有 12 种配合。有理由相信,这些配合的不稔性不是专门获得的,而是作为一种伴随的结果发生于下述情况:两种或三种类型已经适应于以一种特殊方式彼此发生作用,所以任何别种配合就像不同物种之间的配合那样,都是无效的。另一个更显著的伴随结果是,由一组同型花配合产生的实生苗往往矮化并且或多或少地或者完全地不稔,犹如两个大不相同的物种间配合所产生的杂种一样。

科学元典丛书

即将出版